Signal- und Rauschanalyse mit Quellenverschiebung

Albrecht Zwick · Jochen Zwick ·
Xuan Phuc Nguyen

Signal- und Rauschanalyse mit Quellenverschiebung

Elektronische Schaltungen grafisch gelöst

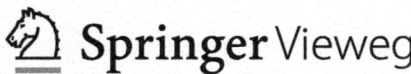

Albrecht Zwick
Fakultät Informationstechnik
der Hochschule Mannheim
Mannheim, Germany

Xuan Phuc Nguyen
Medizinische Fakultät Mannheim
der Universität Heidelberg
Mannheim, Germany

Jochen Zwick
Continental
Markdorf, Germany

ISBN 978-3-642-54036-3   ISBN 978-3-642-54037-0 (eBook)
DOI 10.1007/978-3-642-54037-0

Die Deutsche Nationalbibliothek verzeichnet diese Publikation in der Deutschen Nationalbibliografie; detaillierte
bibliografische Daten sind im Internet über http://dnb.d-nb.de abrufbar.

Springer Vieweg
© Springer-Verlag Berlin Heidelberg 2015

Gedruckt auf säurefreiem und chlorfrei gebleichtem Papier

Springer Berlin Heidelberg ist Teil der Fachverlagsgruppe Springer Science+Business Media
(www.springer.com)

Vorwort

Die meisten Bücher oder Veröffentlichungen über das elektronische Rauschen sind in der Regel zu wenig auf die verschiedenen Schaltungen bezogen oder zu mathematisch, sodass sie den Studierenden entmutigen. Tatsache ist, dass die Dimensionierung und Analyse von rauscharmen elektronischen Schaltungen keine Spezialkenntnisse in Halbleiterphysik, Netzwerktheorie und Statistik erfordert. Elektronische Schaltungstechnik ist eine praktische Wissenschaft. Die Grundlagen liegen in der Transistorschaltungstechnik, die wiederum mit Kenntnissen aus den Grundlagen der Gleich- und Wechselstromtechnik erklärt werden können. Dieses Buch verfolgt einen schaltungsbezogenen Ansatz. Das Rauschen von Schaltungen und Schaltungsteilen wird mit einer äquivalenten Eingangsrauschquelle und nicht mit dem Rauschmaß betrachtet. Diese Darstellung ist übersichtlicher und näher an der Schaltungstechnik. Die in diesem Buch gezeigte grafische Methode unterstützt die Didaktik, in dem sie die äquivalente Eingangsrauschquelle grafisch weiter verarbeitet. Sehr große Genauigkeit bei der Rauschanalyse ist nicht sinnvoll, da Datenblattangaben zu Rauschquellen aktiver Bauteile sehr toleranzbehaftet sind. Deshalb ist es sinnvoll zu Gunsten der Übersichtlichkeit Vernachlässigungen vorzunehmen. Das Vorhandensein von PCs und entsprechender Simulationssoftware hat die Arbeit des Ingenieurs stark verändert. SPICE basierte Schaltungssimulationen haben die genaue Berechnungen komplexer Schaltungen per Hand ersetzt. Dagegen sind Fähigkeiten wie das überschlägige Rechnen, die Plausibilitätsprüfung von Ergebnissen und ein qualitatives Verständnis von Einflüssen einzelner Schaltungsteile immer wichtiger. Die meisten Lehrbücher tragen dem nicht Rechnung oder weichen in eine Oberflächlichkeit aus. Dieses Buch zeigt deshalb Methoden, mit denen der Sachverhalt durch vereinfachte Ersatzbilder und kleine Vernachlässigungen klar wird, ohne immer wieder in die mathematische Welt auszuweichen.

Unser Dank gilt allen Mitarbeitern, die zum Gelingen dieses Buches beigetragen haben. Im Besonderen ist hier Herr Dipl. Ing. (FH) Björn Assmann zu erwähnen, der die gesamte elektronische Darstellung betreut sowie Texte und Formeln geschrieben hat. Herr Dipl. Ing. Christian Jiménez hat die Möglichkeit geschaffen die Zeichnungen, auch mit Berechnungen, zu erzeugen und als PGF Bilder in Latex einzubinden. Er supportete die Herren

BSc. Daniel Richert, BSc. Lucas Wohlhuter und BSc. Jens Fiederlein sowie MSc. Ilja Moderau, die die vielen Abbildungen der Schaltungen und Bode-Diagramme erstellt haben.

Mannheim, Germany   Albrecht Zwick
Markdorf, Germany   Jochen Zwick
Mannheim, Germany   Xuan Phuc Nguyen
20. Oktober 2014

Inhaltsverzeichnis

Abkürzungen

ESB	Ersatzschaubild
HP	HochPass
LND	Low Noise Design
OP	Operationsverstärker
OPV	Operationsverstärker
Tr	Transistor
TP	Tiefpass

Abbildungsverzeichnis

Tabellenverzeichnis

Rauschen in elektronischen Schaltungen 1

1.1 Rauscharten

Eine Rauschspannung, über der Zeit betrachtet, besteht aus den verschiedensten Frequenzen, die statistisch verteilt sind. Abbildung 1.1 zeigt eine Momentaufnahme, wobei u_{NR} die Rauschspannungsdichte beschreibt. Die Rauschspannungsdichte hat hierbei die Einheit $[\text{V}/\sqrt{\text{Hz}}]$.

Ist die Rauschspannungsdichte über dem gesamten Frequenzbereich konstant, so handelt es sich um weißes Rauschen. Die Rauschdichte ist dann frequenzunabhängig. Um farbiges Rauschen handelt es sich, wenn die spektrale Rauschgröße frequenzabhängig ist. Abbildung 1.2 zeigt weißes Rauschen und als Beispiel für farbiges Rauschen sogenanntes $1/f$-Rauschen.

Formell kann man das $1/f$-Rauschen in Form einer Rauschspannungsdichte u_N in Abhängigkeit der Parameter u_{ND} und f_c beschreiben:

Abb. 1.1 Elektronisches Rauschen

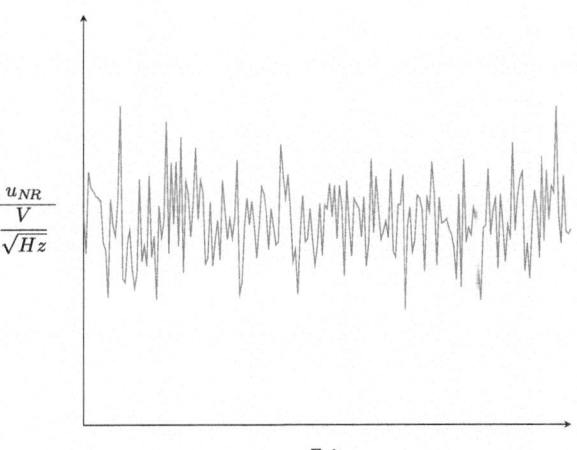

$$\frac{u_{NR}}{\frac{V}{\sqrt{Hz}}}$$

Zeit

© Springer-Verlag Berlin Heidelberg 2015

A. Zwick et al., *Signal- und Rauschanalyse mit Quellenverschiebung*,

DOI 10.1007/978-3-642-54037-0_1

Abb. 1.2 Rauscharten

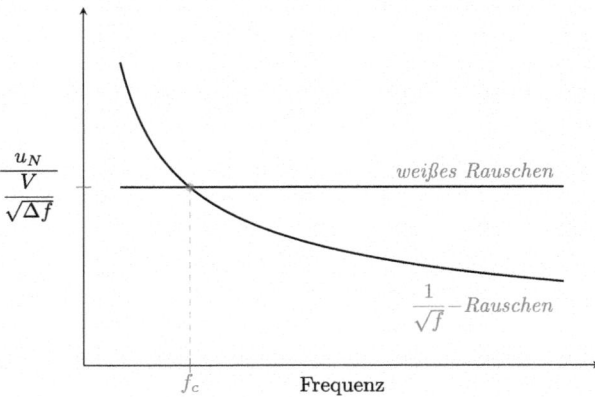

$$u_N(f) = u_{ND} \cdot \sqrt{\frac{f_c}{f}}$$

Bei der Frequenz $f = f_c$ ist

$$u_N(f_c) = u_{ND}$$

Sinnvollerweise wird u_{ND} gleich die Rauschspannungsdichte des weißen Rauschen gewählt.

1.2   Rauschmechanismen

1.2.1   Thermisches Rauschen

Thermisches Rauschen entsteht durch die Brown'sche Bewegung. Es ist ein weißes Rauschen. Die gesamte Rauschleistung ist proportional der Bandbreite und der absoluten Temperatur T. Der Term $k \cdot T$ stellt die Elementarenergie in der Wärmelehre dar; multipliziert mit der Bandbreite Δf ergibt sich die Rauschleistung P_{NR}, die ein ohmscher Widerstand R maximal an die Umgebung abgeben kann. Dies gilt für alle beliebigen Widerstände. Bei der Leistungsanpassung, Abb. 1.3 erhält man den Maximalfall [Fis93].

Abb. 1.3 Anpassung

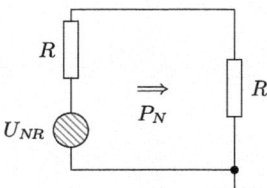

U_{NR} ist hierbei nicht die Rauschspannungsdichte, sondern eine effektive Rauschspannung, die in der Bandbreite Δf die Leistung abgibt und daher zur Kennzeichnung groß geschrieben wird.

Zahlenwerte:

$$k = 1,38 \cdot 10^{-23} \, \frac{\mathrm{W \, s}}{\mathrm{K}}$$

$$T = 300 \, \mathrm{K}$$

$$\Rightarrow k \cdot T = 4,14 \cdot 10^{-21} \, \mathrm{W \, s} \approx 4 \cdot 10^{-21} \, \mathrm{W \, s}$$

$$P_N = k \cdot T \cdot \Delta f \triangleq \frac{U_{NR}^2}{2R} \cdot \frac{1}{2}$$

Die effektive Rauschspannung:

$$\boxed{U_{NR} = \sqrt{4kTR\Delta f}} \qquad (1.1)$$

bzw. die Rauschspannungsdichte

$$\boxed{u_{NR} = \sqrt{4kTR}} \qquad (1.2)$$

Für $\Delta f = 1$ Hz und $R = 1 \, \mathrm{k}\Omega$ ergibt sich $U_{NR} = 4,07 \, \mathrm{nV} \approx 4 \, \mathrm{nV}$. Andere Werte lassen sich daraus leicht berechnen:

$$\boxed{U_{NR} = 4 \, \mathrm{nV} \cdot \sqrt{\frac{R}{\mathrm{k}\Omega} \cdot \frac{\Delta f}{\mathrm{Hz}}}} \qquad (1.3)$$

Für die Rauschdichte folgt:

$$\boxed{\frac{U_{NR}}{\sqrt{\Delta f}} = u_{NR} = 4 \, \frac{\mathrm{nV}}{\sqrt{\mathrm{Hz}}} \cdot \sqrt{\frac{R}{\mathrm{k}\Omega}}} \qquad (1.4)$$

Die Temperatur hat nur einen geringen Einfluss, z. B. ergibt eine Temperaturänderung von $\Delta T = 100 \, ^{\circ}\mathrm{C}$ nur eine Änderung von ca. 15 %. Interessant wird die Rauschminderung erst bei richtiger Kühlung. Der Einsatz von flüssigem Stickstoff ermöglicht eine Temperatur von 77 K ($-196 \, ^{\circ}\mathrm{C}$), dass heißt, die Rauschspannung sinkt auf die Hälfte ab.

$$\sqrt{\frac{77 \, \mathrm{K}}{300 \, \mathrm{K}}} = 0,50662 \ldots \approx 0,5$$

Das Rauschen eines Widerstandes kann anstelle eines Spannungsquellenersatzschaltbildes auch durch ein Stromquellenersatzschaltbild dargestellt werden (Abb. 1.4).

Abb. 1.4
Stromquellen-Ersatzschaltbild

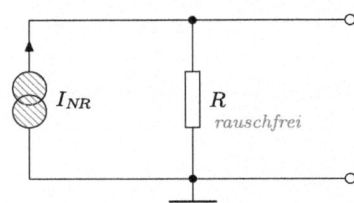

Tab. 1.1   Zusammenhänge bei thermischen Rauschen

$U_{NR} \sim \sqrt{\Delta f}$ $I_{NR} \sim \sqrt{\Delta f}$	Man arbeitet nur mit soviel Bandbreite wie nötig. Die Bandbreitenbegrenzung sollte jedoch noch nicht in der 1. Stufe erfolgen
$U_{NR} \sim \sqrt{T}$ $I_{NR} \sim \sqrt{T}$	Kühlen vermindert das Rauschen
$U_{NR} \sim \sqrt{R}$	Niederohmige Widerstände haben in einer Serienschaltung eine geringere Rauschspannung
$I_{NR} \sim \dfrac{1}{\sqrt{R}}$	Hochohmige Widerstände haben in einer Parallelschaltung einen geringeren Rauschstrom

$$I_{NR} = \frac{U_{NR}}{R} = \sqrt{\frac{4kT\,\Delta f}{R}} \qquad (1.5)$$

$$I_{NR} = 4\,\text{pA} \cdot \sqrt{\frac{\frac{\Delta f}{\text{Hz}}}{\frac{R}{\text{k}\Omega}}} \qquad (1.6)$$

$$u_{NR} = 4\,\frac{\text{nV}}{\sqrt{\text{Hz}}} \cdot \sqrt{\frac{R}{\text{k}\Omega}}$$

$$i_{NR} = 4\,\frac{\text{pA}}{\sqrt{\text{Hz}}} \cdot \sqrt{\frac{1}{\frac{R}{\text{k}\Omega}}}$$

Für das thermische Rauschen ergeben sich folgende Zusammenhänge (Tab. 1.1).

Abbildung 1.5 zeigt die Zahlenwerte der Rauschspannungs- und Rauschstromdichte u_{NR} und i_{NR} in Abhängigkeit vom Widerstand R.

Das Rechnen bei thermischem Rauschen

Die zwei thermisch rauschenden Widerstände aus Abb. 1.6 sollen in eine Ersatzschaltung mit einem einzigen thermisch rauschenden Widerstand umgerechnet werden.

Abändern in:

Für den Innenwiderstand gilt (siehe Abb. 1.6):

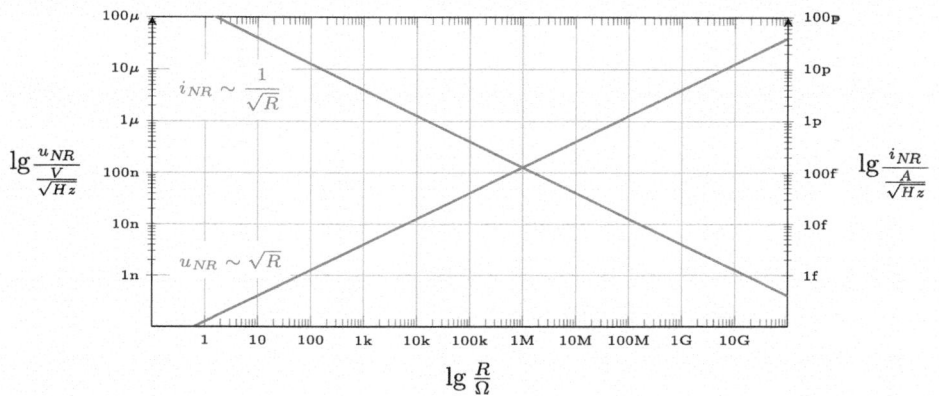

Abb. 1.5 Thermisches Rauschen von Widerständen

Abb. 1.6 Parallelschaltung
rauschender Widerstände

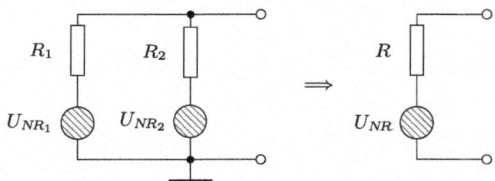

$$R = R_1 \parallel R_2$$

Leerlaufspannung:

$$U_{NR}^2 = \left(U_{NR_1} \frac{R_2}{R_1 + R_2} \right)^2 + \left(U_{NR_2} \frac{R_1}{R_1 + R_2} \right)^2$$

Da beide Widerstände R_1 und R_2 im Rauschen vollkommen voneinander unabhängige
Rauschspannungen erzeugen, deren spektrale Zusammensetzung und Phase zur gleichen
Zeit sich unterscheiden, kann man nur die Leistungen ($\sim U_{NR}^2$) addieren.

$$U_{NR}^2 = 4kT\,\Delta f \cdot R_1 \cdot \frac{R_2 \cdot R_2}{(R_1 + R_2)(R_1 + R_2)} + 4kT\,\Delta f \cdot R_2 \cdot \frac{R_1 \cdot R_1}{(R_1 + R_2)(R_1 - R_2)}$$

$$U_{NR}^2 = 4kT\,\Delta f \cdot R_1 \| R_2 \cdot \underbrace{\frac{R_2 + R_1}{R_1 + R_2}}_{1}$$

$$U_{NR} = \sqrt{4kT \cdot R_1 \| R_2 \cdot \Delta f}$$

Bei thermischem Rauschen kann man zuerst die Widerstände zusammenfassen und
dann dem resultierenden Gesamtwiderstand eine Rauschspannung zuordnen.

1.2.2 Schrotrauschen

Das Schrotrauschen (Shot-Noise) ist ein weißes Rauschen. Es tritt beim Stromfluss über eine Potentialschwelle auf, z. B. beim PN-Übergang [Amb83]. Beim ohmschem Widerstand gibt es kein Schrotrauschen. Nach Schottky gilt:

$$I_{Nsh} = \sqrt{2e \cdot I_D \cdot \Delta f} \tag{1.7}$$

Das Schrotrauschen ist von der Temperatur unabhängig. Das Kleinsignalersatzschaltbild einer Diode ist der differentielle Widerstand r_D:

$$r_D = \frac{U_T}{I_D} \quad \text{mit } U_T = \frac{k \cdot T}{e} \tag{1.8}$$

Somit können wir die Formel umrechnen:

$$I_{Nsh} = \sqrt{2 \cdot e \cdot I_D \cdot \Delta f} \quad \text{mit } r_D = \frac{k \cdot T}{e \cdot I_D} \Rightarrow e \cdot I_D = \frac{k \cdot T}{r_D}$$

$$I_{Nsh} = \sqrt{\frac{2 \cdot k \cdot T \cdot \Delta f}{r_D}} \quad \text{oder} \quad I_{Nsh} = \sqrt{\frac{4kT\Delta f}{2 \cdot r_D}}$$

Man beachte $I_{Nsh} \neq f(T)$ da $r_D \sim T$ und sich somit die Temperatur T herauskürzt.

Ebenso erhält man eine Rauschspannung U_{Nsh}:

$$U_{Nsh} = I_{Nsh} \cdot r_D = \sqrt{4kT \cdot \Delta f \cdot \frac{r_D}{2}} \tag{1.9}$$

Eine rauschende Diode kann somit durch 2 Ersatzschaltungen ersetzt werden (Abb. 1.7).

Abb. 1.7 Rauschersatzbilder von Diode und Widerstand

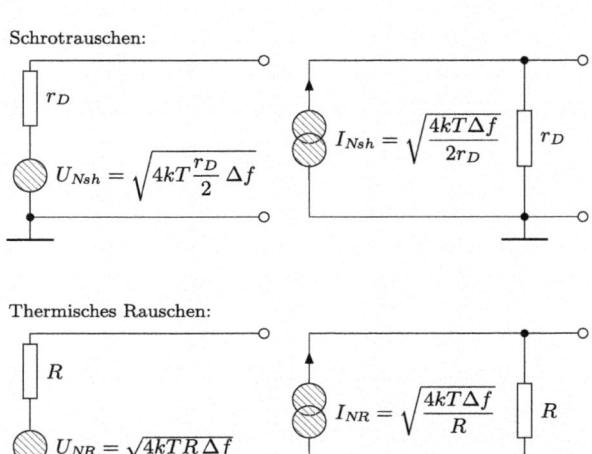

Ergebnis:

> Die Diode rauscht spannungsmäßig wie der *halbe* differentielle Widerstand r_D.
> Die Diode rauscht strommäßig wie der *doppelte* differentielle Widerstand r_D.

1.2.3 Stromrauschen

Fließt durch einen ohmschen Widerstand nur ein Kleinsignalwechselstrom, so erhält man nur thermisches Rauschen. Fließt durch einen Widerstand ein Gleichstrom, so erhält man zusätzlich noch ein Stromrauschen (Excess–Noise, Flicker–Noise) [MF73].

Erklärung:

Das Medium ist nicht kontinuierlich und gleichmäßig aufgebaut. Fließt trotzdem ein Gleichstrom durch dieses Medium, ergeben sich resultierend im differentiellen Bereich unterschiedliche Leitfähigkeiten, die statistischen Schwankungen unterliegen (Abb. 1.8).

Sie sind bei Kohleschichtwiderständen groß, bei Metallschichtwiderständen viel kleiner. Die Qualität der Oberfläche spielt auch eine Rolle.

Das Stromrauschen ist ein $1/f$-Rauschen. Die Variable K stellt hierbei einen Proportionalitätsfaktor dar (Abb. 1.9).

Abb. 1.8 Differentielle Rausch-Spannungen

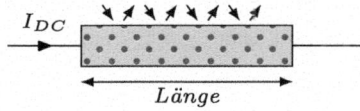

Abb. 1.9 Frequenzabhängigkeit des Stromrauschens

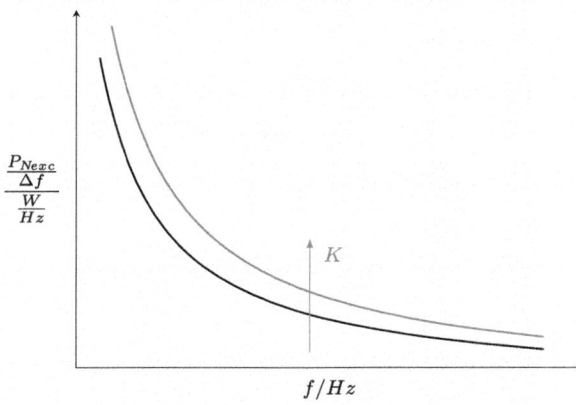

Es gelten folgende Proportionalitäten:

$$\left.\begin{array}{l} \frac{P_{Nexc}}{\Delta f} \sim \frac{1}{f} \rightarrow u_{Nexc} \sim \frac{1}{\sqrt{f}} \\ \frac{P_{Nexc}}{\Delta f} \sim K \rightarrow u_{Nexc} \sim \sqrt{K} \\ u_{Nexc} \sim U_{DC} \end{array}\right\} u_{Nexc} = \sqrt{\frac{K}{f}} \cdot U_{DC} \qquad (1.10)$$

Der Proportionalitätsfaktor K stellt auch eine Materialkonstante dar. Er hat die Einheit $[K] = 1$. Das Stromrauschen wird im Datenblatt bei einem Widerstand durch einen Rauschindex NI angegeben.

$$NI = \frac{\text{Rauschspannung in einer Dekade}}{\text{Gleichspannung}} = \frac{U_{Nexc}|_{(\text{Dekade})}}{U_{DC}} \qquad (1.11)$$

Die Einheit lautet:

$$[NI] = \frac{\mu V}{V} \quad \text{oder dB} \quad \left(\text{wobei gilt: } 1\frac{\mu V}{V} \triangleq 0 \text{ dB}\right)$$

$$NI_{\text{dB}} = 20 \lg \frac{\frac{U_{Nexc}|_{(\text{Dekade})}}{\mu V}}{\frac{U_{DC}}{V}}$$

Man unterscheidet zwischen zwei Problemfällen:

Excessrauschdichte als Funktion der Frequenz

Für eine Dekade gilt:

$$\int_{\text{Dekade}} \frac{P_{Nexc}}{\Delta f} \, df \sim \int_{\text{Dekade}} \left(\frac{u_{Nexc}(f)}{U_{DC}}\right)^2 df = \int_{\text{Dekade}} K \cdot \frac{1}{f} \, df = K \cdot \ln 10 \approx K \cdot 2{,}3$$

Daraus ergibt sich:

$$\frac{U_{Nexc}|_{(\text{Dekade})}}{U_{DC}} = \sqrt{K} \cdot \sqrt{2{,}3} = NI$$

Hieraus erhält man:

$$K = \frac{(NI)^2}{2{,}3} \quad \text{und} \quad \sqrt{K} \approx 0{,}66 \cdot NI$$

In die Formel (1.10) eingesetzt erhält man:

$$u_{Nexc}(f) = \frac{0,66 \cdot NI}{\sqrt{f}} \cdot U_{DC} \qquad (1.12)$$

oder

$$i_{Nexc}(f) = \frac{0,66 \cdot NI}{\sqrt{f}} \cdot I_{DC} \qquad (1.13)$$

Gesamte Rauschspannung als Effektivwert in einem beliebigem Frequenzbereich

Es gilt:

$$\int_{f_1}^{f_2} \left(\frac{u_{Nexc}(f)}{U_{DC}} \right)^2 \, df = \int_{f_1}^{f_2} K \cdot \frac{1}{f} \, df = \underbrace{K \cdot \ln 10}_{NI^2} \cdot \lg \frac{f_2}{f_1} \qquad (1.14)$$

mit $K \cdot \ln 10 = (NI)^2$ erhält man:

$$\frac{U_{Nexc}(\Delta f)}{U_{DC}} = NI \cdot \sqrt{\lg \frac{f_2}{f_1}}$$

und damit:

$$U_{Nexc}(\Delta f) = NI \cdot U_{DC} \cdot \sqrt{\lg \frac{f_2}{f_1}} \qquad (1.15)$$

$$I_{Nexc}(\Delta f) = NI \cdot I_{DC} \cdot \sqrt{\lg \frac{f_2}{f_1}} \qquad (1.16)$$

$$\text{jeweils mit } \Delta f = f_2 - f_1 \qquad (1.17)$$

Abbildung 1.10 zeigt das gesamte Rauschen eines Widerstandes in Abhängigkeit von der Frequenz.

Berechnung der Frequenz f_{Nexc}, bei der Excessrauschen und thermisches Rauschen gleich groß sind. Mit Gl. (1.2) und (1.12) ergibt sich:

$$\frac{0,66 \cdot NI}{\sqrt{f_{Nexc}}} \cdot U_{DC} = \sqrt{4kTR}$$

$$f_{Nexc} = \frac{(0,66)^2 \cdot (NI)^2 \cdot U_{DC}^2}{4kT \cdot R}$$

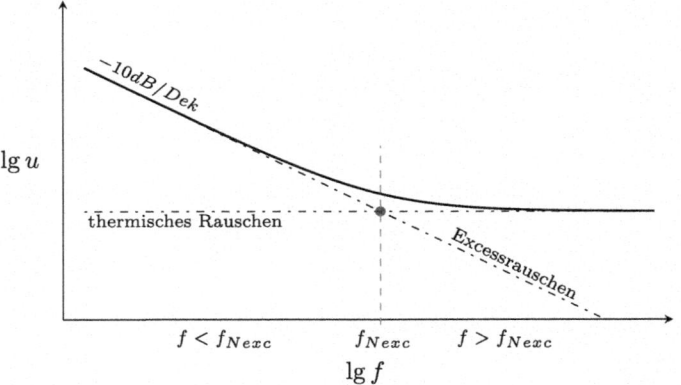

Abb. 1.10 Gesamtes Rauschen eines Widerstandes

$$f_{Nexc} = 27 \text{ kHz} \cdot \left(\frac{NI}{\frac{\mu V}{V}} \right)^2 \cdot \left(\frac{U_{DC}}{V} \right)^2 \cdot \frac{1}{\frac{R}{k\Omega}} \qquad (1.18)$$

Proportionalitäten:

$$f_{Nexc} \sim NI^2, \qquad f_{Nexc} \sim U_{DC}^2, \qquad f_{Nexc} \sim \frac{1}{R}$$

Beispiel – Eckfrequenz Excessrauschen mit Gl. (1.18) und Zahlenwerte:

$$U_{DC} = 5 \text{ V}; \qquad R = 100 \text{ k}\Omega$$

(a) Dickfilm–Widerstand

$$NI = 0 \text{ dB} \mathrel{\hat{=}} 1 \frac{\mu V}{V}$$

$$f_{Nexc} = 27 \text{ kHz} \cdot 1^2 \cdot 5^2 \cdot \frac{1}{100} = 6,75 \text{ kHz}$$

(b) Dünnfilm–Widerstand

$$NI = -40 \text{ dB} \mathrel{\hat{=}} 0,01 \frac{\mu V}{V}$$

$$f_{Nexc} = 27 \text{ kHz} \cdot 0,01^2 \cdot 5^2 \cdot \frac{1}{100} = 0,675 \text{ Hz}$$

Hochohmige Kohleschichtwiderstände haben einen größeren Rauschindex, da der Anteil der nichtleitenden Teilchen größer gegenüber den Kohleteilchen wird [MF73].

Parallel- und Serienschaltung von Excessrauschquellen

Beispiel: Serienschaltung (Abb. 1.11)

Alle Widerstände der beiden Schaltungen haben den gleichen Rauschindex *NI*.

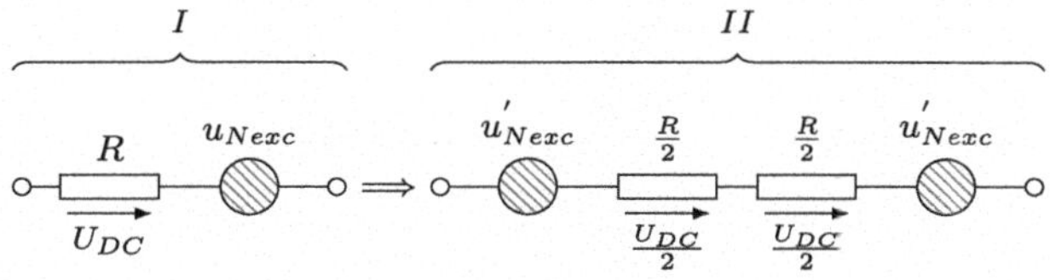

Abb. 1.11 Beispiel
Serienschaltung

$$u_{Nexc} = \frac{0{,}66 \cdot NI}{\sqrt{f}} \cdot U_{DC}$$

$$u'_{Nexc} = \frac{u_{Nexc}}{2}$$

$$u^2_{Nexc,Ges} = u'^2_{Nexc} \cdot 2$$

$$R = \frac{R}{2} + \frac{R}{2}$$

$$u_{Nexc,Ges} = \frac{u_{Nexc}}{2} \cdot \sqrt{2} = \frac{u_{Nexc}}{\sqrt{2}}$$

Allgemein gilt:

$$u_{Nexc,Gesamt} = u_{Nexc} \cdot \frac{1}{\sqrt{n}} \qquad (1.19)$$

Ein Widerstand, aufgeteilt in *n* gleiche Widerstände, die zusammen den gleichen Wert ergeben, verringert das Excessrauschen um den Wert $1/\sqrt{n}$. Dies gilt auch für Parallelschaltungen.

Beispiel:

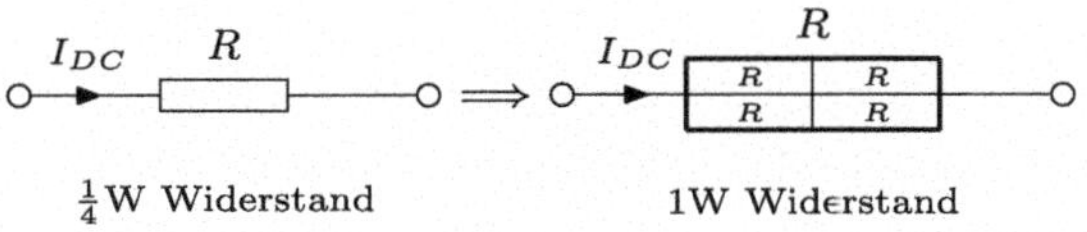

Abb. 1.12 Unterschied
zwischen 1/4 W und 1 W
Widerstand

Das Excessrauschen im 1 W Widerstand ist halb so groß wie bei einem 1/4 W Widerstand aufgrund der halben Spannung und der halben Stromdichte pro einzelnem Widerstand (Abb. 1.12).

Häufige Frage: Geht das Excessrauschen bei DC gegen unendlich?

Es gilt: $U_{Nexc}(\Delta f) = NI \cdot U_{DC} \cdot \sqrt{\lg \frac{f_2}{f_1}}$

Der Wert geht theoretisch gegen unendlich, aber auch DC bedeutet in der Praxis eine Zeit die der Betriebsdauer der Schaltung entspricht. Beispiel:

$$(a) \quad f_1 = 0,1\,\text{Hz}, \qquad f_2 = 10\,\text{Hz}$$
$$\Rightarrow U_{Nexc}(\Delta f) = NI \cdot U_{DC} \cdot \sqrt{\lg 100}$$
$$= NI \cdot U_{DC} \cdot \sqrt{2}$$
$$(b) \quad f_1 = 1\,\text{mHz}, \qquad f_2 = 10\,\text{Hz}$$
$$\Rightarrow U_{Nexc}(\Delta f) = NI \cdot U_{DC} \cdot \sqrt{\lg 10^4}$$
$$= NI \cdot U_{DC} \cdot 2$$

Im Fall (b) ($f_1 = 1\,$mHz) bedeutet 1 mHz eine Zeitkonstante von 1000 s.

$$\frac{1000\,\text{s}}{60} \approx 16,7\,\text{min}$$

Wenn man statt 10 s etwas mehr als 15 Minuten bei der Messung wartet, steigt das Rauschen gegenüber dem Fall (a) nur noch um den Faktor $\sqrt{2}$ an.

1.3   Fehler bei linearer und quadratischer Addition durch Vernachlässigung

1.3.1   Vernachlässigung kleiner Rauschgrößen

Es gilt:

$$\text{Wert } a > \text{Wert } b$$

Frage: Ab wann ist b vernachlässigbar?
(1) Lineare Addition (Bei Korrelation 100 %)

$$F = \frac{a - (a + b)}{a + b} \cdot 100\,\% = \frac{-1}{\frac{a}{b} + 1} \cdot 100\,\%$$

(2) Quadratische Addition (Bei Korrelation 0 %)

$$F = \frac{a - \sqrt{a^2 + b^2}}{\sqrt{a^2 + b^2}} \cdot 100\,\% = \left(\frac{1}{\sqrt{1 + (\frac{b}{a})^2}} - 1 \right) \cdot 100\,\%$$

Ist eine 2. Rauschgröße nur noch 1/3 so groß, so ist der Fehler beim Weglassen dieser Rauschgröße nur noch $-5\,\%$ (Lineare Addition $-25\,\%$) (vgl. Abb. 1.13).

Abb. 1.13 Vernachlässigung
kleiner Rauschgrößen

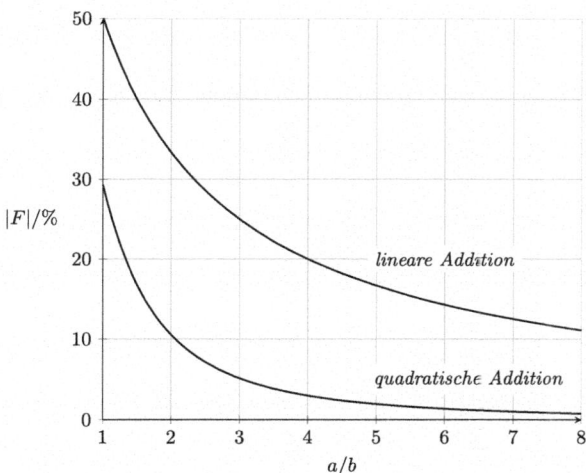

Fazit:
Kleinere Rauschgrößen können leichter vernachlässigt werden.

Beispiel:

$$\text{lineare Addition:} \qquad 1 + 3 \approx 3$$
$$\text{quadratische Addition:} \quad \sqrt{1^2 + 3^2} \approx 3$$

1.3.2   Korrelation

Vollkommen unabhängige Rauschspannungen sind unkorreliert. Sie haben zur gleichen
Zeit verschiedene Frequenzen. Es können somit nur die Leistungen addiert werden. Die
Leistung ist proportional zur Spannung oder dem Strom im Quadrat (Abb. 1.14).

$$R = R_1 + R_2$$
$$U_{NR}^2 = U_{NR_1}^2 + U_{NR_2}^2$$
$$U_{NR} = \sqrt{U_{NR_1}^2 + U_{NR_2}^2} = \sqrt{4kT(R_1 + R_2) \cdot \Delta f}$$

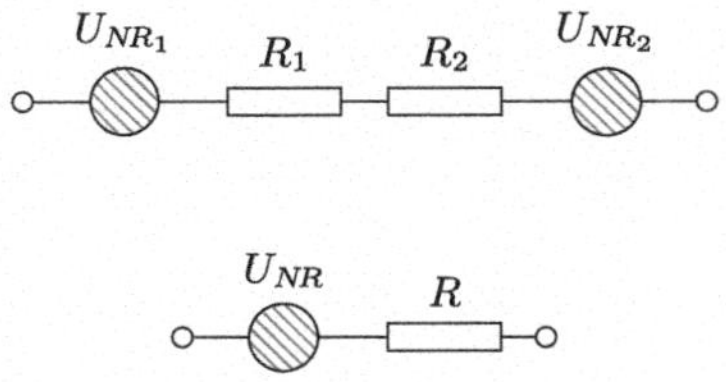

Abb. 1.14 Unkorrelierte
Rauschspannungen

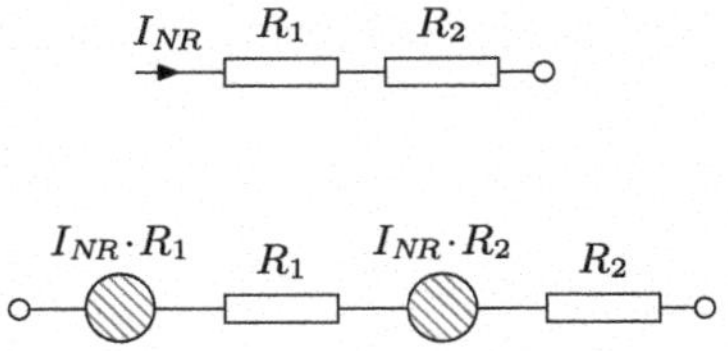

Abb. 1.15 Korrelierte
Rauschspannungen

Werden die beiden Widerstände vom gleichen Rauschstrom I_{NR} durchflossen, so entstehen zusätzliche Rauschspannungen, die 100 % korreliert sind.

$$U_{NR,Ges} = I_{NR} \cdot R_1 + I_{NR} \cdot R_2 = I_{NR}(R_1 + R_2)$$

Die mit dem Rauschstrom I_{NR} erzeugten Rauschspannungen $I_{NR} \cdot R_1$ und $I_{NR} \cdot R_2$ werden linear addiert (Abb. 1.15). Welchen Fehler macht man bei Nichtbeachtung der Korrelation?

Maximaler Fehler: Rauschspannungen sind gleich groß und 100 % korreliert.

$$F = \frac{\sqrt{U_{NR_1}^2 + U_{NR_2}^2} - \sqrt{(U_{NR_1} + U_{NR_2})^2}}{\sqrt{(U_{NR_1} + U_{NR_2})^2}} \cdot 100\,\%$$

$$= \left(\frac{\sqrt{2\,U_{NR}^2}}{\sqrt{4\,U_{NR}^2}} - 1 \right) \cdot 100\,\% \approx -29{,}3\,\%$$

Der Fehler nimmt stark ab bei verschieden großen Rauschspannungen und Teilkorrelationen. Im Normalfall spielt bei der Schaltungstechnik die Korrelation keine große Rolle [MF73]!

> In der Praxis rechnet man entweder mit Korrelation 100 % (Lineare Addition) oder
> mit Korrelation 0 % (Quadratische Addition).

Methoden und Werkzeuge zur Rauschberechnung 2

Im Kapitel 1 wurde die Entstehung und Verrechnung von Rauschquellen gezeigt. In einer beliebigen Schaltung können diese Rauschquellen nun wie gewöhnliche Spannungs- oder Stromquellen behandelt werden. Es zeigt sich, dass zur Behandlung von mehreren Quellen in einer Schaltung die Methode „Quellenverschiebung" äußerst effizient ist. Mit dieser Methode können die Quellen gezielt an eine Stelle – vorzugsweise hierbei zum Eingang – der Schaltung verschoben werden. Der Einfluss bzw. die Wirkung der einzelnen Quellen – als Rauschdichte – untereinander kann dann berücksichtigt bzw. vernachlässigt werden. Da die einzelnen Rauschspannungs- oder Rauschstromdichten abhängig von der Frequenz sein können, ist eine resultierende Betrachtung über den Frequenzbereich unabdingbar. Es zeigt sich, dass hierzu das Bode-Verfahren äußerst effizient herangezogen werden kann. Nachfolgend werden die 2 „grafischen" Methoden zur Behandlung von Rauschquellen aufgezeigt.

2.1   Quellenverschiebung

Definition: Diese Technik beruht auf der Tatsache, dass so lange nach außen hin keine physikalischen Veränderungen hervorgerufen werden, die innere Schaltung beliebig verändert werden darf. Die Veränderung der inneren Schaltung geht hierbei mit der Verschiebung und Umwandlung der Quellen einher. Abbildung 2.1 illustriert die Verschiebung einer Spannungsquelle über den Knoten in der Mitte.

In den drei durchgeführten Modifikationen (Abb. 2.1(b) bis (d)) der inneren Schaltung bleiben die Äußeren Spannungen U_{AB}, U_{AC} und U_{BC} unverändert. Schritt (b) ist möglich, weil einer Spannungsquelle beliebig viele, identische Spannungsquellen parallel geschaltet werden dürfen. In Schritt (c) wird die virtuelle Trennung ausgenutzt (kein Strom fließt zwischen den beiden Spannungen U), die beiden Spannungsquellen können somit verschoben werden. Schritt (d) verbindet anschließend wieder die getrennte Stelle.

© Springer-Verlag Berlin Heidelberg 2015   15
A. Zwick et al., *Signal- und Rauschanalyse mit Quellenverschiebung*,
DOI 10.1007/978-3-642-54037-0_2

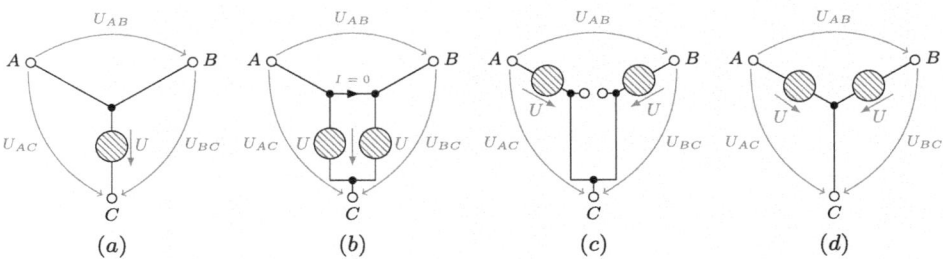

Abb. 2.1 Verschiebung einer Spannungsquelle

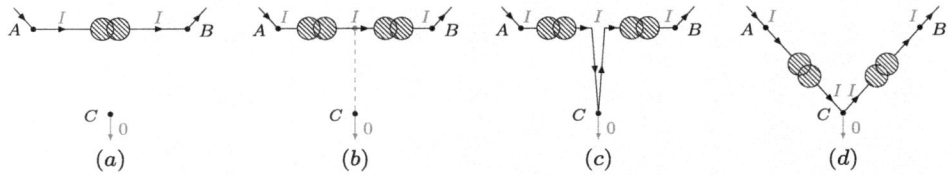

Abb. 2.2 Verschiebung einer Stromquelle

Abbildung 2.2 zeigt die Verschiebung einer Stromquelle. Auch hier bleibt die Summe aller zu- und abfließenden Ströme an allen Knoten während der vier Modifikationen unverändert.

Bei einer Quellenverschiebung entstehen immer mehrere gleiche Quellen. Es gibt jedoch auch Stellen, in einer elektronischen Schaltung, bei denen Quellen auch wider verschwinden. An machen Stellen haben Quellen eine so kleine Wirkung, dass sie vernachlässigt werden können. Um diese Eigenschaften in einer Schaltungsdarstellung kenntlich zu machen, werden folgende Zeichen für die Wirkungslosigkeit und die Vernachlässigbarkeit eingeführt (Abb. 2.3, 2.4). Diese Zeichen werden auch in Formeln angewendet.

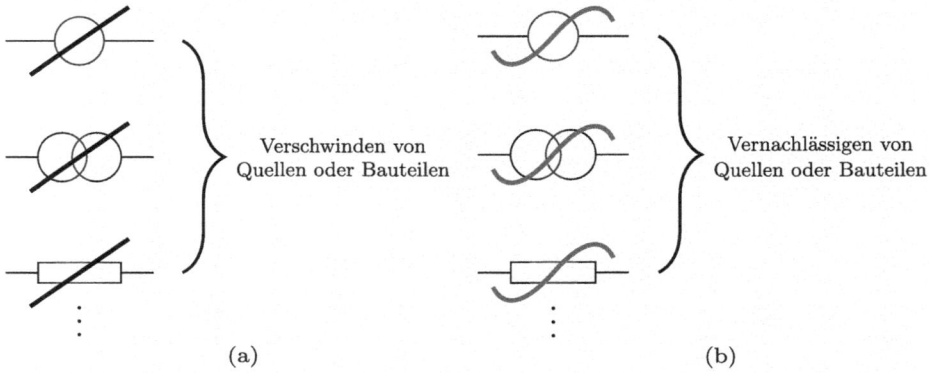

Abb. 2.3 Einführung des Zeichen für Verschwinden und Vernachlässigen

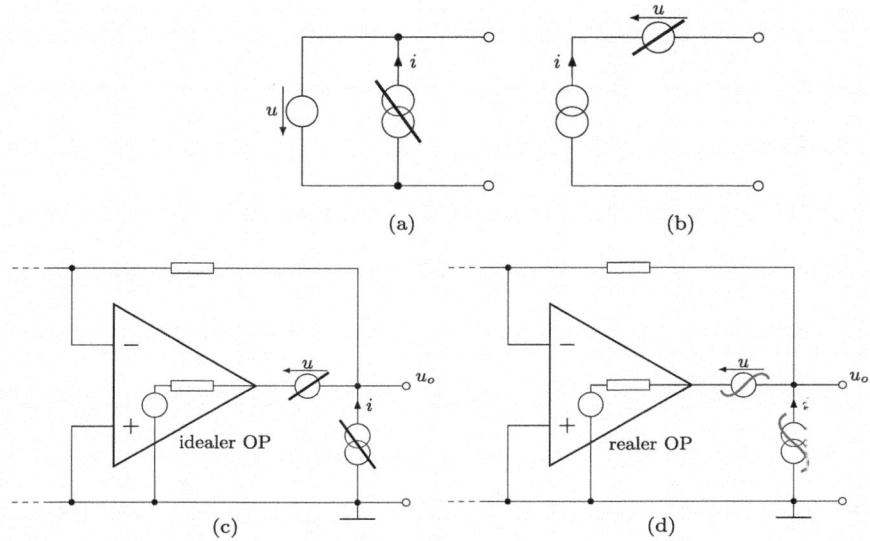

Abb. 2.4 Einführung des Zeichen für Verschwinden und Vernachlässigen (b)

Für die Abb. 2.4 gilt:

Bild (a) Eine Stromquelle parallel zu einer Spannungsquelle hat keinen Einfluss und kann weggelassen werden.

Bild (b) Eine Spannungsquelle in Serie zu einer Stromquelle hat keinen Einfluss und kann weggelassen werden.

Bild (c) Eine Spannungsquelle am Ausgang des idealen Operationsverstärkers bei einer geregelten Verstärkerschaltung wird ideal ausgeregelt und hat keinen Einfluss auf die Ausgangsspannung u_o. Vereinfacht kann man sagen, man schiebt die Quelle rückwärts in den OP hinein. Da sind noch mehr Bauteile, wie z. B. der Ausgangswiderstand, welche bei $A_0 \Rightarrow \infty$ keine Rolle spielen. Ebenso geschieht dies mit einer Stromquelle parallel zum Ausgang. Sie wird ebenfalls ausgeregelt.

Bild (d) Bei einem realen Operationsverstärker mit $A_0 \not\Rightarrow \infty$ gibt es einen kleinen Fehler, bedingt durch die nicht unendlich große Schleifenverstärkung gegenüber Fall Bild (c). Deshalb verwendet man besser das Zeichen für Vernachlässigung wie in Abb. 2.3 dargestellt.

Verschiebungsbeispiel 1 Die Stromquelle i soll an die Position u_1 zum Eingang verschoben und dort mit u_1 überlagert werden, sodass dann nur noch eine einzige Spannungsquelle u_x wirkt (Abb. 2.5, 2.6 und 2.7).

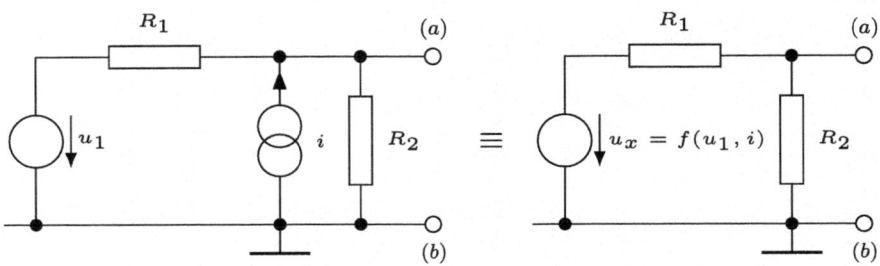

Abb. 2.5 Verschiebung der Stromquelle – Ausgangsbasis & Zielwunsch

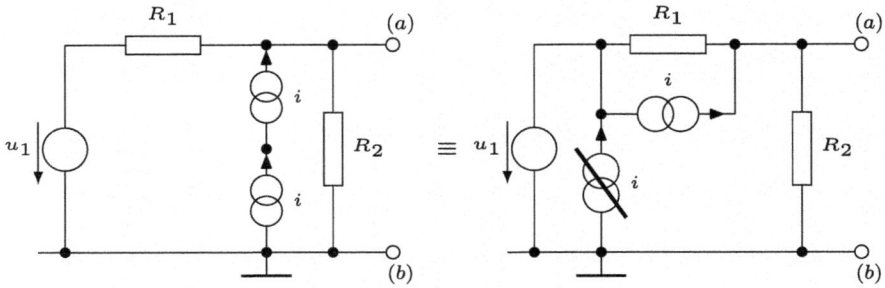

Abb. 2.6 Verschiebung der Stromquelle – Durchführung

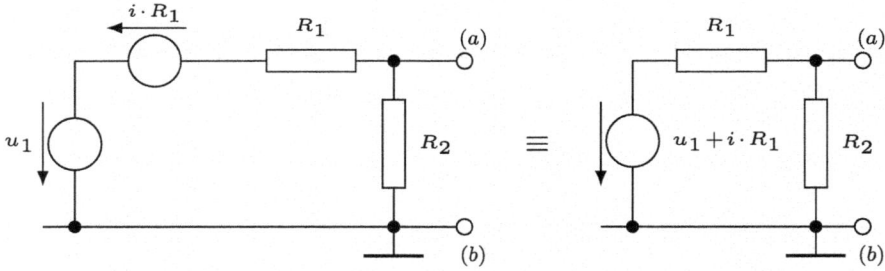

Abb. 2.7 Verschiebung der Stromquelle bis zum Ziel

Verschiebungsbeispiel 2 Es soll u an die Stelle R_1 verschoben werden, sodass diese dann an der Position u_x wirkt (zum „Eingang hin") (Abb. 2.8 und 2.9). Dieses Beispiel kommt sehr häufig bei der Rauschberechnung vor. Es gilt dann.

$$u_x = f(u) = u\left(1 + \frac{R_1}{R_2}\right)$$

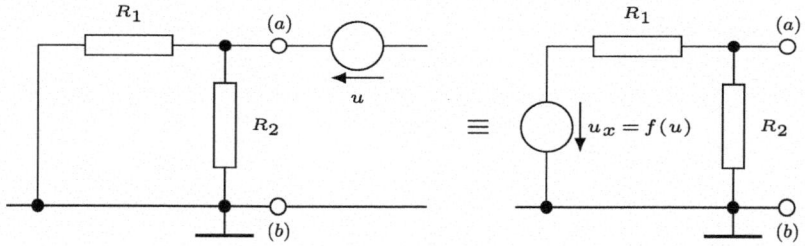

Abb. 2.8 Verschiebung der Spannungsquelle nach vorne – Ausgangsbasis & Zielwunsch

Abb. 2.9 Verschiebung über
einen Widerstand hinweg

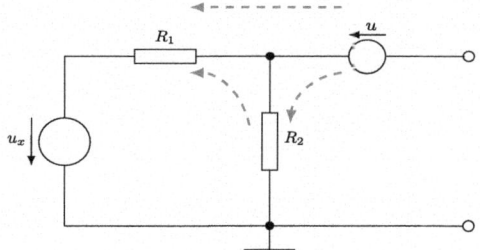

Verschiebungsbeispiel 3   Nun soll u und i zum Widerstand R_2 an die Position u_x geschoben werden (Abb. 2.10 und 2.11).

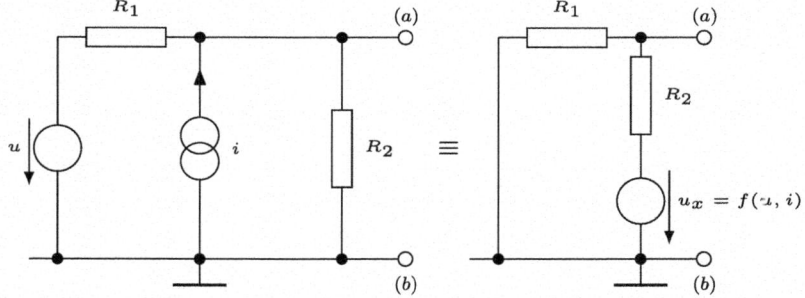

Abb. 2.10 Verschiebung von Spannungs- und Stromquelle – Ausgangsbasis & Zielwunsch

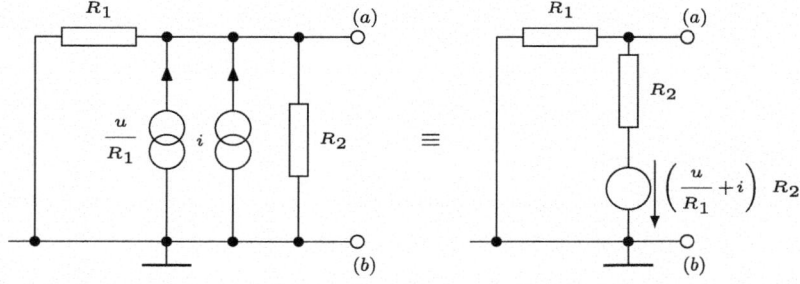

Abb. 2.11 Verschiebung der Stromquelle – Durchführung

Verschiebungsbeispiel 4 Nun soll u und i in eine Spannungsquelle u_x in Abb. 2.12, 2.13 und 2.14 nach rechts geschoben werden (also zum Ausgang hin).

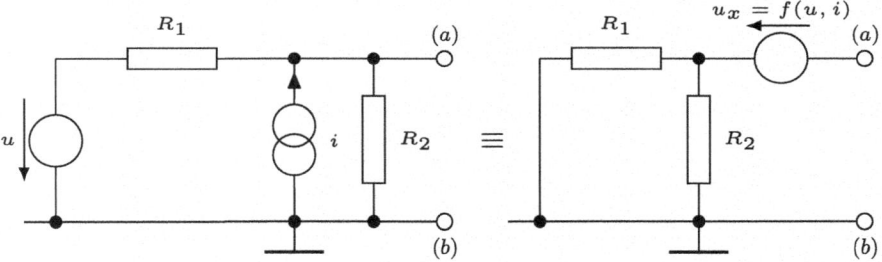

Abb. 2.12 Verschiebung der Spannungs- und Stromquelle zum Ausgang hin – Ausgangsbasis & Ziel

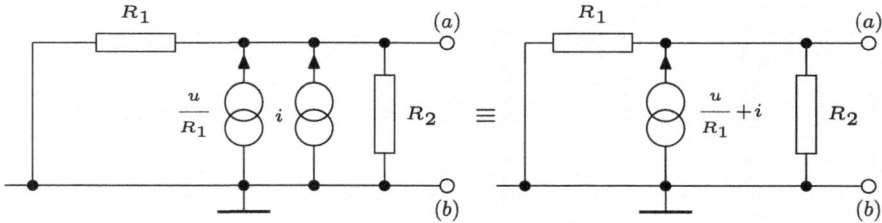

Abb. 2.13 Verschiebung der Spannungs- und Stromquelle zum Ausgang hin – Zwischenschritte

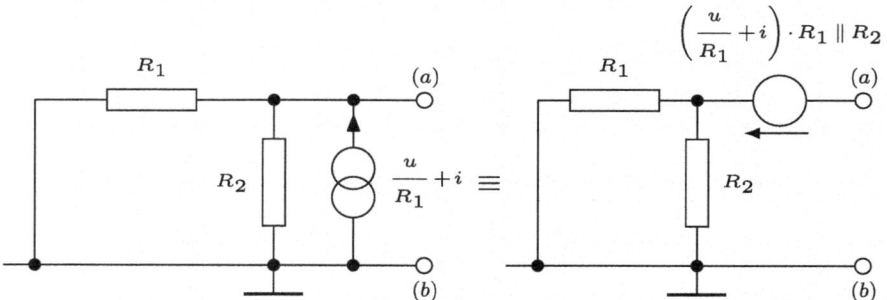

Abb. 2.14 Verschiebung der Spannungs- und Stromquelle zum Ausgang hin – Zwischenschritt zum Ziel

2.2 Bodeverfahren

Darstellung von Impedanzen im Bode-Diagramm Abb. 2.15.

Der Widerstand R, sowie die Impedanzen ωL der Induktivität und $1/\omega C$ der Kapazität ergeben bei logarithmischer Darstellung jeweils eine Gerade. Es erweist sich als vorteil-

Abb. 2.15 Bode-Diagramm
von R, L und C

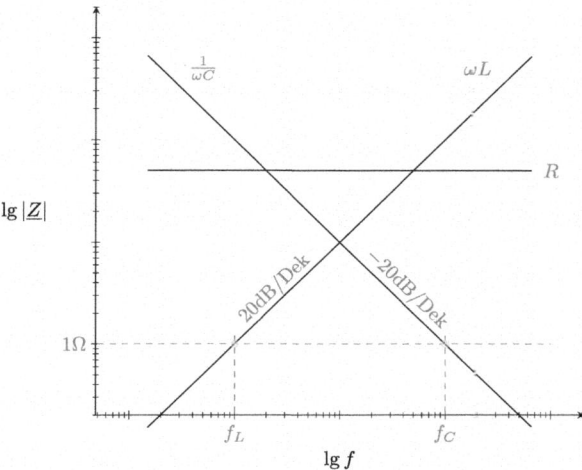

haft, dass man die Impedanzen nicht mit der Kreisfrequenz ω, sondern direkt als Frequenz f darstellt, durch passende Umformung:

$$j\omega L = j2\pi f \cdot L = j\frac{f}{f_L} \cdot 1\,\Omega \tag{2.1}$$

$$\text{mit} \quad f_L = \frac{1\,\Omega}{2\pi L} \tag{2.2}$$

$$\frac{1}{j\omega C} = \frac{1}{j2\pi f \cdot C} = \frac{1}{j\dfrac{f}{f_C}} \cdot 1\,\Omega \tag{2.3}$$

$$\text{mit} \quad f_C = \frac{1}{2\pi \cdot 1\,\Omega \cdot C} \tag{2.4}$$

Bei den Frequenzen f_L und f_C betragen die Impedanzen daher folglich $1\,\Omega$.

Serien- und Parallelschaltung von dargestellten Impedanzen können nun grafisch dargestellt werden; Abb. 2.16 verdeutlicht den Sachverhalt.

Ergebnis
- Bei einer Serienschaltung dominiert die größere Impedanz. Die Gesamtimpedanz liegt oberhalb der einzelnen Bauteile.
- Bei Parallelschaltung dominiert die kleinere Impedanz. Die Gesamtimpedanz liegt unterhalb der einzelnen Bauteile.
- Ausnahmen gibt es bei Resonanzen.

Abb. 2.16 Serien- und Parallelschaltung verschiedener Bauteile

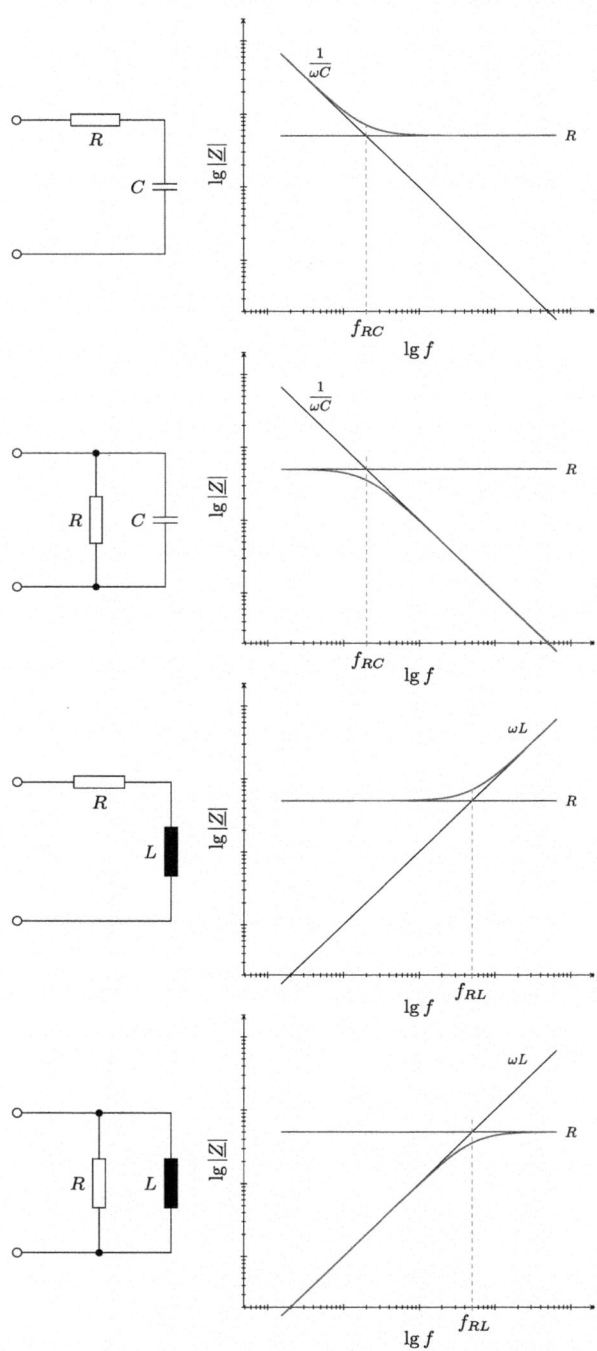

Führt man als zusätzlichen Rechenoperator das Parallel-Zeichen ein, so kann man folgende grundlegende Beziehungen verwenden:

$$a \parallel b = \frac{a \cdot b}{a + b} \tag{2.5}$$

Um einfache grafische Darstellungen zu erhalten, können auf alle Bruchrechnungen und auch Impedanzquotienten folgende Umformungen gemäß Tab. 2.1 angewendet werden.

Tab. 2.1 Formeln für Impedanzenquotienten

$\frac{Z_1 + Z_2}{Z_3} = \frac{Z_1}{Z_3} + \frac{Z_2}{Z_3}$	$\frac{Z_1 \parallel Z_2}{Z_3} = \frac{Z_1}{Z_3} \parallel \frac{Z_2}{Z_3}$
$\frac{Z_1}{Z_2 + Z_3} = \frac{Z_1}{Z_2} \parallel \frac{Z_1}{Z_3}$	$\frac{Z_1}{Z_2 \parallel Z_3} = \frac{Z_1}{Z_2} + \frac{Z_1}{Z_3}$

Lässt man in der Gl. (2.2):

$$\Rightarrow j \frac{f}{f_L} \cdot \cancel{1\,\Omega}$$

und Gl. (2.4):

$$\Rightarrow \frac{1}{j \frac{f}{f_C}} \cdot \cancel{1\,\Omega}$$

einfach die Einheit [1 Ω] weg, können diese als grundlegende Übertragungsverhalten aufgefasst werden. Es gibt 3 fundamentale Funktion Abb. 2.17:

Abb. 2.17 Die drei grundlegenden Übertragungsverhalten

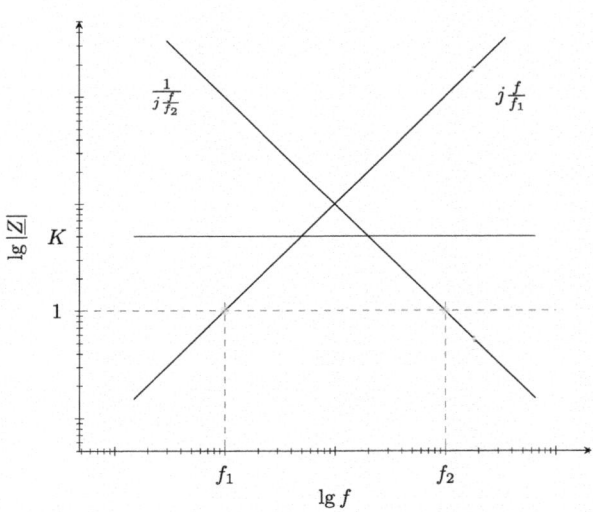

$$k := \text{Konstant-Funktion}$$

$$j\frac{f}{f_1} := \text{Integrier-Funktion}$$

$$\frac{1}{j\frac{f}{f_2}} := \text{Differenzier-Funktion}$$

Alle andere Frequenzgang-Verhalten können dann aus diesen 3 fundamentalen Funktionen durch Serien- oder Parallelschaltung zusammengesetzt werden (Abb. 2.18).

Abb. 2.18 Zusammengesetztes Übertragungsverhalten

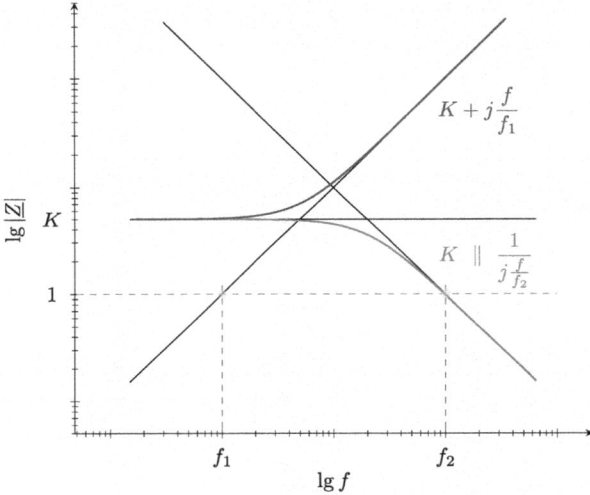

Der Sachverhalt wird zwar logarithmisch dargestellt, will man nun aus der Grafik die Verhältnisse zwischen den Amplituden und Frequenzen ermitteln, so gilt allgemein die Regel:

$$\left(\frac{A_{\text{groß}}}{A_{\text{klein}}}\right) = \left(\frac{f_{\text{groß}}}{f_{\text{klein}}}\right)^{\text{Steigung in Dekade pro Dekade}} \tag{2.6}$$

Aus Abb. 2.19 und 2.20 erhält man:

Abb. 2.19 Zusammenhang zwischen Verstärkung A und Frequenz f; $(-20\frac{\mathrm{dB}}{\mathrm{Dek}})$ und mit $f_T =$ Transitfrequenz

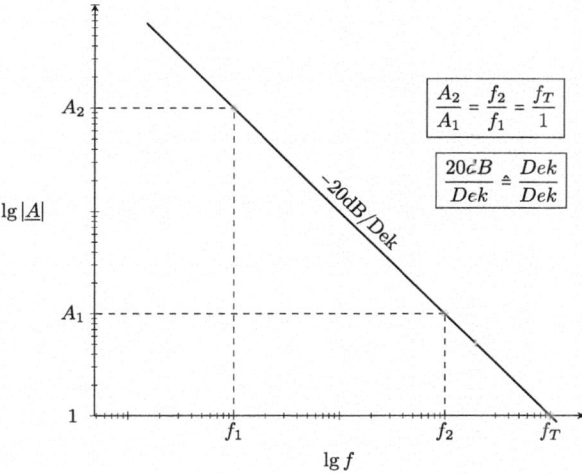

Abb. 2.20 Zusammenhang zwischen Verstärkung A und Frequenz f; $(-40\frac{\mathrm{dB}}{\mathrm{Dek}})$

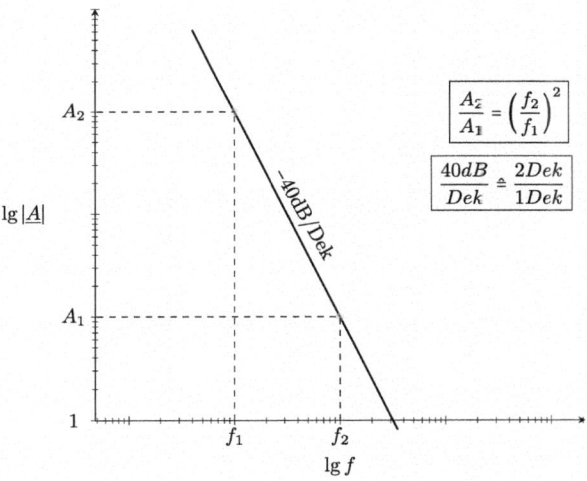

$$\lg \frac{A_2}{A_1} = 2\,\text{Dekaden}$$

$$\lg \frac{f_2}{f_1} = 1\,\text{Dekade}$$

$$\Rightarrow \lg \frac{A_2}{A_1} = 2\lg \frac{f_2}{f_1} = \lg\left(\frac{f_2}{f_1}\right)^2$$

$$\Rightarrow \frac{A_2}{A_1} = \left(\frac{f_2}{f_1}\right)^2$$

Abb. 2.21 Zusammenhang zwischen Verstärkung A und Frequenz f; $(-10\,\frac{\text{dB}}{\text{Dek}})$

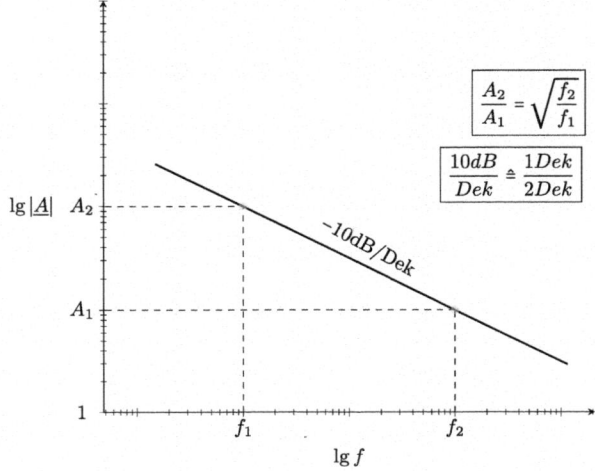

Aus Abb. 2.21 erhält man:

$$\lg \frac{A_2}{A_1} = 1 \text{ Dekade}$$

$$\lg \frac{f_2}{f_1} = 2 \text{ Dekaden}$$

$$\Rightarrow \frac{A_2}{A_1} = \left(\frac{f_2}{f_1} \right)^{\frac{1}{2}}$$

2.3   Resonanz und Resonanzüberhöhung im Bode-Diagramm

Bei elektronischen Schaltungen können im Bode-Diagramm Geraden mit verschiedenen Steigungen zusammen wie eine Parallel- oder Serienschaltung wirken.

Parallelschaltung und Serienschaltung sind dual zu betrachten.

Im Bode-Diagramm erhält man immer eine Resonanz, wenn zwei Geraden mit einem Unterschied von 40 dB/Dekade zusammen wirken (Abb. 2.22).

Liegt der nächste Knickpunkt, der die Resonanzüberhöhung bei einer Parallelschaltung begrenzt oberhalb des Schnittpunktes, so ist die Berechnung genau.

Liegt der nächste Knickpunkt, der die Resonanzüberhöhung bei einer Parallelschaltung begrenzt, unterhalb des Schnittpunktes, so erhält man eine Näherung, die um so genauer ist, je größer die Resonanzüberhöhung wird. Die Abbildungen 2.23 und 2.24 zeigen Beispiele von Parallelschaltungen.

Bei einer Serienschaltung sind die Ergebnisse dazu dual.

Die Abbildungen 2.25 und 2.26 zeigen 2 Berechnungsmöglichkeiten ein und derselben Schaltung. Zuerst werden die einzelnen Impedanzquotienten gezeichnet, dann schrittweise gemäß der Formel zusammengefasst.

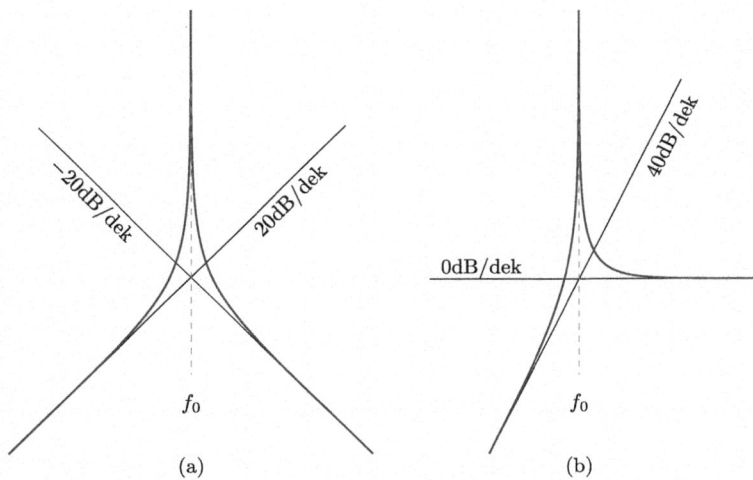

Abb. 2.22 Resonanzbeispiele im Bode-Diagramm

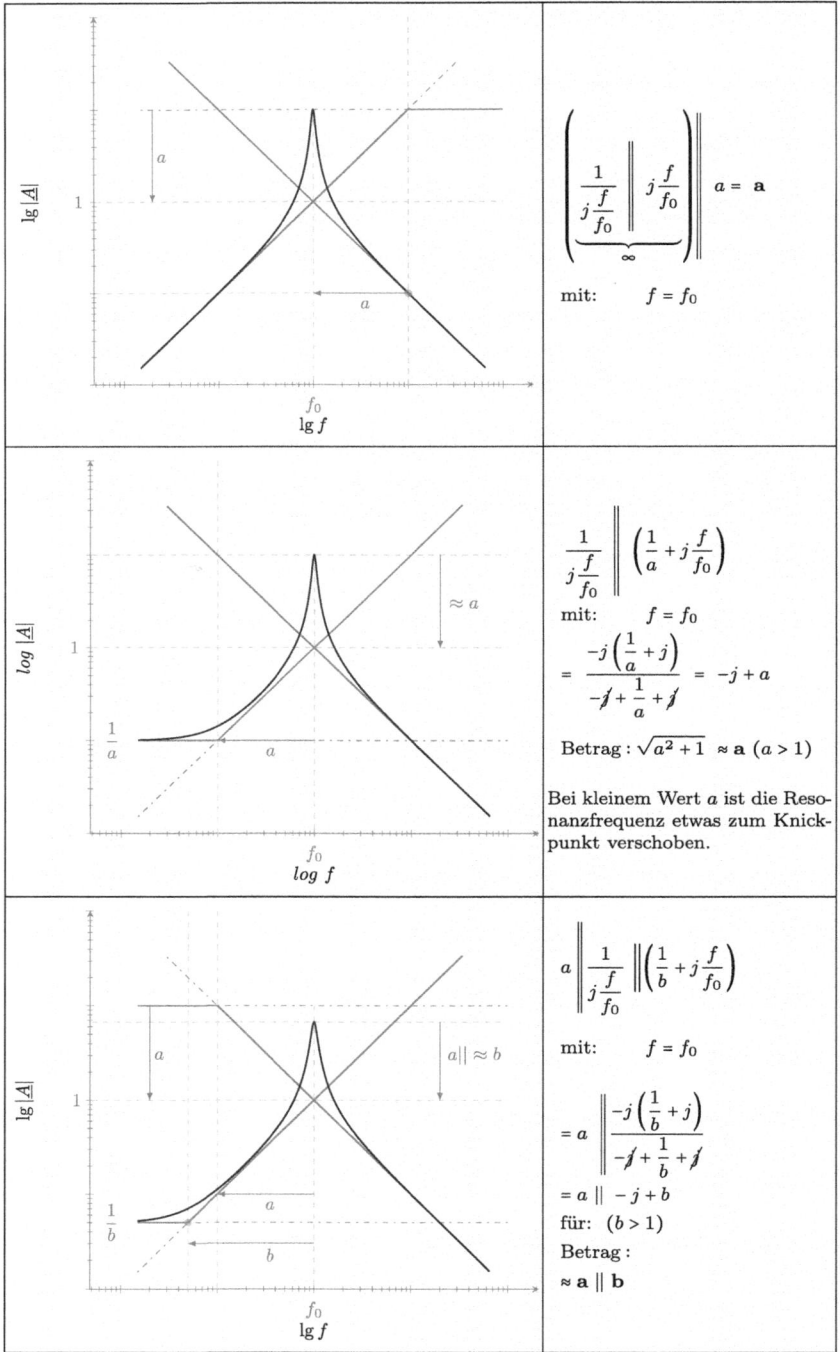

Abb. 2.23 Verschiedene Beispiele zur Berechnung der Resonanzüberhöhung

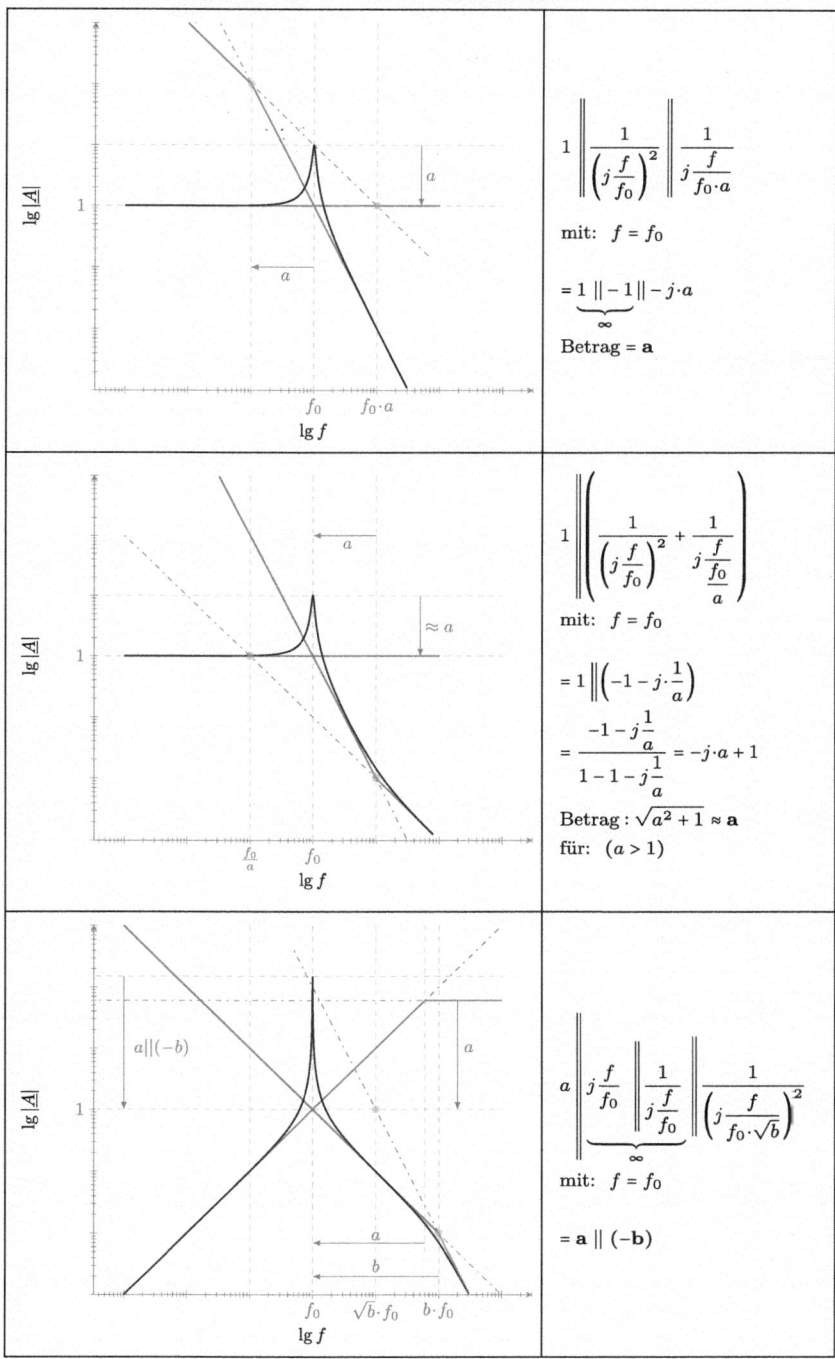

Abb. 2.24 Verschiedene Beispiele zur Berechnung der Resonanzüberhöhung

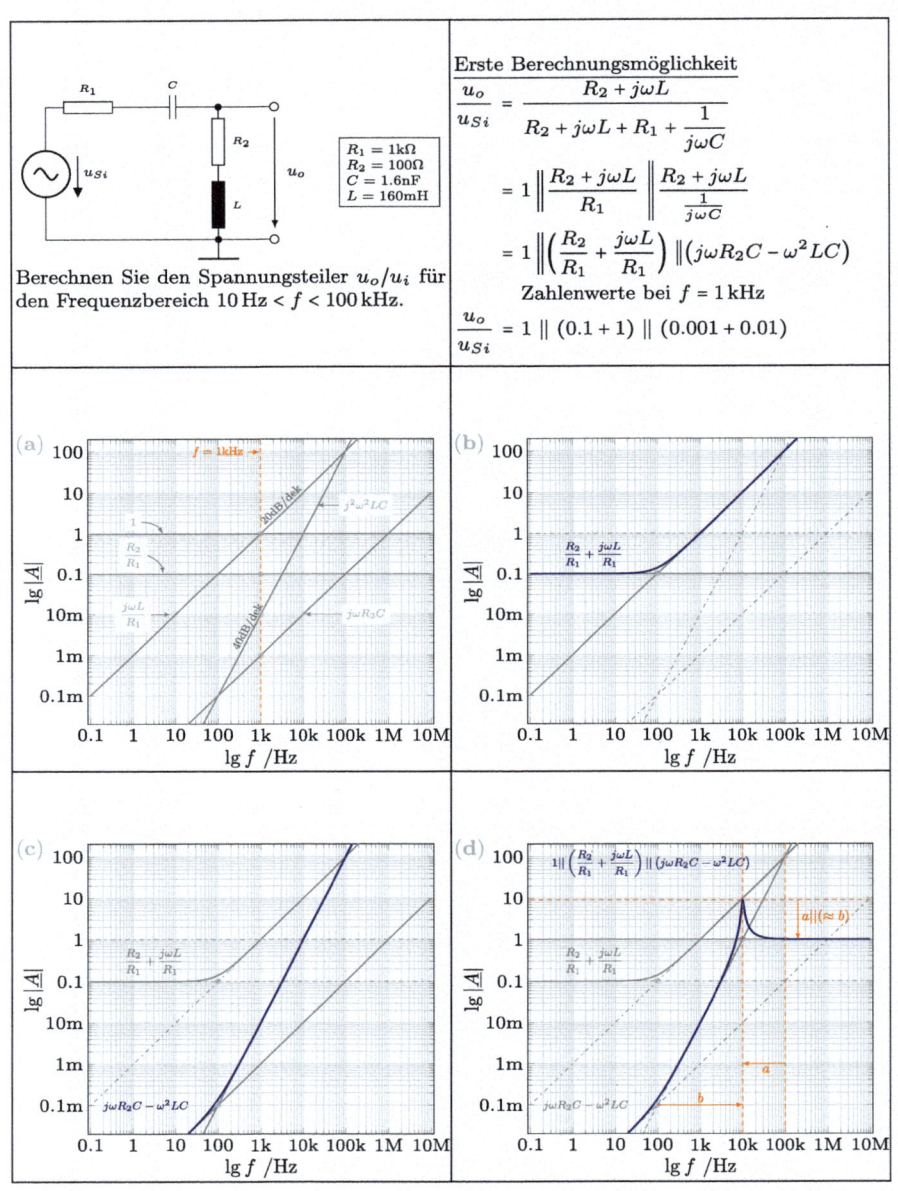

Abb. 2.25 Zusammensetzung der Teilquotienten im Fall 1

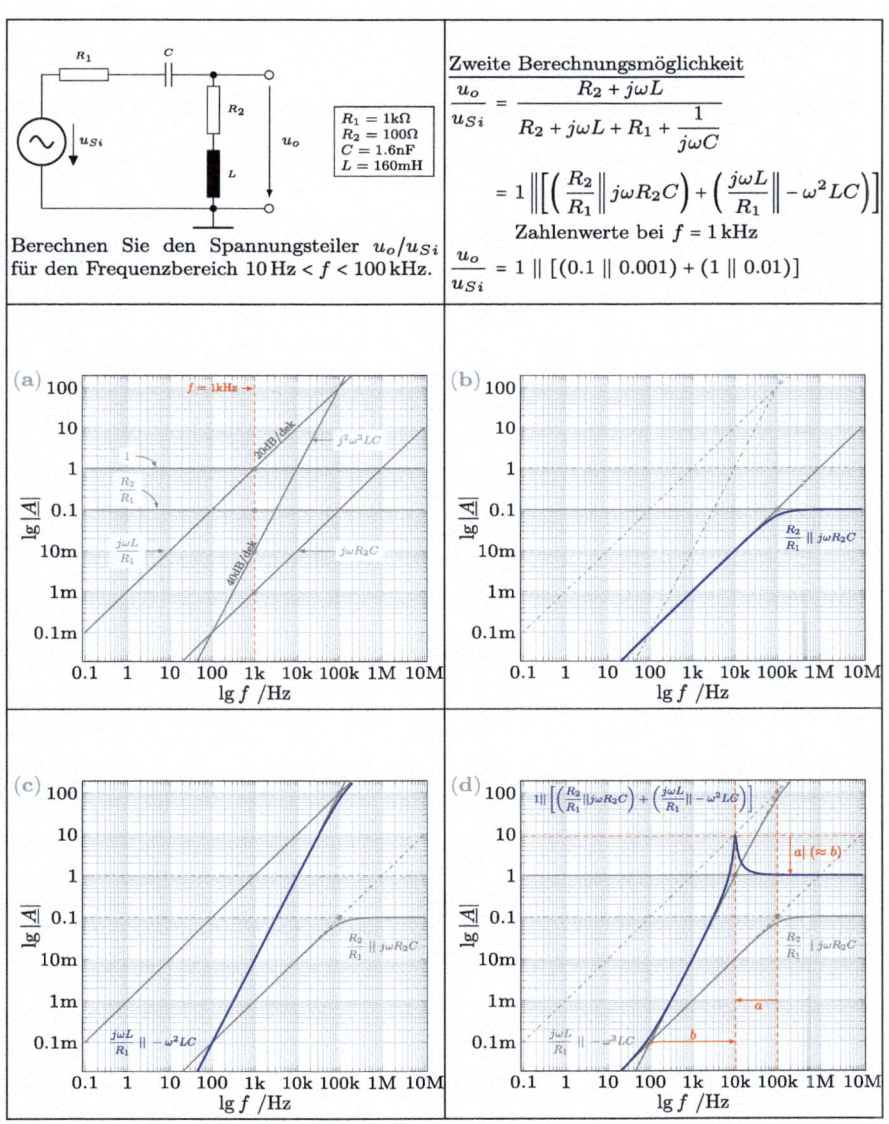

Abb. 2.26 Zusammensetzung der Teilquotienten im Fall 2

Verstärkerrauschen 3

3.1 Die äquivalente Eingangsrauschspannungsquelle

Das Rauschen eines aktiven Bauelements, z. B. eines Operationsverstärkers, wird durch zwei Rauschquellen beschrieben (Abb. 3.1). Eine einzige Rauschquelle reicht nicht, da entweder bei $r_e \Rightarrow \infty$ u_N oder bei $r_e \Rightarrow 0$ i_N am Ausgang des Verstärkers kein Rauschen mehr erzeugen würde.

Normalerweise rechnet man alle Rauschquellen in eine äquivalente Eingangsrauschquelle u_{Ni} an der Stelle der Quelle u_{Si} um, die das gesamte Rauschen mit gleicher Wirkung am Ausgang beschreibt. Der Vorteil liegt darin, dass sehr häufig die Frequenzabhängigkeit des Verstärkers noch keine Rolle spielt. Die Spannung des Signals u_{Si} kann jetzt direkt mit dem äquivalentem Rauschen verglichen werden. Im Rauschersatzschaltbild in Abb. 3.1 ist u_{Se} proportional zur Ausgangsspannung u_o. Das Rauschen auf der Ausgangsseite des Verstärkers spielt normalerweise keine Rolle, da das mit A_0 verstärkte Rauschen der Eingangsseite viel größer ist. Man verrechnet alle Rauschquellen an die Stelle u_{Se} und dann mit u_{Si}/u_{Se} zurück zum Eingang. In vielen Fällen kann man durch Quellenverschiebung die Quellen zum Eingang verschieben. Dazu muss aber die Ausgangsspannung oder die entsprechende Spannung u_{Se} immer eingezeichnet werden.

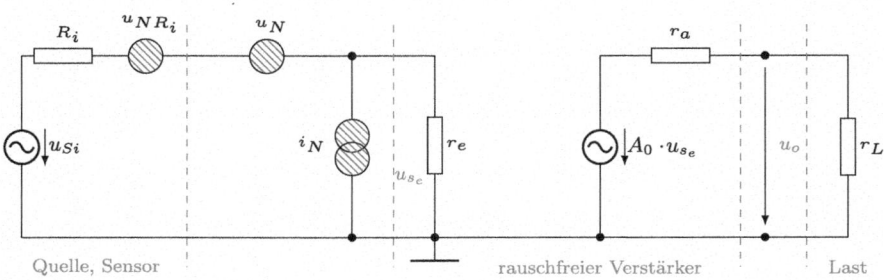

Abb. 3.1 Rauschersatzschaltbild eines Verstärkers

© Springer-Verlag Berlin Heidelberg 2015
A. Zwick et al., *Signal- und Rauschanalyse mit Quellenverschiebung*,
DOI 10.1007/978-3-642-54037-0_3

Grundsätzliche Rechnung:

$$u_{N_e}^2 = \left(u_{NR_i}^2 + u_N^2\right) \cdot \left(\frac{r_e}{R_i + r_e}\right)^2 + i_N^2 \cdot \underbrace{\left(\frac{R_i \cdot r_e}{R_i + r_e}\right)^2}_{(R_i \| r_e)^2}$$

$$\frac{u_{Si}}{u_{Se}} = \frac{R_i + r_e}{r_e}$$

$$u_{Ni}^2 = u_{Ne}^2 \cdot \left(\frac{u_{Si}}{u_{Se}}\right)^2 = u_{Ne}^2 \cdot \left(\frac{R_i + r_e}{r_e}\right)^2$$

$$= \left(u_{NR_i}^2 + u_N^2\right) \cdot \left(\frac{r_e}{R_i + r_e}\right)^2 \cdot \left(\frac{R_i + r_e}{r_e}\right)^2 + i_N^2 \cdot \left(\frac{R_i \cdot r_e}{R_i + r_e}\right)^2 \cdot \left(\frac{R_i + r_e}{r_e}\right)^2$$

$$\boxed{u_{Ni}^2 = u_{NR_i}^2 + u_N^2 + i_N^2 \cdot R_i^2} \tag{3.1}$$

Die Gleichung (3.1) stellt die Grundgleichung der äquivalenten Eingangsrauschspannung dar.

Der Eingangswiderstand des Verstärkers r_e kommt in dieser Gleichung nicht vor. Die Rauschquellen u_N und i_N sind aber von r_e abhängig.

Abb. 3.2 Darstellung der Grundgleichung

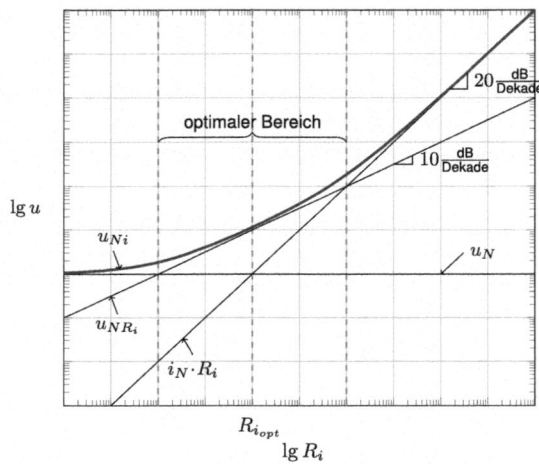

Alternativ kann Gl. (3.1) mit der Quellenverschiebung hergeleitet werden:

– Die Spannungen u_N und u_{NR_i} können über den Widerstand R_i direkt zur Stelle von u_{Si} verschoben werden.

– Nach dem Überlagerungssatz werden für die Berechnung von i_N die Spannungen u_{NR_i} und u_N zu Null gesetzt. i_N kann mit R_i in eine äquivalente Spannung $i_N \cdot R_i$ umgewandelt werden, welche direkt an der Stelle von u_{Si} liegt.

Die Abbildung 3.2 stellt die Gl. (3.1) grafisch dar.

3.2 Messung von Rauschspannung u_N und Rauschstrom i_N

Mit $R_i = 0$ ergibt sich $u_N = u_{Ni}$.

Man misst mit Kurzschluss am Eingang die Ausgangsrauschspannung und dividiert diese durch die Verstärkung. Mit R_i sehr groß erhält man $u_{Ni} \approx i_N \cdot R_i$. Bei quadratischer Addition spielen die Rauschspannungen u_{NR_i} und u_N keine Rolle mehr. Man misst wieder die Spannung am Ausgang und dividiert diese durch die Verstärkung und R_i [Kay12].

3.3 Parameter zur Beurteilung des Rauscheinflusses

3.3.1 Rauschfaktor F

Der Rauschfaktor F (Noise Factor) beschreibt die gesamte Ausgangsrauschleistung bezogen auf die Ausgangsrauschleistung, erzeugt allein durch das Rauschen der Signalquelle, d. h. bei einem idealen Verstärker.

$$F = \frac{\text{Ausgangsrauschleistung}}{\text{Ausgangsrauschleistung bei idealem Verstärker}}$$

Leistung und Spannung stehen in einem quadratischen Zusammenhang. Die Leistungsverstärkung entspricht der Spannungsverstärkung im Quadrat. Der Index S beschreibt das Signal, der Index N das Rauschen (Noise). Der Index i bedeutet Eingang (Input) und der Index o bedeutet am Ausgang (Output).

$$F = \frac{P_{No}}{A^2 \cdot P_{Ni}} = \frac{\frac{P_{No}}{A^2}}{P_{Ni}} = \frac{u_{Ni}^2}{u_{NR_i}^2} \tag{3.2}$$

3.3.2 Rauschmaß (Noise Figure) NF

Das Rauschmaß Noise Figure NF stellt den Rauschfaktor F lediglich logarithmisch dar, und ist auf das Verhältnis von u_{Ni}/u_{NR_i} zurückzuführen:

$$NF = 10 \cdot \lg F = 10 \cdot \lg \frac{u_{Ni}^2}{u_{NR_i}^2} \tag{3.3}$$

$$NF = 20 \cdot \lg \frac{u_{Ni}}{u_{NR_i}} \tag{3.4}$$

Bezogen auf Gl. (3.1):

$$NF = 20 \cdot \lg \left(1 + \frac{u_N^2 + i_N^2 \cdot R_i^2}{4kT R_i} \right) \tag{3.5}$$

3.3.3 Signal-Rausch-Abstand

Der Signal-Rausch-Abstand (Signal to Noise) S/N ist eine entscheidende Größe, die direkt das logarithmische Verhältnis von Signal zu Rauschen beschreibt. Am Eingang ergibt sich:

$$\left(\frac{S}{N} \right)_{i,\mathrm{dB}} = 20 \cdot \lg \frac{u_{Si}}{u_{NR_i}}$$

Am Ausgang ergibt sich:

$$\left(\frac{S}{N} \right)_{o,\mathrm{dB}} = 20 \cdot \lg \frac{u_{Si}}{u_{Ni}}$$

Das Rauschmaß NF resultiert aus Subtraktion von $(S/N)_{i,\mathrm{dB}}$ und $(S/N)_{o,\mathrm{dB}}$:

$$NF = \left(\frac{S}{N} \right)_{i,\mathrm{dB}} - \left(\frac{S}{N} \right)_{o,\mathrm{dB}} \tag{3.6}$$

3.4   Der optimale Quellenwiderstand

Im optimalen Bereich ist $u_{Ni} \approx u_{NR_i}$. Der Verstärker hat näherungsweise keinen Einfluss auf die äquivalente Eingangsrauschspannung u_{Ni} gemäß Abb. 3.2.

Optimum: Bei welchem Wert R_i ist das Verhältnis u_{Ni}/u_{NR_i} am kleinsten?

$$\frac{\mathrm{d}(\frac{u_{Ni}}{u_{NR_i}})}{\mathrm{d}R_i} = 0 = \frac{\mathrm{d}}{\mathrm{d}R_i} \left(1 + \frac{u_N^2 + i_N^2 \cdot R_1^2}{4kT \cdot R_i} \right)$$

$$= \frac{4kT \cdot R_i \cdot 2R_i i_N^2 - 4kT(u_N^2 + i_N^2 \cdot R_1^2)}{(4kT R_i)^2}$$

$$\text{Zähler:} \quad \cancel{4kT} \cdot R_i \cdot 2 i_N^2 R_i = \cancel{4kT}\left(u_N^2 + i_N^2 \cdot R_i^2\right)$$

$$u_N = i_N \cdot R_i$$

Abb. 3.3 Rauschmaß in
Abhängigkeit vom
Quellenwiderstand

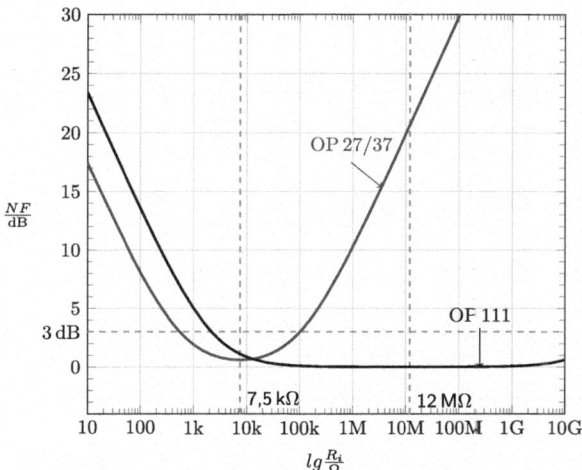

$$R_{iopt} = \frac{u_N}{i_N} \qquad\qquad (3.7)$$

Rauschanpassung erhält man folglich wenn R_i dem Wert u_N/i_N entspricht [Vog11]. Beispiel für den Standard-OP μA741:

$$u_N = 20 \, \frac{\text{nV}}{\sqrt{\text{Hz}}}, \qquad i_N = 0,3 \, \frac{\text{pA}}{\sqrt{\text{Hz}}}$$

$$\Rightarrow \quad R_{i,opt} = \frac{u_N}{i_N} = \frac{20\,\text{nV}}{0,3\,\text{pA}} \approx 67 \, \text{k}\Omega$$

Andere Verstärker haben andere Rauschgrößen u_N und i_N. Meistens hat eine kleinere Rauschspannung u_N einen größeren Rauschstrom i_N oder umgekehrt. Man beachte aber, dass das Ziel einer rauscharmen Verstärkerschaltung eine kleinere äquivalente Eingangs-rauschquelle ist und nicht die Einstellung des optimalen Rauschmaßes durch Verände-rung des Quellenwiderstandes. In der Praxis ist normalerweise R_i gegeben. Die Auf-gabe besteht nun darin, ein aktives Bauelement (z. B. einen OP) zu finden, bei dem sich $u_N/i_N \approx R_i$ ergibt. Es darf nicht R_i durch einen zusätzlichen Widerstand verändert wer-den. Das Rauschmaß NF wird dadurch eventuell besser, aber dafür wird die entscheidende Größe, der Signal-Rausch-Abstand am Ausgang kleiner und damit schlechter. Bei kon-stantem Signal und variablem R_i liegt das minimale Rauschmaß bei $R_{i,opt} = u_N/i_N$, aber der minimale Signal-Rausch-Abstand bei $R_i = 0\,\Omega$. In Abb. 3.3 ist das Rauschmaß bzgl. der Gl. (3.5) in Abhängigkeit von R_i dargestellt. $NF < 3$ dB wird jeweils für die entspre-chenden Operationsverstärker in einem gewissen Widerstandsbereich unterschritten. Im Bereich der Rauschanpassung verläuft die Kurve relativ flach.

Formel:

$$NF = 20 \lg \frac{u_{Ni}}{u_{NR_i}} = 20 \lg \sqrt{1 + \frac{u_N^2 + i_N^2 \cdot R_i^2}{4kTR_i}}$$

Zahlenwerte für OP27/37:

$$\left. \begin{array}{l} u_N = 3 \frac{\text{nV}}{\sqrt{\text{Hz}}} \\[2mm] i_N = 0{,}4 \frac{\text{pA}}{\sqrt{\text{Hz}}} \end{array} \right\} R_{1opt} \approx 7{,}5 \text{ k}\Omega$$

Zahlenwerte für OP111:

$$\left. \begin{array}{l} u_N = 6 \frac{\text{nV}}{\sqrt{\text{Hz}}} \\[2mm] i_N = 0{,}5 \frac{\text{fA}}{\sqrt{\text{Hz}}} \end{array} \right\} R_{1opt} = 12 \text{ M}\Omega$$

3.5   Dimensionierungsvorgang

Low Noise Design: Normalerweise ist der Sensor (die Quelle) gegeben durch die Quellen-
impedanz und das Signal-Rausch-Verhältnis $(S/N)_i$. Das Ziel ist es jetzt einen Verstärker
zu dimensionieren, der das Rauschen im Verhältnis zum Signal so wenig wie möglich
vergrößert. Das Rauschmaß sollte klein sein.

$$NF = \left(\frac{S}{N} \right)_{i,\text{dB}} - \left(\frac{S}{N} \right)_{o,\text{dB}}$$

$$\left(\frac{S}{N} \right)_{o,\text{dB}} = 20 \lg \frac{u_{Si}}{u_{Ni}}$$

sollte so groß wie möglich sein, d. h. u_{Ni} sollte so klein wie möglich oder nötig sein.
Normalerweise betrachtet man bei einem Verstärker folgende Größen:

+   Verstärkung,
+   Bandbreite,
+   Eingangswiderstand,
+   Stabilität,
+   Kosten,

Man sollte zuerst mit dem Rauschen beginnen. Eine nachträgliche Beeinflussung des
Rauschens ist meistens nicht mehr möglich [Ott88, MF73].

Tab. 3.1 Verbesserung gegenüber $NF = 3$ dB

$\dfrac{\text{Verstärkerrauschen}}{\text{Quellenrauschen}}$	Rauschmaß NF	Verbesserung gegenüber $NF = 3$ dB
1	3 dB	–
0,8	≈ 2 dB	$0,9 = \dfrac{\sqrt{1^2+0,8^2}}{\sqrt{1^2+1^2}}$
0,5	≈ 1 dB	$0,8 = \dfrac{\sqrt{1^2+0,5^2}}{\sqrt{1^2+1^2}}$
0,1	0,04 dB	$0,7 = \dfrac{\sqrt{1^2+0,1^2}}{\sqrt{1^2+1^2}}$

Merke
Zuerst kommt das Rauschen und dann das Signal!

Die Größe Rauschmaß beschreibt einen logarithmischen Zusammenhang:

$$NF = 20 \, \lg \frac{u_{Ni}}{u_{NR_i}}$$

Tabelle 3.1 zeigt den Zusammenhang zwischen dem Verhältnis Verstärkerrauschen zu Quellenrauschen und dem Rauschmaß NF, sowie der Verbesserung gegenüber $NF = 3$ dB.

Ist das Rauschen des Verstärkers gleich dem Rauschen der Quelle, so erhält man ein Rauschmaß von $NF = 3$ dB. Ist das Rauschen des Verstärkers kleiner als das Rauschen der Quelle, so spielt es immer weniger eine Rolle, da beide Rauschgrößen quadratisch addiert werden.

Eine Verbesserung der Schaltung unter $NF = 3$ dB lohnt sich sehr häufig nicht.

Rauschbegrenzung durch Filter

4

4.1 Rauschbandbreite

Als Signalbandbreite (Grenzfrequenz) wird bezeichnet, wenn die Spannung oder der Strom auf das $1/\sqrt{2}$-fache ($-3\,\text{dB}$) abgesunken ist. Die Leistung beträgt jetzt nur noch die Hälfte. Bei der Rauschbandbreite f_R handelt es sich um eine ganz andere Definition! Die Abbildung 4.1 zeigt wie weißes Rauschen am Ausgang eines Filters sich auswirkt. Um die Rauschspannung U_{No} zu berechnen, muss das Rauschen über den gesamten Frequenzbereich integriert werden.

Berechnung der Rauschbandbreite bei einem einfachen Tiefpass:

$$\underline{A} = A_0 \cdot \frac{1}{1 + j \cdot \frac{f}{f_{3\,\text{dB}}}}$$

Abb. 4.1 Signal- und
Rauschbandbreite

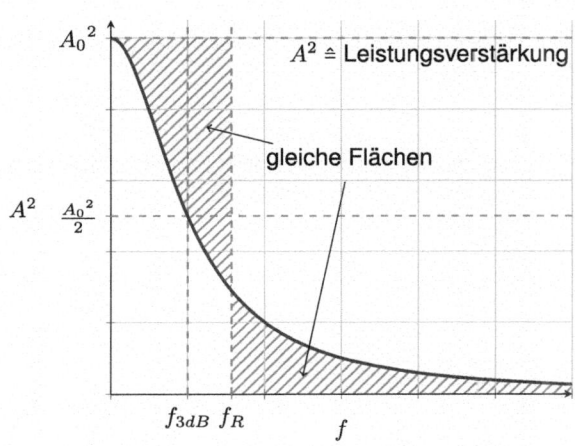

© Springer-Verlag Berlin Heidelberg 2015
A. Zwick et al., *Signal- und Rauschanalyse mit Quellenverschiebung*,
DOI 10.1007/978-3-642-54037-0_4

Unter der Rauschbandbreite f_R versteht man die Grenzfrequenz bei der ein unendlich steiles Filter bei weißem Rauschen am Eingang die gleiche Rauschleistung am Ausgang besitzt, wie das betrachtete Filter. Werden beide Ausdrücke für die Rauschleistungen gleichgesetzt, so erhält man:

$$A_0^2 \cdot f_R = \int_0^\infty \left| A(f) \right|^2 \mathrm{d}f$$

$$f_R = \frac{1}{A_0^2} \int_0^\infty \left| A(f) \right|^2 \mathrm{d}f$$

$$f_R = \frac{1}{\cancel{A_0^2}} \int_0^\infty \cancel{A_0^2} \left| \frac{1}{1 + j \cdot \frac{f}{f_{3\,\mathrm{dB}}}} \right|^2 \mathrm{d}f = \int_0^\infty \frac{1}{1 + (\frac{f}{f_{3\,\mathrm{dB}}})^2} \cdot \mathrm{d}f$$

Es gilt:

$$\int \frac{\mathrm{d}x}{1 + x^2} = \arctan x + c$$

$$x = \frac{f}{f_{3\,\mathrm{dB}}} \qquad \mathrm{d}x = \frac{1}{f_{3\,\mathrm{dB}}} \mathrm{d}f \qquad \mathrm{d}f = f_{3\,\mathrm{dB}} \cdot \mathrm{d}x$$

$$f_R = f_{3\,\mathrm{dB}} \int_0^\infty \frac{\mathrm{d}x}{1 + x^2} = f_{3\,\mathrm{dB}} \cdot \arctan \frac{f}{f_{3\,\mathrm{dB}}} \Big|_0^\infty = f_{3\,\mathrm{dB}} \cdot \frac{\pi}{2}$$

$$\boxed{f_R = \frac{\pi}{2} \cdot f_{3\,\mathrm{dB}} = 1{,}57 \cdot f_{3\,\mathrm{dB}}} \tag{4.1}$$

Die Rauschbandbreite wird mit $\sqrt{\Delta f}$ zum Gesamtrauschen verrechnet. Bei einem Tiefpass erhält man somit $\sqrt{1{,}57} \approx 1{,}25$ d. h. 25 % mehr Rauschen als mit der Signalbandbreite errechnet.

4.2   Gesamtrauschen bei Serienschaltung mehrerer unabhängiger gleicher Tiefpässe

Abb. 4.2 Serienschaltung gleicher Tiefpässe

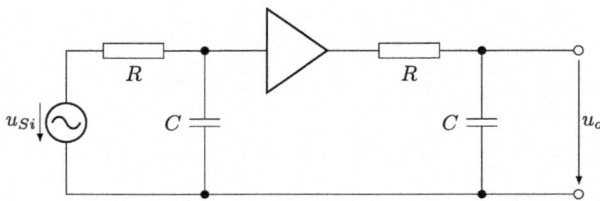

$$f_{3\text{ dB}} = \frac{1}{2\pi \cdot R \cdot C}$$

n-Tiefpässe (siehe Abb. 4.2):

$$\left| \frac{u_o}{u_{Si}} \right| = \frac{1}{\left[\sqrt{1 + (\frac{f}{f_{3\text{ dB}}})^2} \right]^n} = \frac{1}{\sqrt{2}}$$

Die Signalbandbreite verschiebt sich bei mehreren Tiefpässen:

$$1 + \left(\frac{f}{f_{3\text{ dB}}} \right)^2 = 2^{1/n} \qquad \boxed{f_{3\text{ dB}}^* = f_{3\text{ dB}} \sqrt{2^{1/n} - 1}}$$

Es gilt:

$$f_R = \int_0^\infty \frac{1}{[1 + (\frac{f}{f_{3\text{ dB}}})^2]^n} \cdot \mathrm{d}f = \left[(f_{3\text{ dB}})^2 \right]^n \int_0^\infty \frac{\mathrm{d}f}{(f_{3\text{ dB}}^2 + f^2)^n}$$

Es gilt [Str80, Seite 563]:

$$\int_0^\infty \frac{\mathrm{d}x}{(t^2 + x^2)^n} = \frac{1 \cdot 3 \cdot 5 \ldots (2n - 3)}{2 \cdot 4 \cdot 6 \ldots (2n - 2)} \cdot \frac{\pi}{2 \cdot t^{2n-1}} \qquad \text{für } n > 1$$

Beispiel: Filter 2. Ordnung   Für $n = 2$:

$$f_R = f_{3\text{ dB}} \cdot 0{,}785$$

$$f_{3\text{ dB}}^* = f_{3\text{ dB}} \cdot 0{,}644$$

$$\frac{f_R}{f_{3\text{ dB}}^*} = \frac{0{,}785}{0{,}644} = 1{,}219 \rightarrow \sqrt{1{,}219} = 1{,}104$$

Rechnet man mit der Signalbandbreite an Stelle der Rauschbandbreite, so ist das tatsächliche Gesamtrauschen um 10,4 % größer als der mit der Näherung $f_R \approx f_{3\text{ dB}}^*$ errechnete Wert (siehe Tab. 4.1).

Tab. 4.1 Rauschbandbreite zu Signalbandbreite bei Serienschaltung mehrerer unabhängiger Tiefpässen

Filterordnung	$\frac{\text{dB}}{\text{Dekade}}$	Verschiebefaktor für $f_{3\text{ dB}}$	$\frac{f_R}{f_{3\text{ dB}}^*}$	
1	20	1	1,57	25 % $\hat{=}$ mehr Rauschen
2	40	0,644	1,22	10 % $\hat{=}$ mehr Rauschen
3	60	0,51	1,16	8 % $\hat{=}$ mehr Rauschen
4	80	0,435	1,13	6,3 % $\hat{=}$ mehr Rauschen
5	100	0,386	1,11	5,4 % $\hat{=}$ mehr Rauschen

4.3   Die Rauschbandbreite bei Butterworth-Filtern

Signalbandbreite:

$$\left| \frac{u_o}{u_{Si}} \right| = \frac{1}{\sqrt{1 + (\frac{f}{f_{3\,\mathrm{dB}}})^{2n}}} = \frac{1}{\sqrt{2}} \qquad f_{3\,\mathrm{dB}}^* = f_{3\,\mathrm{dB}}$$

Die Signalbandbreite bleibt konstant, unabhängig von n.
Rauschbandbreite:

$$f_R = \frac{1}{\cancel{A_0^2}} \int_0^\infty \cancel{A_0^2} \frac{1}{1 + (\frac{f}{f_{3\,\mathrm{dB}}})^{2n}} \cdot \mathrm{d}f$$

Es gilt:

$$\int_0^\infty \frac{x^{a-1}}{1 + x^b} \cdot \mathrm{d}x = \frac{\pi}{b \cdot \sin \frac{a \cdot \pi}{b}} \qquad \text{für } 0 < a < b \; (a = 1)$$

$$x = \frac{f}{f_{3\,\mathrm{dB}}} \qquad f_{3\,\mathrm{dB}} \cdot \mathrm{d}x = \mathrm{d}f \qquad f_R = f_{3\,\mathrm{dB}} \cdot \frac{\pi}{2n \cdot \sin \frac{\pi}{2n}}$$

Rechnet man bei einem Butterworth-Filter 3 (Tab. 4.2). Ordnung (60 dB/Dekade) mit der Signalgrenzfrequenz, so erhält man nur noch $\sqrt{1,05} = 1,025$ d. h. 2,5 % zu wenig Rauschen.

Fazit: Zur Rauschbegrenzung ist es ausreichend einen Tiefpass zweiter Ordnung zu verwenden.

Tab. 4.2 Rauschbandbreite zu Signalbandbreite bei Butterworth-Filtern

Filterordnung	$\frac{\mathrm{dB}}{\mathrm{Dekade}}$	$\frac{f_R}{f_{3\,\mathrm{dB}}^*}$	
1	20	1,57	25 % $\stackrel{\triangle}{=}$ mehr Rauschen
2	40	1,11	5,4 % $\stackrel{\triangle}{=}$ mehr Rauschen
3	60	1,05	2,5 % $\stackrel{\triangle}{=}$ mehr Rauschen
4	80	1,03	1,5 % $\stackrel{\triangle}{=}$ mehr Rauschen
5	100	1,02	1 % $\stackrel{\triangle}{=}$ mehr Rauschen

4.4 Berechnung der Ausgangsrauschspannung im gesamten Frequenzbereich

Siehe Abb. 4.3.

Bereich (a)

$$U_{No,a} = u_N \cdot \frac{1}{f_a^n} \sqrt{\int_0^{f_a} f^{2n} \, df} = u_N \cdot \frac{1}{f_a^n} \sqrt{\frac{1}{2n+1} \cdot f_a^{2n+1}}$$

$$U_{No,a} = u_N \cdot \frac{1}{\sqrt{2n+1}} \sqrt{f_a}$$

Für $n = 1$ erhält man $\dfrac{1}{\sqrt{2n+1}} = \dfrac{1}{\sqrt{3}}$

Für $n = 2$ erhält man $\dfrac{1}{\sqrt{2n+1}} = \dfrac{1}{\sqrt{5}}$

Bereich (b)

$$U_{No,b} = u_N \sqrt{f_b - f_a}$$

Bereich (c)

$$U_{No,c} = u_N \cdot f_b^n \sqrt{\int_{f_b}^{\infty} \frac{1}{f^{2n}} \, df} = u_N \cdot f_b^n \sqrt{\frac{1}{2n-1} \cdot \frac{1}{f_b^{2n-1}}}$$

$$U_{No,c} = u_N \cdot \frac{1}{\sqrt{2n-1}} \sqrt{f_b}$$

Für $n = 1$ erhält man $\dfrac{1}{\sqrt{2n-1}} = 1$

Für $n = 2$ erhält man $\dfrac{1}{\sqrt{2n-1}} = \dfrac{1}{\sqrt{3}}$

Abb. 4.3
Ausgangsrauschspannung

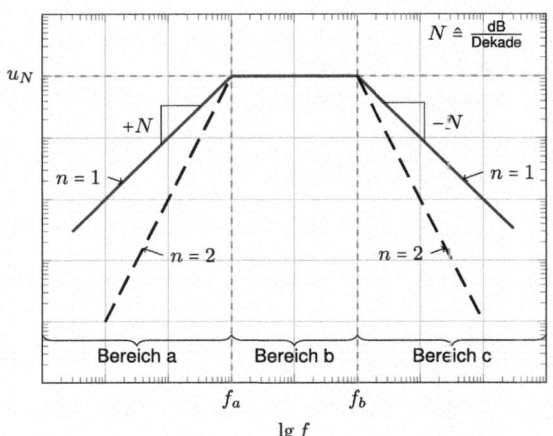

Das Gesamtrauschen ergibt sich durch die Zusammensetzung der drei Bereiche. Die Teilrauschspannungen sind nicht korreliert und werden deshalb quadratisch addiert.

$$U_{No,Ges} = u_N \sqrt{\frac{f_a}{2n+1} + (f_b - f_a) + \frac{f_b}{2n-1}}$$

Diese Berechnungsmethode hat einen Fehler, da an den Frequenzgrenzen das Rauschen niedriger ist. Der ausgerechnete Wert ist zu groß. Der Fehler wird um so kleiner, je größer die Ordnung n der Filter ist, und um so größer f_b gegenüber f_a ist.

Näherung: z. B. $n = 1$

$$U_{No,Ges} = u_N \sqrt{\frac{f_a}{3} + (f_b - f_a) + \frac{f_b}{1}}$$

$$f_a < f_b \quad \text{ergibt} \quad U_{No,Ges} = u_N \cdot \sqrt{2} \cdot \sqrt{f_b}$$

Berechnet man das Rauschen über den Tiefpass, erhält man im Gegensatz dazu den Wert $\sqrt{1,57} \cdot \sqrt{f_b}$.

Bei $n = 3$:

$$U_{No,Ges} = u_N \sqrt{f_b + \frac{f_b}{5}}$$

$$= u_N \sqrt{f_b} \cdot \sqrt{1 + 0,2} = u_N \cdot \sqrt{f_b} \cdot \sqrt{1,2}$$

Bei drei gleichen Tiefpässen ergibt sich $U_{No,Ges} = u_N \cdot \sqrt{f_b} \cdot \sqrt{1,16}$

4.5   Berechnung der äquivalenten Eingangsrauschspannung in einem definierten Frequenzbereich

Die äquivalente Eingangsrauschspannung besteht in der Regel aus folgenden Frequenzabhängigkeiten (Abb. 4.4):

Abb. 4.4
Frequenzabhängigkeit der
äquivalenten
Eingangsrauschspannung

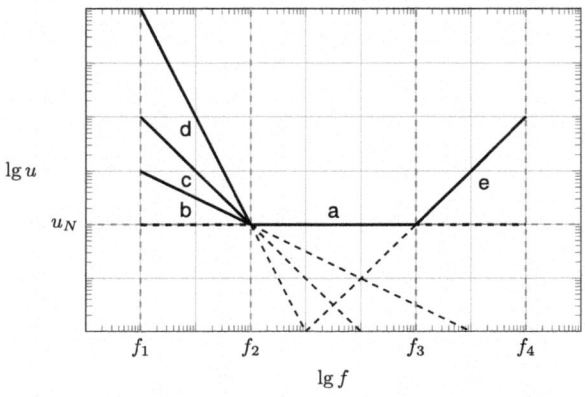

(a) weißes Rauschen:

$$U_{Ni,Ges} = \sqrt{f_3 - f_2} \cdot u_N$$

(b) Excess-Rauschen:

$$U_{Ni,Ges} = \sqrt{f_2} \cdot \sqrt{2{,}3} \cdot \sqrt{\lg \frac{f_2}{f_1}} \cdot u_N$$

(c) weißes Rauschen mit einer Kapazität in Serie zum Sensor:

$$U_{Ni,Ges}^2 = u_N^2 \cdot f_2^2 \cdot \int_{f_1}^{f_2} \frac{1}{f^2} \cdot \mathrm{d}f = u_N^2 \cdot f_2^2 \left(-\frac{1}{f_2} + \frac{1}{f_1} \right)$$

$$U_{Ni,Ges} = f_2 \cdot \sqrt{\frac{1}{f_1} - \frac{1}{f_2}} \cdot u_N$$

(d) $-40 \frac{\mathrm{dB}}{\mathrm{Dekade}}$ Abfall bei tiefen Frequenzen:

$$U_{Ni,Ges}^2 = u_N^2 \cdot f_2^4 \cdot \int_{f_1}^{f_2} \frac{1}{f^4} \cdot \mathrm{d}f = u_N^2 \cdot f_2^4 \cdot \frac{1}{3} \left(\frac{1}{f_1^3} - \frac{1}{f_2^3} \right)$$

$$U_{Ni,Ges} = u_N \cdot f_2^2 \cdot \sqrt{\frac{1}{3} \left(\frac{1}{f_1^3} - \frac{1}{f_2^3} \right)}$$

(e) weißes Rauschen mit einer Kapazität parallel zum Sensor (hohe Frequenzen):

$$U_{Ni,Ges}^2 = u_N^2 \int_{f_3}^{f_4} \frac{f^2}{f_3^2} \cdot \mathrm{d}f = u_N^2 \cdot \frac{1}{f_3^2} \cdot \frac{1}{3} \left(f_4^3 - f_3^3 \right)$$

$$U_{Ni,Ges} = u_N \cdot \frac{1}{f_3} \cdot \sqrt{\frac{1}{3} \left(f_4^3 - f_3^3 \right)}$$

Die Teilrauschspannungen sind nicht korreliert und werden deshalb quadratisch addiert. Sie wirken jeweils über den gesamten Frequenzbereich.

Näherungen:

$$\text{(a)} \quad U_{Ni,Ges} = u_N \sqrt{f_4 - f_1}$$

$$\approx u_N \cdot \sqrt{f_4} \quad \text{(für } f_4 \gg f_1\text{)}$$

$$\text{(b)} \quad U_{Ni,Ges} = u_N \sqrt{f_2 \cdot 2{,}3 \cdot \lg \frac{f_4}{f_1}}$$

(c) $U_{Ni,Ges} = u_N \cdot f_2 \sqrt{\dfrac{1}{f_1} - \dfrac{1}{f_4}}$

$\approx u_N \cdot \sqrt{\dfrac{f_2^2}{f_1}}$ (für $f_4 \gg f_1$)

(d) $U_{Ni,Ges} = u_N \cdot f_2^2 \sqrt{\dfrac{1}{3}\left(\dfrac{1}{f_1^3} - \dfrac{1}{f_4^3}\right)}$

$\approx u_N \cdot f_2^2 \sqrt{\dfrac{1}{3} \cdot \dfrac{1}{f_1^3}}$ (für $f_4 \gg f_1$)

(e) $U_{Ni,Ges} = u_N \cdot \dfrac{1}{f_3} \sqrt{\dfrac{1}{3}(f_4^3 - f_1^3)}$

$\approx u_N \cdot \dfrac{1}{f_3} \sqrt{\dfrac{1}{3} \cdot f_4^3}$ (für $f_4 \gg f_1$)

Zusammen erhält man z. B. aus (a), (c) und (e)

$$U_{Ni,Ges} = u_N \sqrt{\dfrac{f_2^2}{f_1} + f_4 + \dfrac{1}{3} \cdot \dfrac{f_4^3}{f_3^2}}$$

4.6   Berechnung des Rauschens bei steigenden und fallenden Kennlinien der Frequenzabhängigkeit

Abbildung 4.5 zeigt die Ergebnisse der Berechnungen.

Die Rauschspannungsdichten u_{N1} und u_{N2} beziehen sich auf die Werte der jeweiligen Kurve bei den Frequenzen f_1 und f_2.

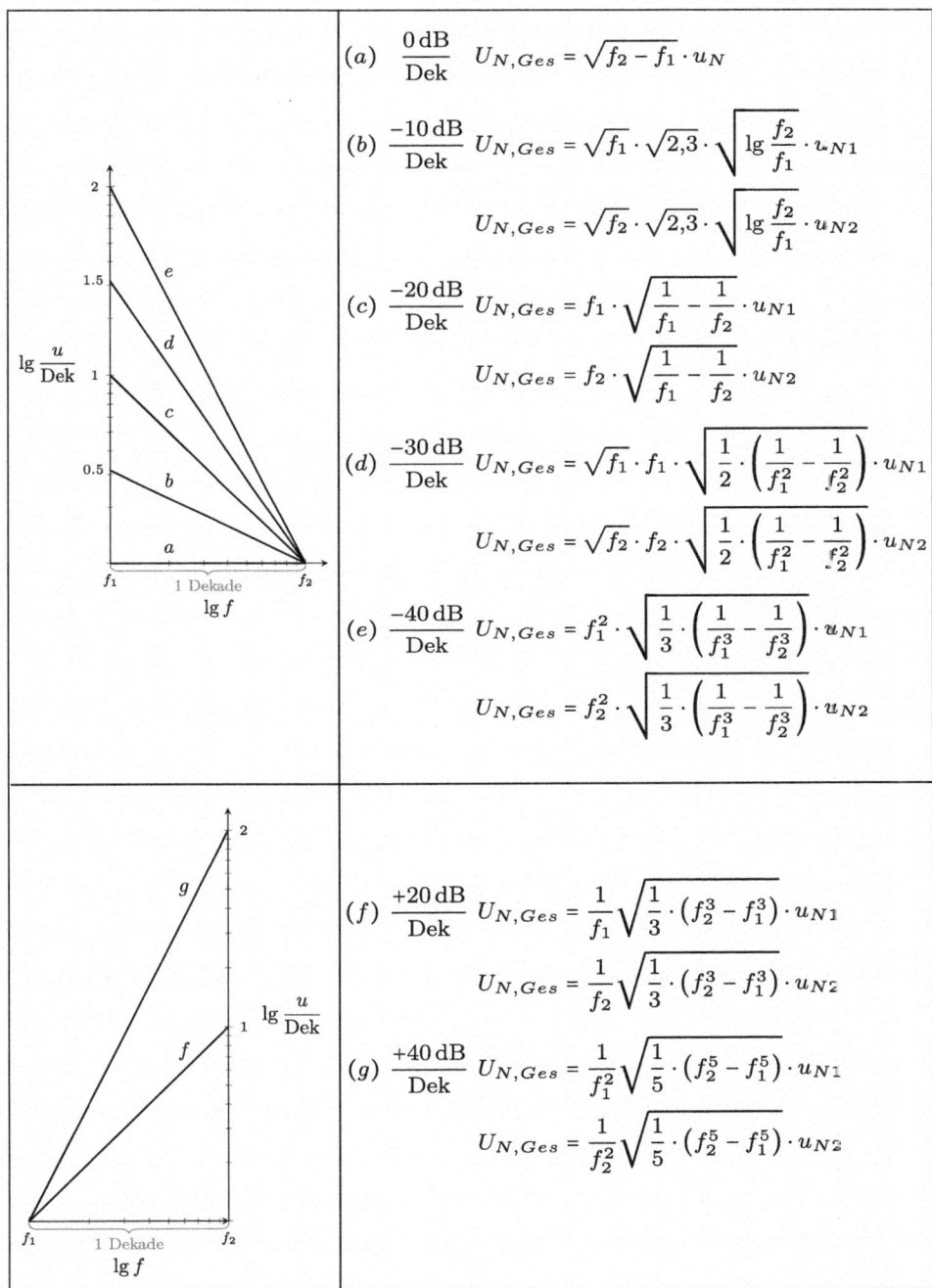

$$(a) \quad \frac{0\,\text{dB}}{\text{Dek}} \quad U_{N,Ges} = \sqrt{f_2 - f_1} \cdot u_N$$

$$(b) \quad \frac{-10\,\text{dB}}{\text{Dek}} \quad U_{N,Ges} = \sqrt{f_1} \cdot \sqrt{2{,}3} \cdot \sqrt{\lg \frac{f_2}{f_1}} \cdot u_{N1}$$

$$U_{N,Ges} = \sqrt{f_2} \cdot \sqrt{2{,}3} \cdot \sqrt{\lg \frac{f_2}{f_1}} \cdot u_{N2}$$

$$(c) \quad \frac{-20\,\text{dB}}{\text{Dek}} \quad U_{N,Ges} = f_1 \cdot \sqrt{\frac{1}{f_1} - \frac{1}{f_2}} \cdot u_{N1}$$

$$U_{N,Ges} = f_2 \cdot \sqrt{\frac{1}{f_1} - \frac{1}{f_2}} \cdot u_{N2}$$

$$(d) \quad \frac{-30\,\text{dB}}{\text{Dek}} \quad U_{N,Ges} = \sqrt{f_1} \cdot f_1 \cdot \sqrt{\frac{1}{2} \cdot \left(\frac{1}{f_1^2} - \frac{1}{f_2^2} \right)} \cdot u_{N1}$$

$$U_{N,Ges} = \sqrt{f_2} \cdot f_2 \cdot \sqrt{\frac{1}{2} \cdot \left(\frac{1}{f_1^2} - \frac{1}{f_2^2} \right)} \cdot u_{N2}$$

$$(e) \quad \frac{-40\,\text{dB}}{\text{Dek}} \quad U_{N,Ges} = f_1^2 \cdot \sqrt{\frac{1}{3} \cdot \left(\frac{1}{f_1^3} - \frac{1}{f_2^3} \right)} \cdot u_{N1}$$

$$U_{N,Ges} = f_2^2 \cdot \sqrt{\frac{1}{3} \cdot \left(\frac{1}{f_1^3} - \frac{1}{f_2^3} \right)} \cdot u_{N2}$$

$$(f) \quad \frac{+20\,\text{dB}}{\text{Dek}} \quad U_{N,Ges} = \frac{1}{f_1} \sqrt{\frac{1}{3} \cdot \left(f_2^3 - f_1^3 \right)} \cdot u_{N1}$$

$$U_{N,Ges} = \frac{1}{f_2} \sqrt{\frac{1}{3} \cdot \left(f_2^3 - f_1^3 \right)} \cdot u_{N2}$$

$$(g) \quad \frac{+40\,\text{dB}}{\text{Dek}} \quad U_{N,Ges} = \frac{1}{f_1^2} \sqrt{\frac{1}{5} \cdot \left(f_2^5 - f_1^5 \right)} \cdot u_{N1}$$

$$U_{N,Ges} = \frac{1}{f_2^2} \sqrt{\frac{1}{5} \cdot \left(f_2^5 - f_1^5 \right)} \cdot u_{N2}$$

Abb. 4.5 Rauschberechnung bei verschiedenen Steigungen in dB/Dekade

Berechnung der äquivalenten Eingangsrauschquellen

5

5.1 Die äquivalente Eingangsrauschspannungsquelle

In diesem Kapitel wird gezeigt, wie die Rauschquellen zur Position des Eingangssignals verrechnet werden. Hierbei wird bewusst die Methode der Quellenverschiebung in verschiedenen praxisnahen Szenarien angewandt. Dadurch wird die Entstehung Schritt für Schritt nachvollziehbar. Deshalb wird zu Gunsten von Abbildungen auf ausführliche Erklärungen verzichtet. Nach gewisser Übungszeit kann der Anwender später direkt abschätzen, ob und wie die einzelne Rauschquelle eine Rolle spielt.

5.1.1 Rauschen in der Schaltung mit Parallelwiderstand

Die Abbildung 5.1 zeigt alle Rauschquellen auf. Alle Rauschquellen werden mit gleicher Wirkung am Ausgang (u_{No}) zur Signalquelle u_{Si} verschoben (Abb. 5.2). Die Quellenrauschspannung u_{NR_i} liegt schon passend am Eingang.

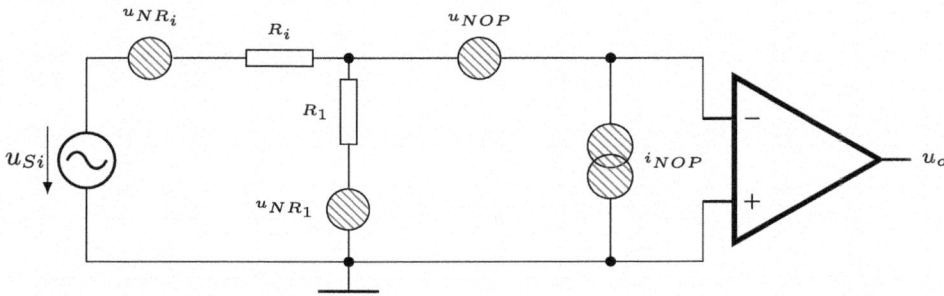

Abb. 5.1 Rauschen in der Schaltung mit Parallelwiderstand

© Springer-Verlag Berlin Heidelberg 2015
A. Zwick et al., *Signal- und Rauschanalyse mit Quellenverschiebung*,
DOI 10.1007/978-3-642-54037-0_5

Abb. 5.2 Verschiebung der
Rauschquelle u_{NR_1}

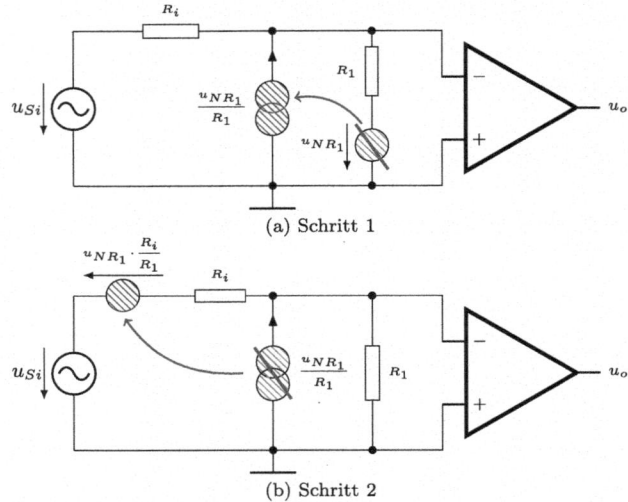

(a) Schritt 1

(b) Schritt 2

Abb. 5.3 Verschieben der
Rauschquelle u_{NOP}

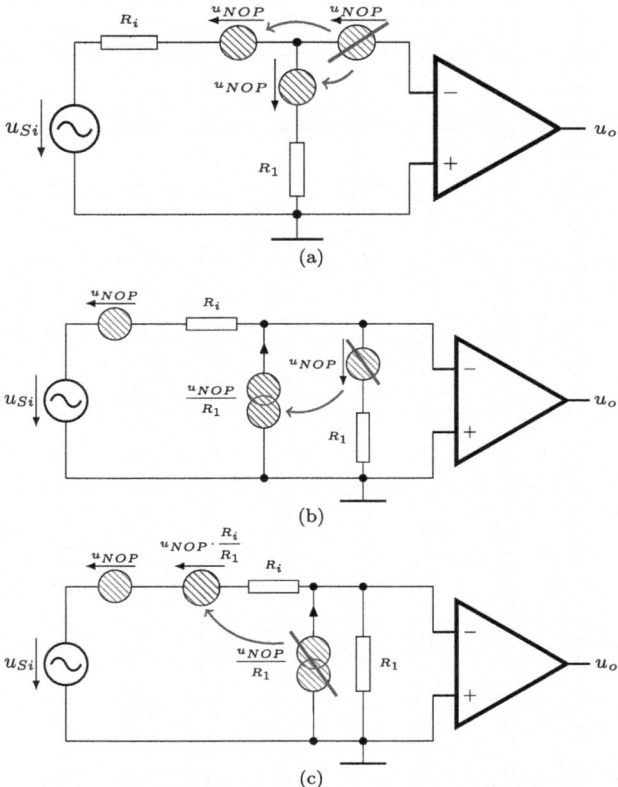

(a)

(b)

(c)

Abb. 5.4 Verschiebung der Rauschquelle i_{NOP}

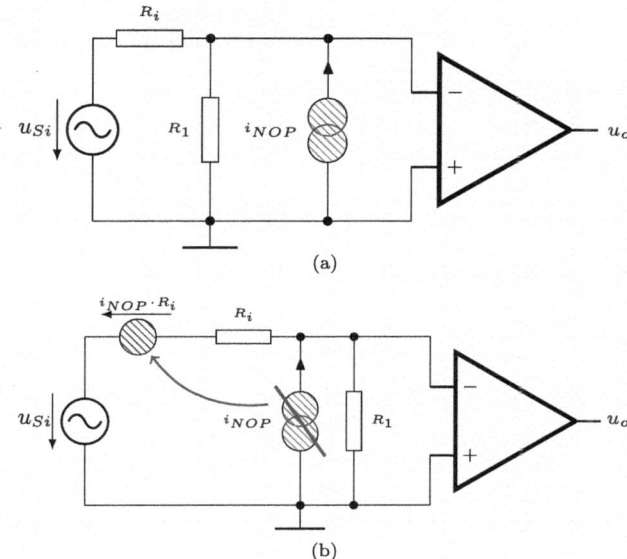

(a)

(b)

Die Pfeilrichtungen sind bei dieser Verschiebung nicht notwendig, da jeweils nur eine Rauschquelle entsteht, die später quadratisch mit den anderen Quellen verrechnet wird. Bei der Verschiebung von u_{NOP} entstehen zwei identische Rauschquellen, die einzeln zur Signalquelle u_{Si} verschoben werden.

Beide Rauschquellen u_{NOP} und $u_{NOP} \cdot R_i/R_1$ aus Abb. 5.3 sind 100 % korreliert und haben gleiche Pfeilrichtung. Sie werden linear addiert $u_{NOP}(1 + R_i/R_1)$. Der Faktor

$$1 + \frac{R_i}{R_1} = \frac{R_1 + R_i}{R_1}$$

entspricht dem umgekehrten Spannungsteiler. In vielen elektronischen Schaltungen kann er angewendet werden.

Die Abbildung 5.4 erklärt die Verschiebung von i_{NOP} zum Eingang. Zusammen mit den anderen Rauschquellen an der Stelle der Signalquelle u_{Si} erhält man durch quadratische Addition die äquivalente Eingangsrauschspannungsquelle u_{Ni}:

$$u_{Ni}^2 = u_{NR_i}^2 + u_{NR_1}^2 \left(\frac{R_i}{R_1}\right)^2 + u_{NOP}^2 \left(1 + \frac{R_i}{R_1}\right)^2 + i_{NOP}^2 \cdot R_i^2$$

5.1.2 Rauschen in der Schaltung mit Parallel- und Serienwiderstand

Die Quelle u_{NR_2} liegt elektrisch in Serie zu u_{NOP} und kann somit mit dem gleichen Faktor nach u_{Si} verrechnet werden (Abb. 5.5).

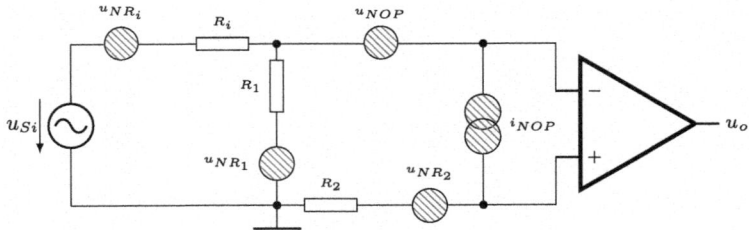

Abb. 5.5 Schaltung mit Parallel- und Serienwiderstand

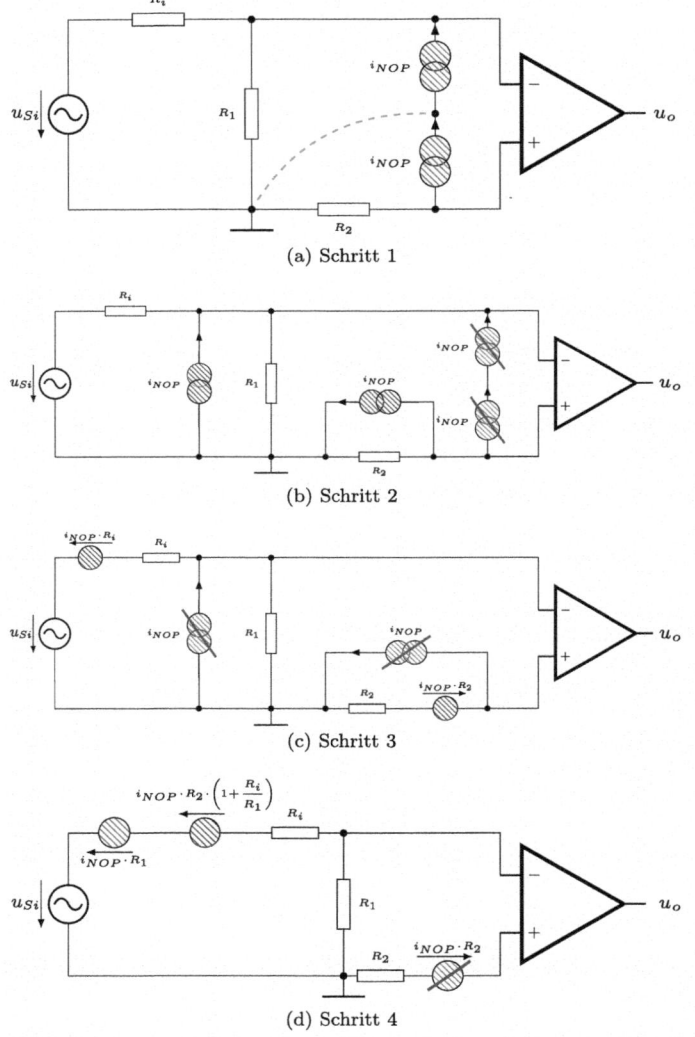

Abb. 5.6 Verschiebung der Rauschquelle i_{NOP}

Verschieben der Rauschquelle i_{NOP} (Abb. 5.6):

Die Rauschquelle i_{NOP} wird in zwei in Serie liegende identische Rauschquellen aufgeteilt. Der Mittelpunkt kann jetzt mit Null verbunden werden.

Beide Rauschquellen sind 100 % korreliert und haben gleiche Pfeilrichtung. Sie müssen linear addiert werden. Man erhält die äquivalente Eingangsrauschspannung u_{Ni} in Abhängigkeit von i_{NOP}:

$$u_{Ni}(i_{NOP}) = i_{NOP}\left[R_i + R_2\left(1 + \frac{R_i}{R_1}\right)\right]$$

Zusammen mit den anderen Rauschgrößen ergibt sich die gesamte äquivalente Eingangsrauschspannung:

$$u_{Ni}^2 = u_{NR_i}^2 + u_{NR_1}^2\left(\frac{R_i}{R_1}\right)^2 + \left(u_{NOP}^2 + u_{NR_2}^2\right)\left(1 + \frac{R_i}{R_1}\right)^2 + i_{NOP}^2\left[R_i + R_2\left(1 + \frac{R_i}{R_1}\right)\right]^2$$

5.2 Die äquivalente Eingangsrauschstromquelle

Besteht der Sensor aus einer hochohmigen Quelle, so verwendet man häufig eine Stromquelle i_{Si}. Jetzt ist es sinnvoll eine äquivalente Eingangsrauschstromquelle zu berechnen. Das duale Ersatzschaltbild zu Abb. 5.5 ist in Abb. 5.7 dargestellt. Anstelle von Rauschspannungsquellen werden Rauschstromquellen verwendet. Widerstände in Serie werden zu parallelen Widerständen und umgekehrt. Die Verstärkerrauschgrößen u_{NOP} und i_{NOP} bleiben natürlich unverändert.

Die Rauschstromquelle i_{NR_i} liegt schon passend an der Stelle i_{Si} und Abb. 5.8 zeigt die Verschiebung der Quelle i_{NR_1}.

Die Rauschstromquellen i_{NOP} und i_{NR_2} liegen an der gleichen Stelle und werden daher gleich behandelt (Abb. 5.9). Die Rauschstromquelle i_{NOP} z. B. wird in zwei in Serie liegende identische Rauschquellen aufgeteilt. Der Mittelpunkt kann jetzt mit dem gemeinsamen Punkt zwischen R_i und R_1 verbunden werden (Abb. 5.10).

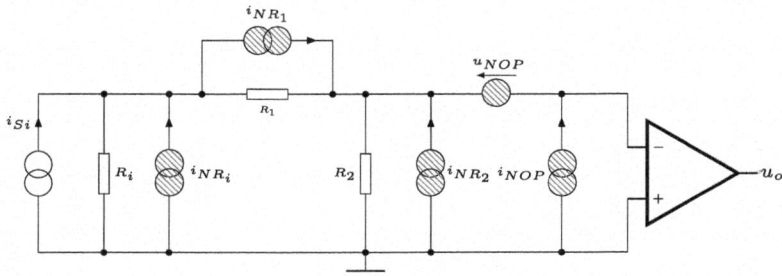

Abb. 5.7 Rauschersatzschaltbild eines Verstärkers

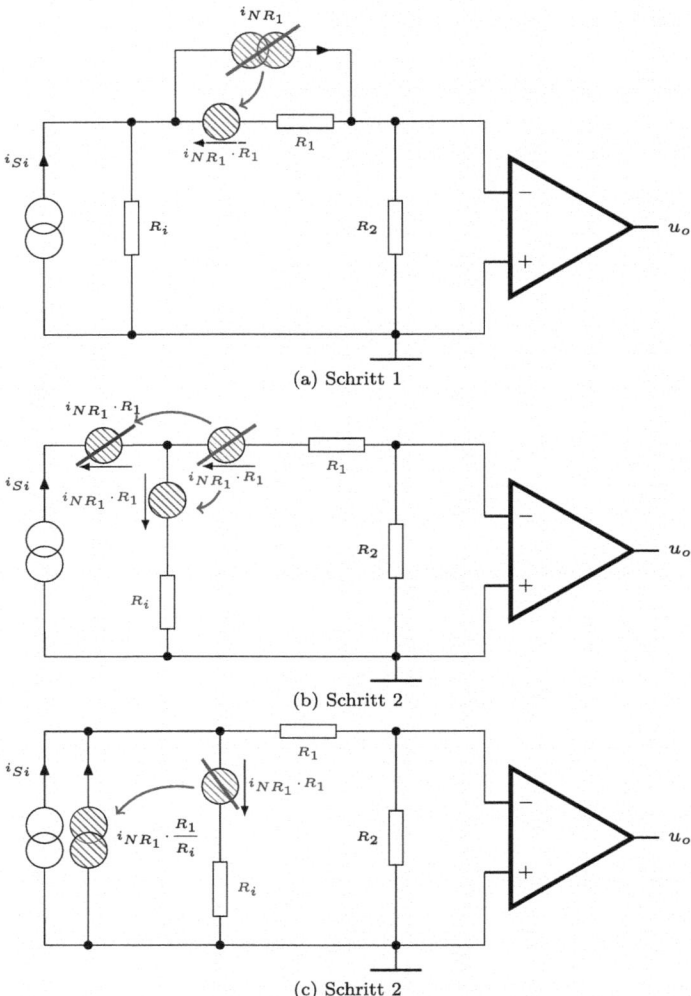

(a) Schritt 1

(b) Schritt 2

(c) Schritt 2

Abb. 5.8 Verschiebung der Rauschquelle i_{NR_1}

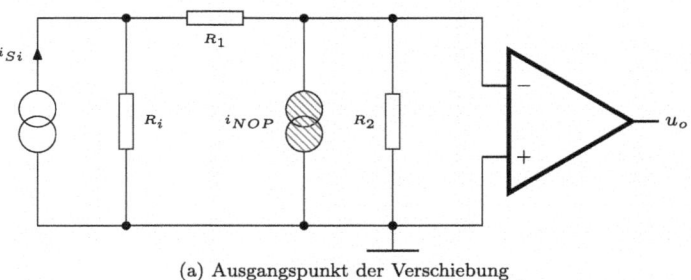

(a) Ausgangspunkt der Verschiebung

Abb. 5.9 Aufteilung der Rauschquelle i_{NOP}

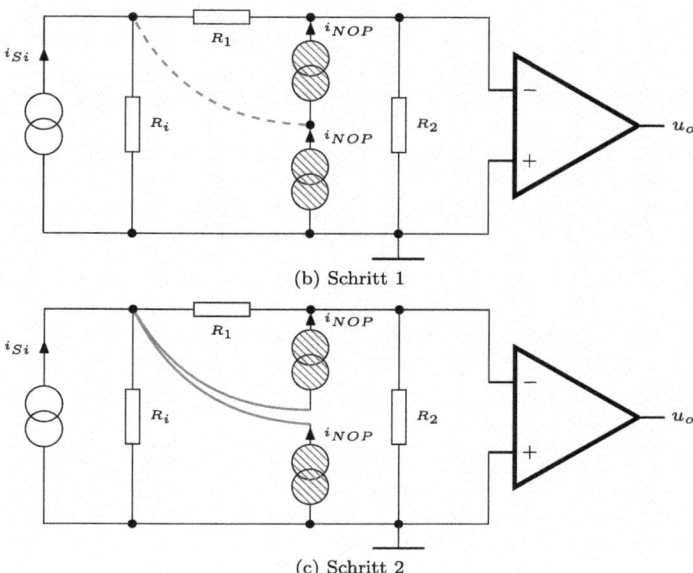

(b) Schritt 1

(c) Schritt 2

Abb. 5.9 (*Fortsetzung*)

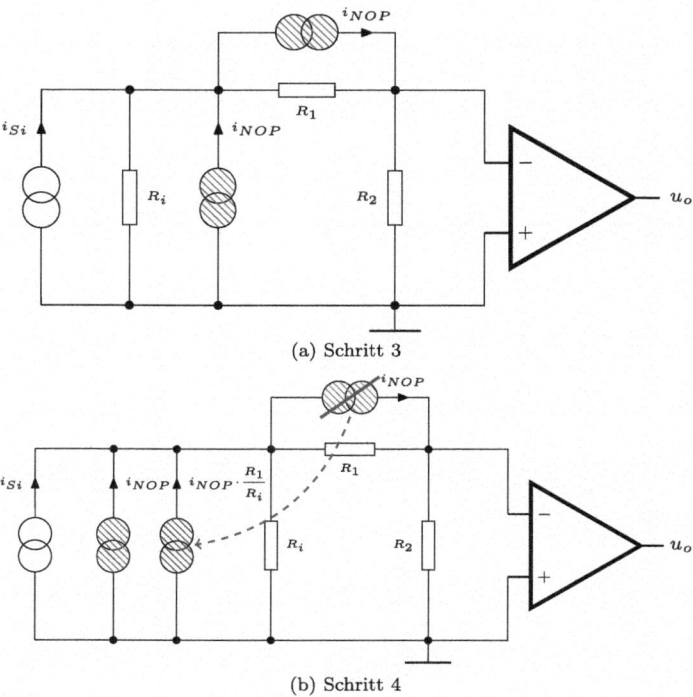

(a) Schritt 3

(b) Schritt 4

Abb. 5.10 Verschiebung der Rauschquelle i_{NOP}

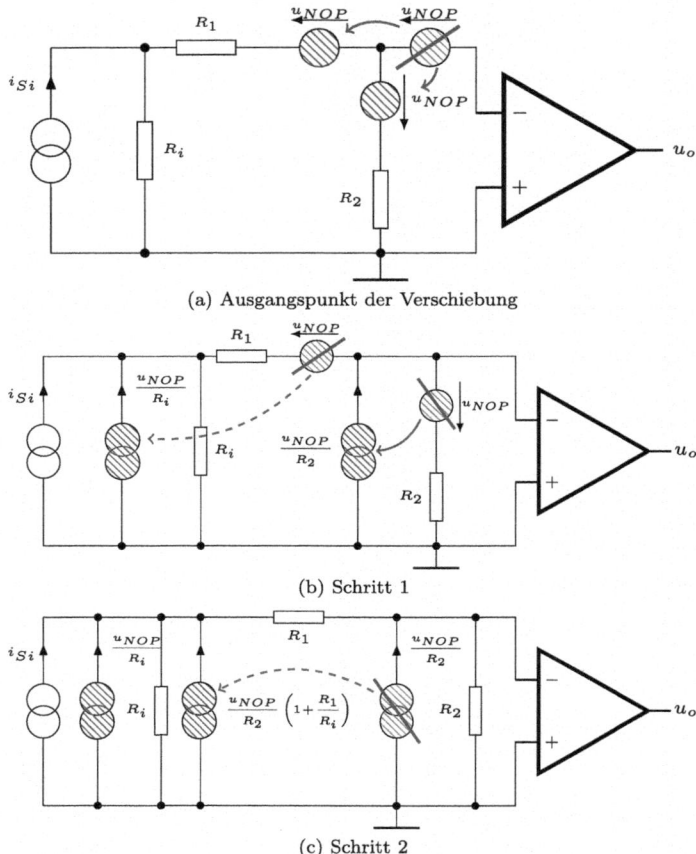

Abb. 5.11 Verschiebung der Rauschquelle u_{NOP}

Beide Rauschquellen werden linear addiert zu:

$$i_{NOP}\left(1 + \frac{R_1}{R_i}\right)$$

(siehe Abb. 5.11). Zusammen mit den anderen Rauschgrößen ergibt sich die gesamte äquivalente Eingangsrauschstromquelle i_{Ni}:

$$i_{Ni}^2 = i_{NR_i}^2 + i_{NR_1}^2\left(\frac{R_1}{R_i}\right)^2 + \left(i_{NOP}^2 + i_{NR_2}^2\right)\left(1 + \frac{R_1}{R_i}\right)^2 + u_{NOP}^2\left[\frac{1}{R_i} + \frac{1}{R_2}\left(1 + \frac{R_1}{R_i}\right)\right]^2$$

Das Verschieben der Rauschquelle u_{NOP} zeigt Abb. 5.11. Das Ergebnis ist dual zur äquivalenten Eingangsrauschspannungsquelle der Schaltung aus Abb. 5.5. Spannungsquellen werden zu Stromquellen und Widerstände zu Leitwerten.

5.3 Kapazitive und induktive Sensoren

5.3.1 Kapazitive Sensoren

(a) Kapazitiver Sensor mit Signalspannungsquelle (Abb. 5.12 und 5.13)

Zwei identische Rauschquellen (100 % korreliert), die eine Phasenverschiebung von 90° haben, werden quadratisch addiert, wie zwei Rauschquellen, die unkorreliert (0 %) sind. Beispiel:

$$u_N + u_N \frac{1}{j\omega RC} = u_N \left(1 + \frac{1}{j\omega RC}\right) = u_N \left(1 - j\frac{1}{\omega RC}\right)$$

Der Betrag:

$$\left| u_N + u_N \frac{1}{j\omega RC} \right| = u_N \sqrt{1 + \frac{1}{\omega^2 R^2 C^2}}$$

Quadratische Addition:

$$\Rightarrow = u_N^2 + u_N^2 \left(\frac{1}{\omega RC}\right)^2$$

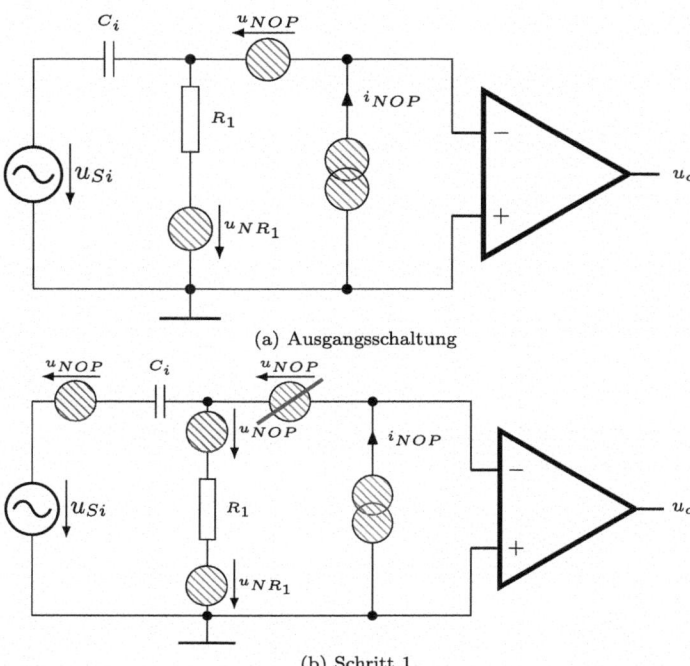

(a) Ausgangsschaltung

(b) Schritt 1

Abb. 5.12 Kapazitiver Sensor mit Signalspannungsquelle – Verschiebungsschritte

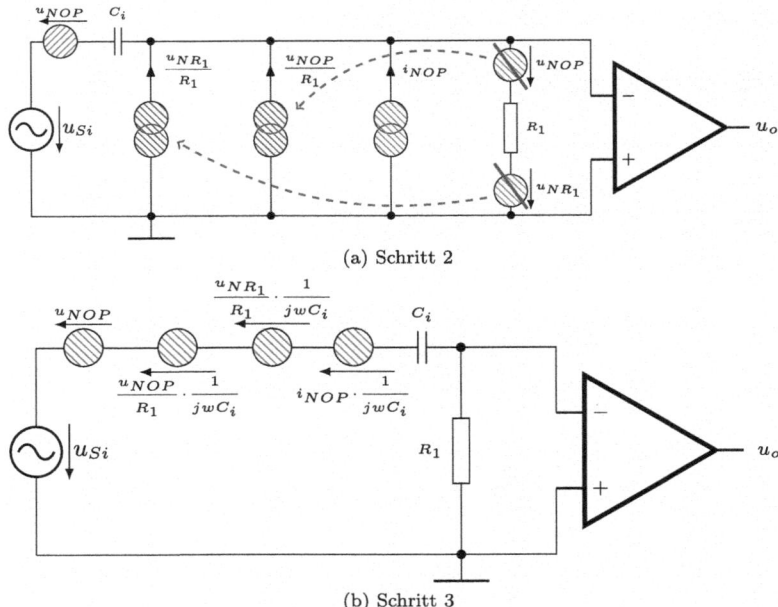

(a) Schritt 2

(b) Schritt 3

Abb. 5.13 Kapazitiver Sensor mit Signalspannungsquelle – Verschiebungsschritte

Damit ergibt sich für das Rauschen der Schaltung:

$$u_{Ni}^2 = u_{NOP}^2 + u_{NOP}^2 \left(\frac{1}{\omega R_1 C_i} \right)^2 + u_{NR_1}^2 \left(\frac{1}{\omega R_1 C_i} \right)^2 + i_{NOP}^2 \left(\frac{1}{\omega C_i} \right)^2$$

Eine Kapazität in Serie zur Quelle ergibt einen Anstieg des Rauschens bei tiefer werdenden Frequenzen.

(b) Kapazitiver Sensor mit Signalstromquelle (Abb. 5.14 und 5.15)

Insgesamt ergibt sich somit:

$$i_{Ni}^2 = i_{NOP}^2 + u_{NOP}^2 (\omega C_i)^2 + i_{NR_1}^2 (\omega R_1 C_i)^2 + i_{NOP}^2 (\omega R_1 C_i)^2$$

Durch eine Kapazität parallel zur Quelle erhält man einen Anstieg bei hohen Frequenzen.

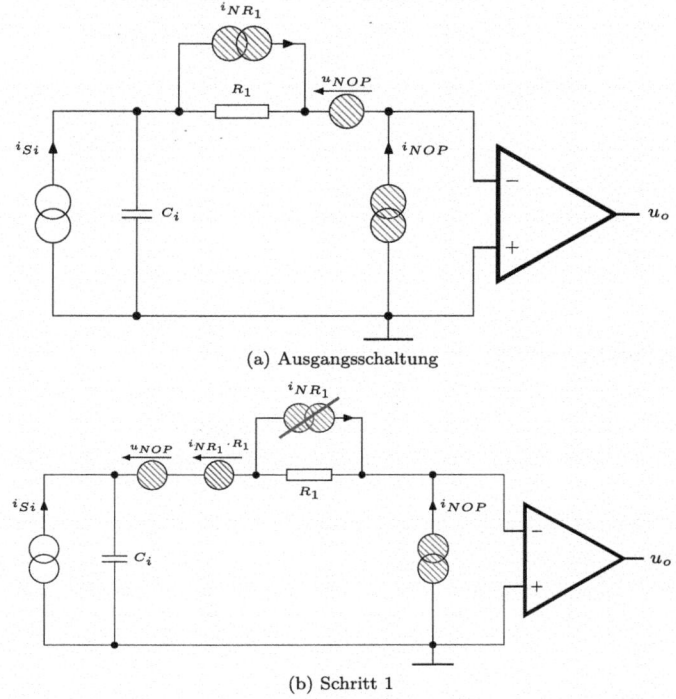

(a) Ausgangsschaltung

(b) Schritt 1

Abb. 5.14 Kapazitiver Sensor mit Signalstromquelle – Verschiebungsschritte

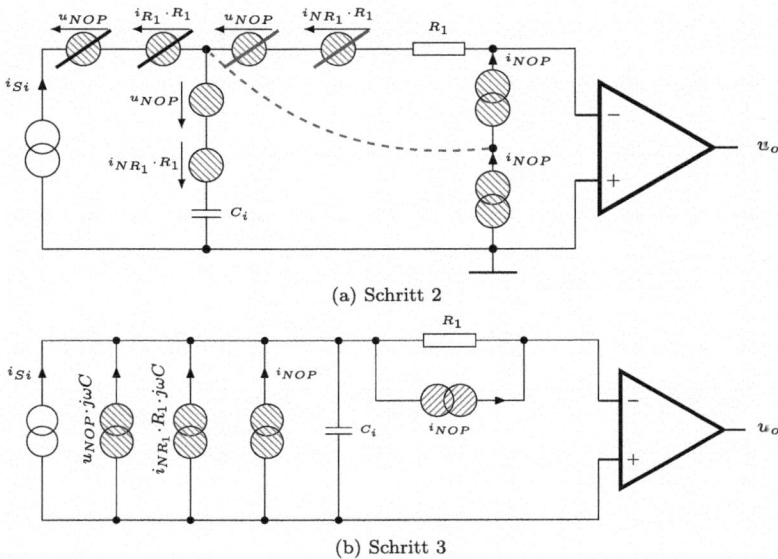

(a) Schritt 2

(b) Schritt 3

Abb. 5.15 Kapazitiver Sensor mit Signalstromquelle – Verschiebungsschritte

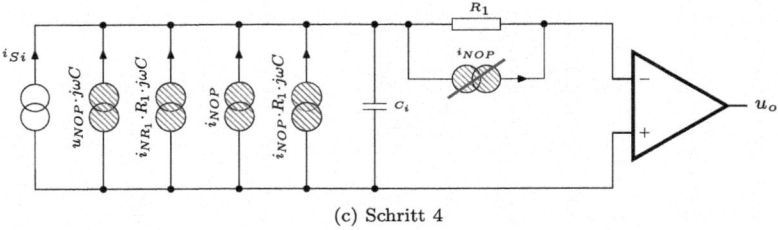

(c) Schritt 4

Abb. 5.15 *(Fortsetzung)*

5.3.2 Induktive Sensoren

Kapazitäten und Induktivitäten sind zueinander *duale* Elemente. Eine Induktivität ist ein frequenzabhängiger Widerstand, eine Kapazität eine frequenzabhängiger Leitwert.

(a) Induktiver Sensor mit Signalspannungsquelle (Abb. 5.16 und 5.17)

Die Rauschspannungsquellen u_{NOP} und $u_{NOP} \cdot (j\omega L / R_1)$ können nicht linear addiert werden, da sie einen Phasenunterschied von 90° haben. Sie werden ebenfalls quadratisch addiert.

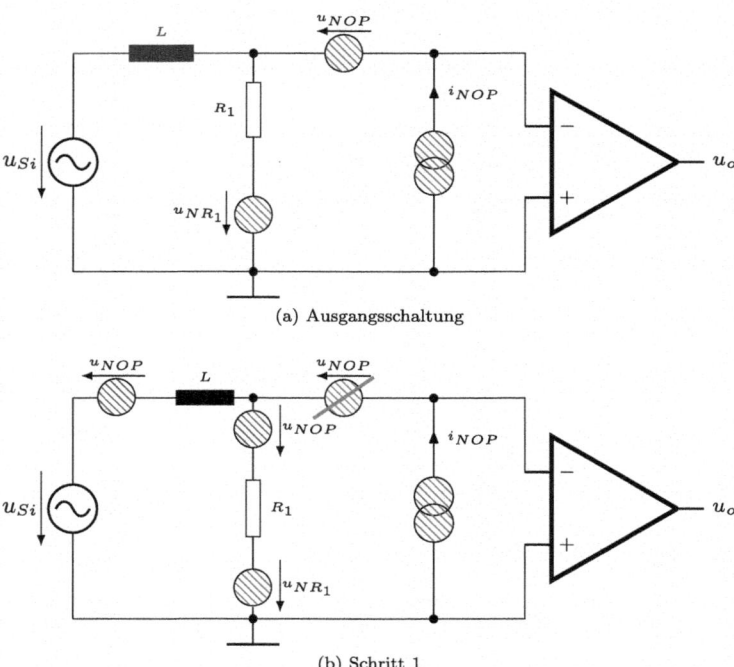

Abb. 5.16 Induktiver Sensor mit Signalspannungsquelle – Verschiebungsschritte

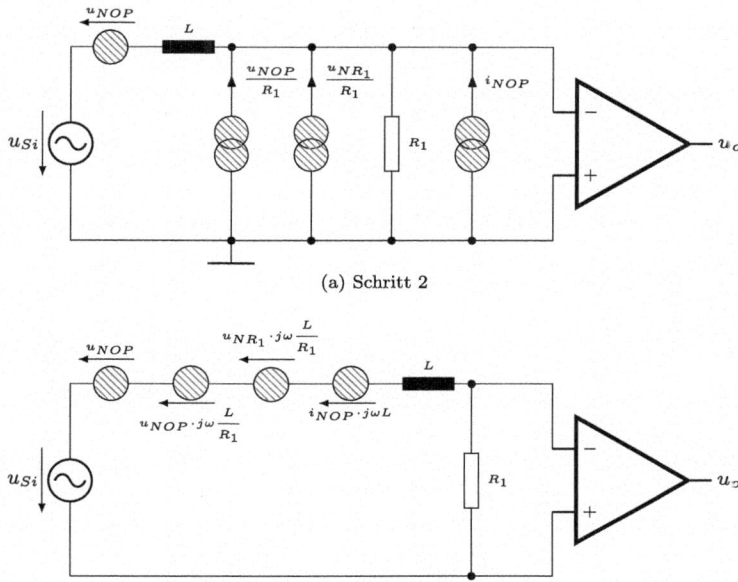

(a) Schritt 2

(b) Schritt 3

Abb. 5.17 Induktiver Sensor mit Signalspannungsquelle – Verschiebungsschritte

$$u_{Ni}^2 = u_{NOP}^2 + u_{NOP}^2 \left(\omega \frac{L}{R_1} \right)^2 + u_{NR_1}^2 \left(\omega \frac{L}{R_1} \right)^2 + i_{NOP}^2 (\omega L)^2$$

Eine Induktivität in Serie zur Quelle ergibt einen Anstieg des Rauschens bei hohen Frequenzen.

(b) Induktiver Sensor mit Signalstromquelle (Abb. 5.18 und 5.19)

Insgesamt ergibt sich somit:

$$i_{Ni}^2 = u_{NOP}^2 \left(\frac{1}{\omega L} \right)^2 + i_{NR_1}^2 \left(\frac{R_1}{\omega L} \right)^2 + i_{NOP}^2 + i_{NOP}^2 \left(\frac{R_1}{\omega L} \right)^2$$

Durch eine Induktivität parallel zur Quelle erhält man einen Anstieg des Rauschens bei tiefer werdenden Frequenzen.

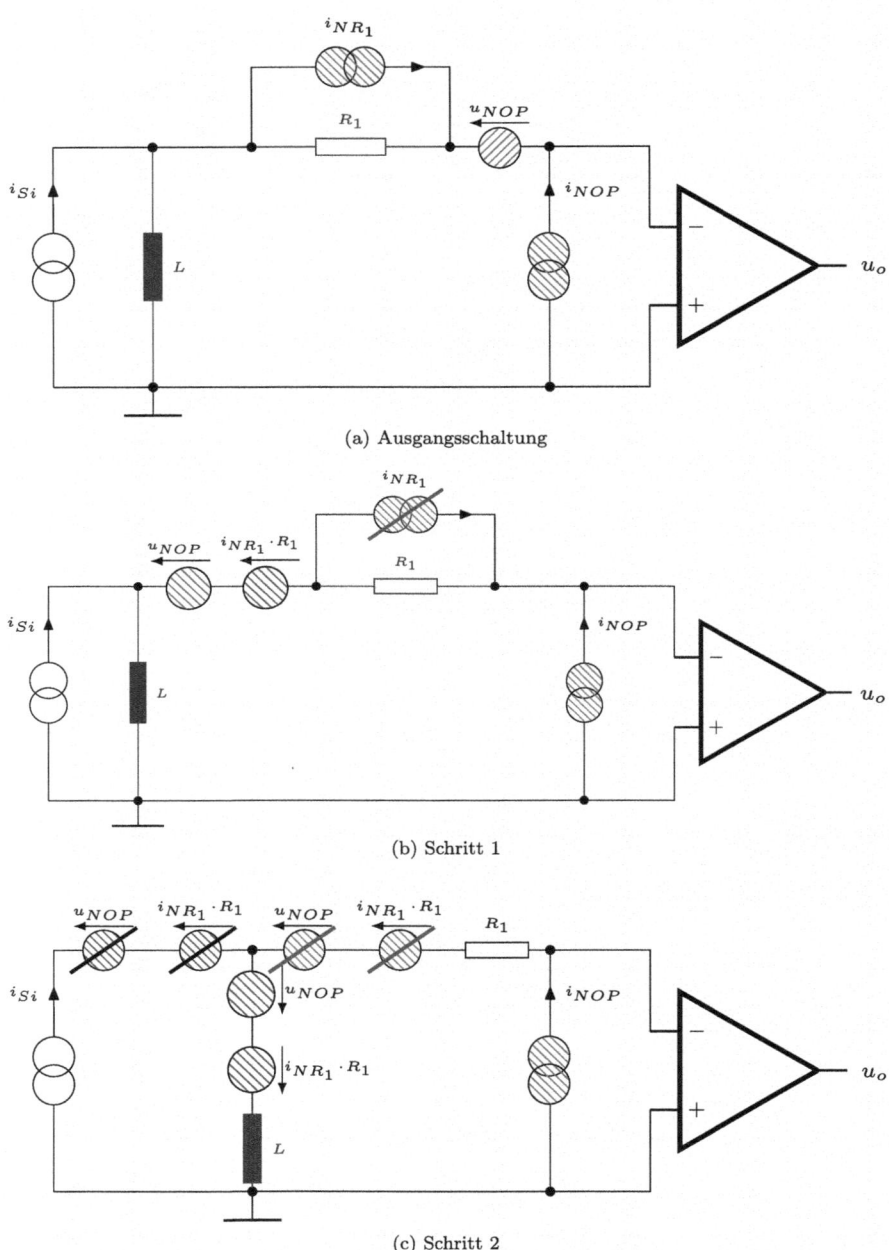

(a) Ausgangsschaltung

(b) Schritt 1

(c) Schritt 2

Abb. 5.18 Induktiver Sensor mit Signalstromquelle – Verschiebungsschritte

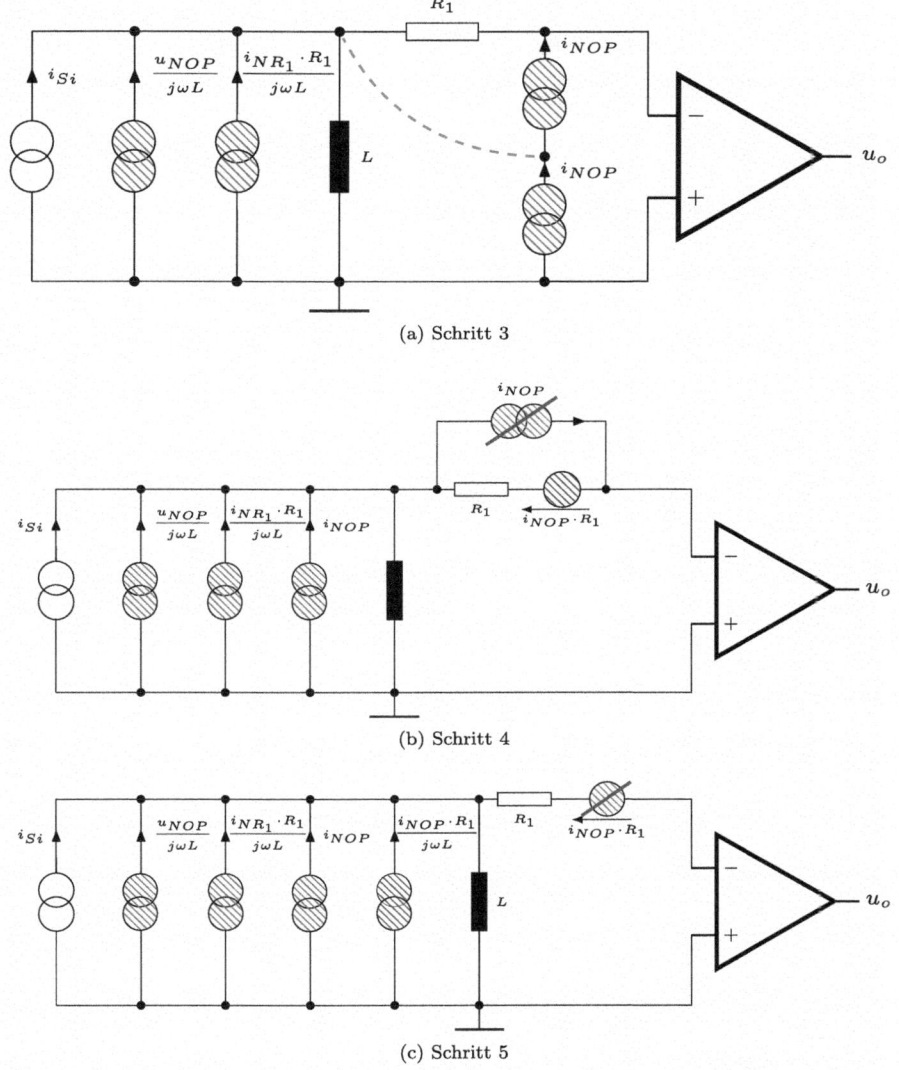

(a) Schritt 3

(b) Schritt 4

(c) Schritt 5

Abb. 5.19 Induktiver Sensor mit Signalstromquelle – Verschiebungsschritte

5.3.3 Zusammenfassung

Anmerkung:

Eine 90° Phasenverschiebung ergibt quadratische Addition:

$$c = a + jb; \qquad |c| = \sqrt{a^2 + b^2}; \qquad c^2 = a^2 + b^2$$

Bei allen Schaltungen in Abb. 5.20 und 5.21 wurde der Widerstand R als rauschfrei betrachtet ($u_{NR} = 0$). Duale Schaltungen dazu.

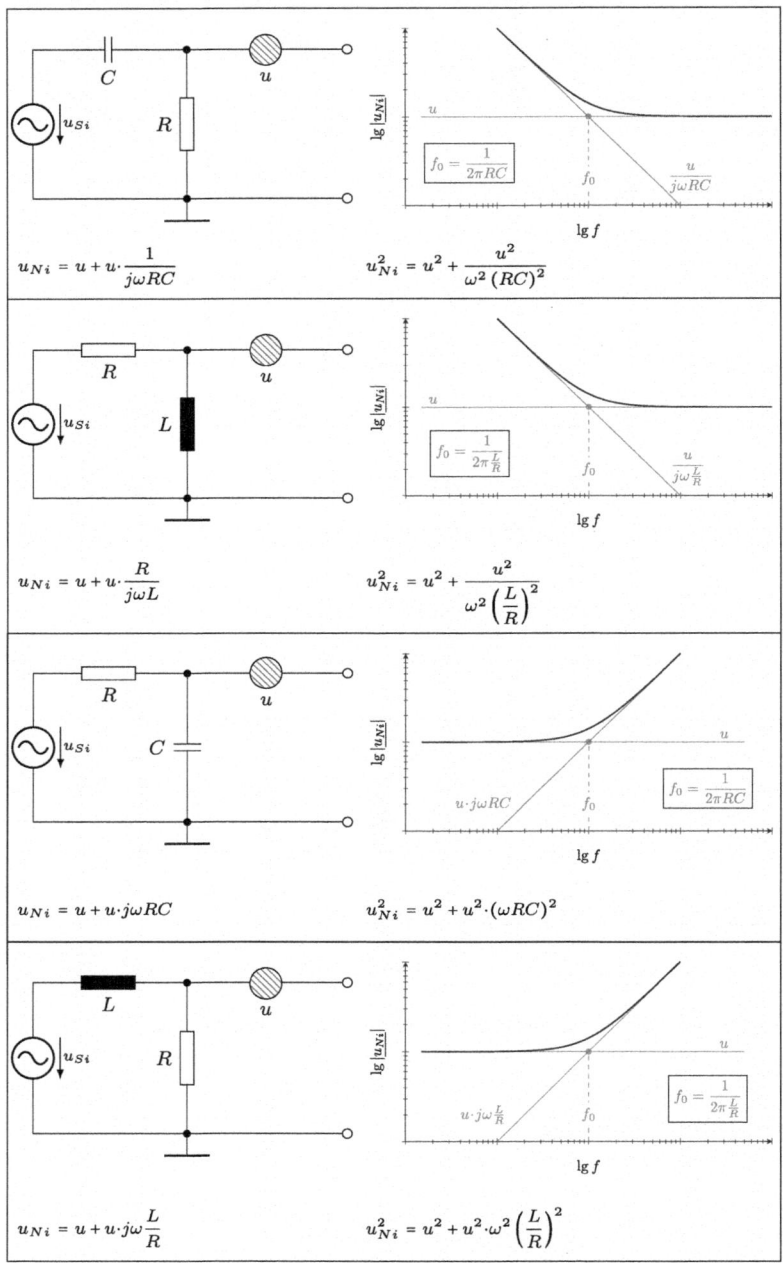

Abb. 5.20 Zusammenfassung der verschiedenen Variationen, Duale Schaltungen

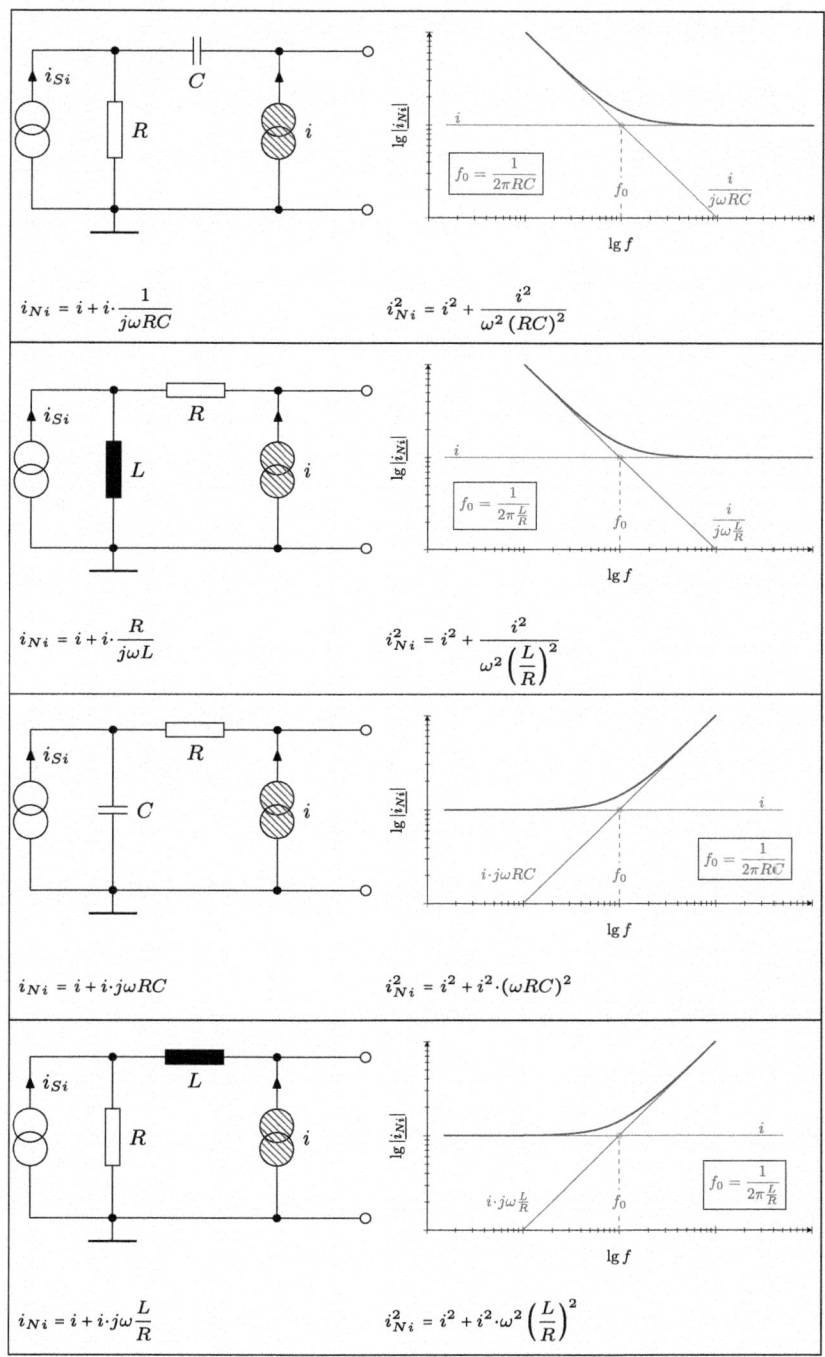

$$i_{Ni} = i + i \cdot \frac{1}{j\omega RC} \qquad\qquad i_{Ni}^2 = i^2 + \frac{i^2}{\omega^2 (RC)^2}$$

$$i_{Ni} = i + i \cdot \frac{R}{j\omega L} \qquad\qquad i_{Ni}^2 = i^2 + \frac{i^2}{\omega^2 \left(\frac{L}{R}\right)^2}$$

$$i_{Ni} = i + i \cdot j\omega RC \qquad\qquad i_{Ni}^2 = i^2 + i^2 \cdot (\omega RC)^2$$

$$i_{Ni} = i + i \cdot j\omega \frac{L}{R} \qquad\qquad i_{Ni}^2 = i^2 + i^2 \cdot \omega^2 \left(\frac{L}{R}\right)^2$$

Abb. 5.21 Zusammenfassung der verschiedenen Variationen, Duale Schaltungen

5.3.4   Schaltung mit drei verschiedenen Bauteilen

Beispiel Abb. 5.22:

Abb. 5.22 Schaltung mit drei verschiedene Bauteilen, R sei rauschfrei

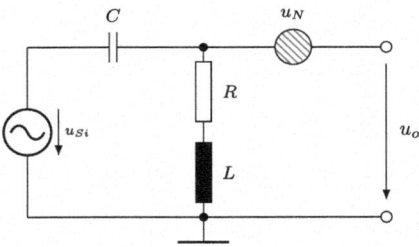

Aus Quellenverschiebung ergibt sich das Ergebnis:

$$u_{Ni} = u_N + \frac{u_N}{R + j\omega L} \cdot \frac{1}{j\omega C} = u_N\left[1 + \frac{1}{j\omega RC - \omega^2 LC}\right] = u_N\left[1 + \frac{1}{\frac{1}{\frac{1}{j\omega RC}} + \frac{1}{\frac{1}{-\omega^2 LC}}}\right]$$

Man erhält somit die Beträge:

$$u_{Ni} = u_N + u_N \cdot \left(\frac{1}{\omega RC} \parallel \frac{1}{\omega^2 LC}\right)$$

Zeichnerisch lässt sich die Gleichung leicht lösen. Man erhält wieder zwei Möglichkeiten:

(a) Ohne Resonanz

Liegt der Schnittpunkt von $1/(\omega RC)$ und $1/(\omega^2 LC)$ unterhalb der Konstanten 1, gibt es keine Resonanz (Abb. 5.23).

Abb. 5.23 Äquivalente Eingangsrauschspannung ohne Resonanz

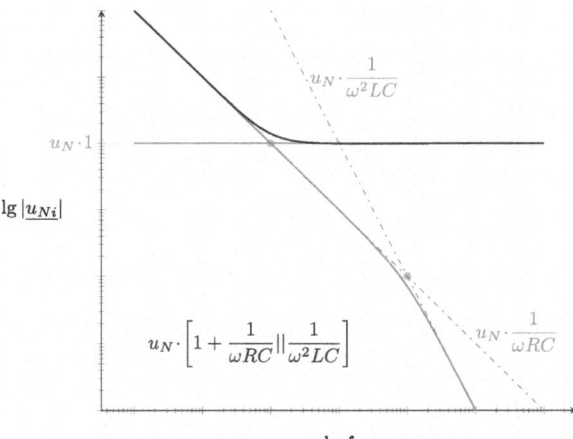

(b) Mit Resonanz

Liegt der Schnittpunkt von $1/(j\omega RC)$ und $1/(\omega^2 LC)$ oberhalb von der Konstanten 1, kommt es zu einer Resonanzüberhöhung (Abb. 5.24).

Abb. 5.24 Äquivalente Eingangsrauschspannung mit Resonanz

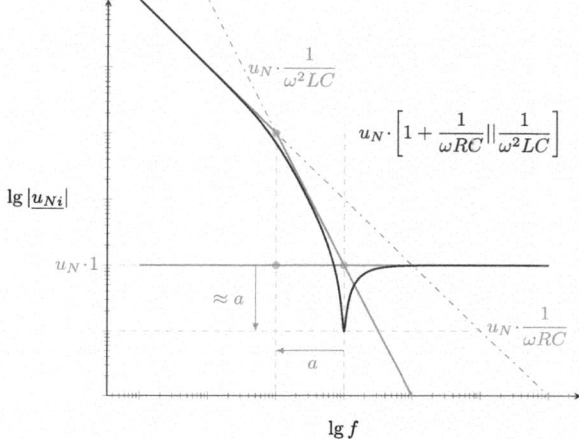

Operationsverstärker

6

6.1 Idealer Operationsverstärker

6.1.1 Invertierende Schaltung

Berechnung der äquivalenten Eingangsrauschspannung u_{Ni} (Abb. 6.1).

Die Rauschspannung u_{NR_i} liegt schon an der Stelle u_{Si}. Der Rauschstrom i_{NOP} kann mit R_i direkt nach u_{Si} verrechnet werden. Die OP Rauschspannung u_{NOP} kann nach u_{NR_i} und u_{NR_r} verschoben werden. Es stellt sich somit nur noch die Frage, wie u_{NR_r} verrechnet wird. Die Abbildungen 6.2, 6.3, 6.4 zeigen zwei Möglichkeiten:

Verschiebt man die Rauschquelle u_{NR_r} zum Ausgang (Abb. 6.2), so kann diese mit der umgekehrten Verstärkung zum Eingang gerechnet werden. Die andere Quelle u_{NR_r} direkt am Ausgang des idealen OP's wird ausgeregelt und kann somit entfallen.

Man kann aber auch die Quelle u_{NR_r} mit R_r in zwei Stromquellen in Serie umwandeln und die Mitte der beiden Stromquellen auf Null legen (Abb. 6.3 und 6.4). Die Stromquelle am Ausgang ist lediglich eine Belastung der inneren Spannungsquelle des OP's und kann somit vernachlässigt werden. Die Stromquelle am Minuseingang wird wie i_{NOP} mit R_i direkt nach u_{Si} verrechnet.

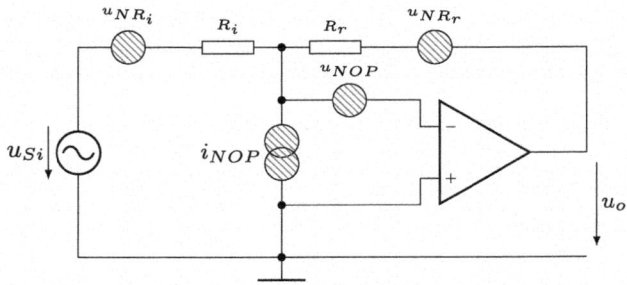

Abb. 6.1 Invertierender Verstärker

© Springer-Verlag Berlin Heidelberg 2015
A. Zwick et al., *Signal- und Rauschanalyse mit Quellenverschiebung*,
DOI 10.1007/978-3-642-54037-0_6

Abb. 6.2 Verrechnung der Rauschquelle u_{NR_r} zum Ausgang hin

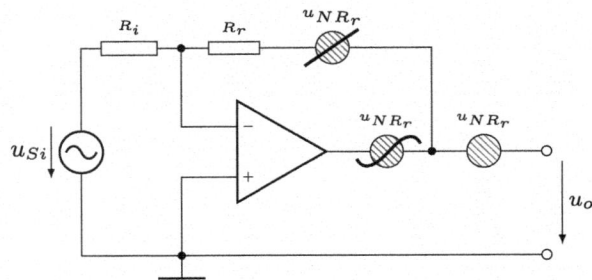

Abb. 6.3 Verrechnung der Rauschquelle u_{NR_r} -1-

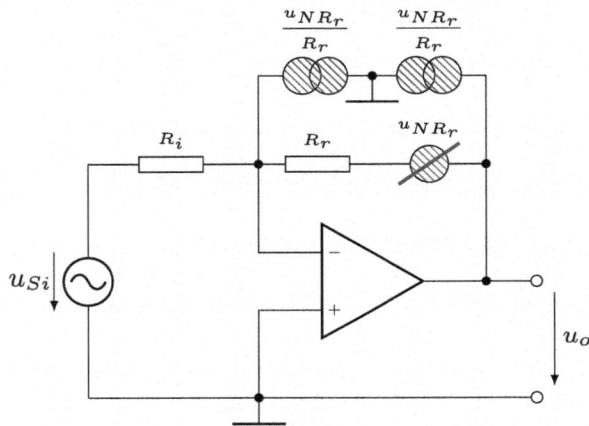

Abb. 6.4 Verrechnung der Rauschquelle u_{NR_r} -2-

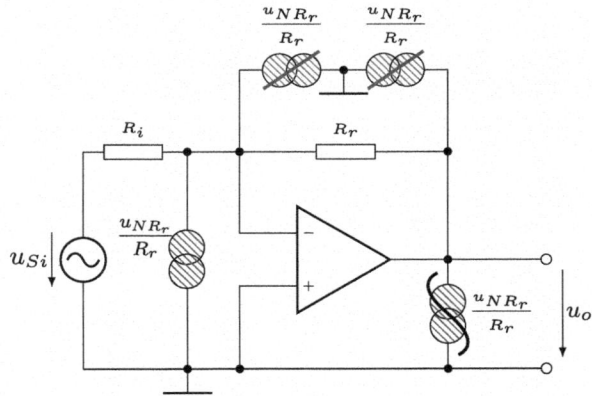

Mit der Kenntnis der Verrechnung von u_{NR_r} kann jetzt auch u_{NOP} durch Verschiebung nach u_{Si} verrechnet werden.

$$u_{Ni}^2 = u_{NR_i}^2 + u_{NR_r}^2 \left(\frac{R_i}{R_r}\right)^2 + u_{NOP}^2 \left(1 + \frac{R_i}{R_r}\right)^2 + i_{NOP}^2 \cdot R_i^2$$

Abb. 6.5
Rauschersatzschaltung

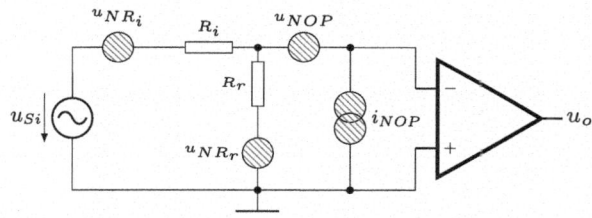

Der Widerstand R_r wird beim Rauschen so behandelt, wie wenn er am Ausgang des Operationsverstärkers auf Null liegen würde. Das gilt allerdings nur, wenn der Ausgang des Operationsverstärkers auch der Ausgang der Schaltung ist!

Man erkennt, dass bei einer Verstärkung $(R_r/R_i) > 1$ das Rauschen des Widerstandes R_r keine Rolle spielt. Ebenso kann die Erhöhung des Rauschens von u_{NOF} durch R_r vernachlässigt werden. Abbildung 6.5 zeigt die entsprechende Rauschersatzschaltung.

Beachte: Bei der Berechnung der äquivalenten Eingangsrauschspannungsquelle u_{Ni} muss immer der Ausgang der Schaltung mit eingezeichnet werden hier u_o.

Der Widerstand R_r kann direkt beim Rauschen auf Null gelegt werden. Beim Signal müsste man den Widerstand R_r mit dem Millereffekt gegen Null transformieren. Macht man die Millertransformation auch beim Rauschen, so muss zuerst die Rauschspannung vorher berechnet werden. Danach werden R_r und u_{NR_r} in gleicher Weise transformiert. Die Millertransformation erfolgt auf der Grundlage gleicher Ströme. Der Rauschstrom i_{NR_r} wird nicht transformiert. Abbildungen 6.6 und 6.7 zeigen die Millertransformation beim Rauschen.

$$u_{Ni} = u_{NR_r} \frac{1}{1+\underline{A}_0} \cdot \frac{R_i}{\frac{R_r}{1+\underline{A}_0}} = u_{NR_r} \frac{R_i}{R_r}$$

oder:

$$= i_{NR_r} \cdot R_i = u_{NR_r} \frac{R_i}{R_r}$$

Gleiches gilt auch beim Bootstrap-Effekt, wie später gezeigt wird.

Abb. 6.6 Berechnung mit der Millertransformation -1-

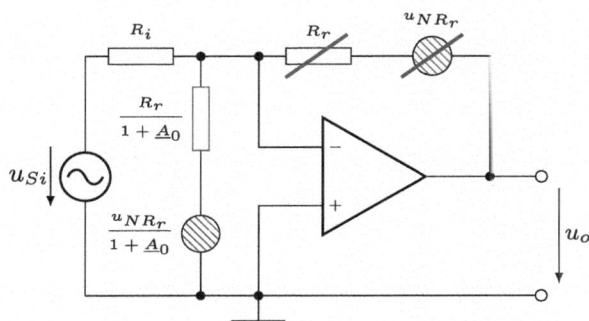

Abb. 6.7 Berechnung mit der
Millertransformation -2-

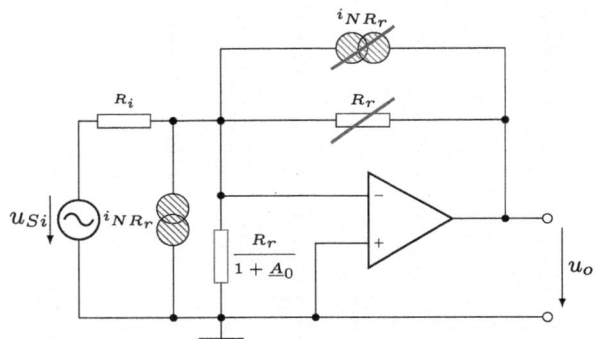

Fazit

- Der Ausgang des Operationsverstärkers, falls er auch der Ausgang der Schaltung ist, kann für die Rauschberechnung als Masse betrachtet werden.
- Das Rauschen am Ausgang des Verstärkers, z. B. hier das von R_r, spielt je größer die Verstärkung umso weniger eine Rolle.

6.1.2 Nichtinvertierende Schaltung

Ausgang des Operationsverstärkers und Ausgang der Schaltung sind gleich (Abb. 6.8). Er kann beim Rauschen als Null angenommen werden. Die Rauschspannungen u_{NR_2} und

Abb. 6.8 Nichtinvertierender
Verstärker mit Ersatzschaltbild

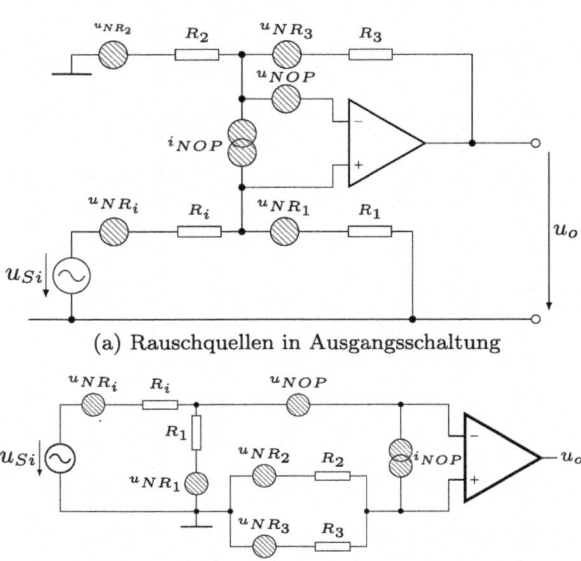

(a) Rauschquellen in Ausgangsschaltung

(b) Rauschquellen im Ersatzschaltbild

u_{NR_3} können jeweils in Ersatzspannungsquellen umgerechnet werden. Sie liegen dann in Serie zu u_{NOP}. Handelt es sich bei u_{NR_2} und u_{NR_3} nur um thermisches Rauschen, kann das Rauschen auch direkt aus $R_2 \parallel R_3$ berechnet werden. Durch Quellenverschiebung (siehe Abb. 5.5 und Abb. 5.6) ergibt sich:

$$u_{Ni}^2 = u_{NR_i}^2 + u_{NR_1}^2 \left(\frac{R_i}{R_1}\right)^2 + i_{NOP}^2 \left[R_i + R_2 \parallel R_3 \cdot \left(1 + \frac{R_i}{R_1}\right)\right]^2$$

$$+ \left[u_{NOP}^2 + u_{NR_2}^2 \left(\frac{R_3}{R_2 + R_3}\right)^2 + u_{NR_3}^2 \left(\frac{R_2}{R_2 + R_3}\right)^2\right] \cdot \left(1 + \frac{R_i}{R_1}\right)^2$$

Zu Berechnung von i_{NOP} wurde die Rauschstromquelle in zwei Rauschstromquellen erweitert, der Mittelpunkt dann zur Masse geschaltet. Eine liegt folglich parallel zu R_1, die andere zu $R_2 \parallel R_3$. Sie werden 100 % korreliert zu u_{Si} verrechnet.

6.1.3 Spannungsfolger

Um beim Signal den Widerstand R_1 gegen Null zu transformieren, benötigt man wieder das Millertheorem (Abb. 6.9). Da $\underline{A}$ in der Nähe von $+1$ liegt, handelt es sich hier um den Bootstrapeffekt. Der Ausgang des Operationsverstärkers ist gleichzeitig der Ausgang der Schaltung. Somit kann auch hier der Ausgang des Operationsverstärkers wie eine Null betrachtet werden. Die Rauschersatzschaltung entspricht der Ersatzschaltung des invertierenden Verstärkers (Abb. 6.5). Man erhält die gleiche Beziehung für die äquivalente Eingangsrauschspannung u_{Ni}, obwohl beide Schaltungen ganz verschieden sind. Betrachtet man das Signal, so stellt diese Schaltung einen Spannungsfolger (Impedanzwandler) dar, bei dem man mit R_1 die Bandbreite einstellen kann. Die Rückkopplung k_r beträgt:

$$k_r|_{\text{nur } u_o \text{ aktiv}} = \frac{R_i}{R_i + R_1} - 1 = \frac{\cancel{R_i} - \cancel{R_i} - R_1}{R_i + R_1} = -\frac{R_1}{R_i + R_1}$$

Abb. 6.9 Spannungsfolger

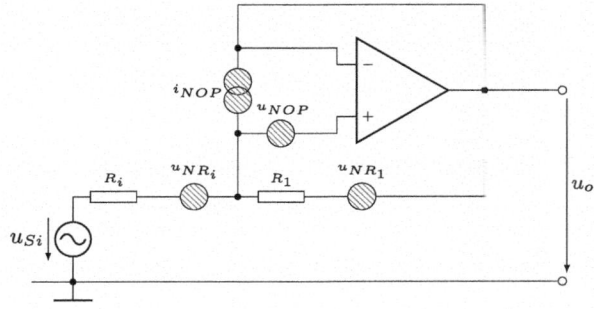

Damit erhält man eine Grenzfrequenz:

$$f_{3\,\mathrm{dB}} = f_T \cdot |k_r| = f_T \cdot \frac{R_1}{R_i + R_1}$$

Im Rauschen bedeutet das für diese Schaltung, dass mit kleiner werdender Grenzfrequenz ($R_1 < R_i$) das Rauschen ansteigt.

Es entsteht konsequenterweise der Eindruck, als würde das Rauschen unendlich werden, sollte der Widerstand R_1 unendlich klein werden. Formell gesehen wird das Rauschen u_{Ni} am Eingang tatsächlich größer werden, insbesondere durch den Term:

$$u_{NOP}^2 \left(1 + \frac{R_i}{R_1}\right)^2$$

da $u_{NR_1}^2$ mit kleiner werdendem R_1 auch kleiner wird. Was aber passiert mit dem Rauschen am Ausgang? Die Verstärkung bleibt unverändert auf 1. Was aber mit kleiner werdendem R_1 auch kleiner wird ist die Bandbreite $f_{3\,\mathrm{dB}}$ der Schaltung. Effektiv wird das Rauschen somit begrenzt.

$$u_{No}^2 = u_{Ni}^2 \cdot |\underline{A}|^2$$

Bezüglich der Rauschbandbreite ergibt sich:

$$u_{No}^2 \cdot u_{Ni}^2 \cdot A_0^2 \cdot f_N$$

wobei

$$f_N = f_{3\,\mathrm{dB}} \cdot \frac{\pi}{2}$$

$A_0 = $ die ideale Verstärkung ohne Bandbegrenzung

> Alle Rauschquellen werden zum Eingang der Schaltung verschoben. Denn an dieser Signal-Stelle kann eine Rauschoptimierung effizient durchgeführt werden. Die Rauschdichten müssen noch mit der Verstärkung und der Rauschbandbreite verrechnet werden, um das Rauschen am Ausgang zu erhalten. Erst wenn die Bandbreite mit berücksichtigt wird, z. B. nach dem Verstärker, kann dann absolut gesagt werden, wie groß das Rauschen ist, in derselben Einheit [V oder A] mit dem Ausgangssignal.

6.2   Rauschbetrachtungen bei realen Operationsverstärkern

Die Abbildung 6.11 zeigt die Möglichkeiten der Quellenverschiebung beim realen Operationsverstärker (Annahme $r_e \Rightarrow \infty$) (Abb. 6.10 und 6.11):

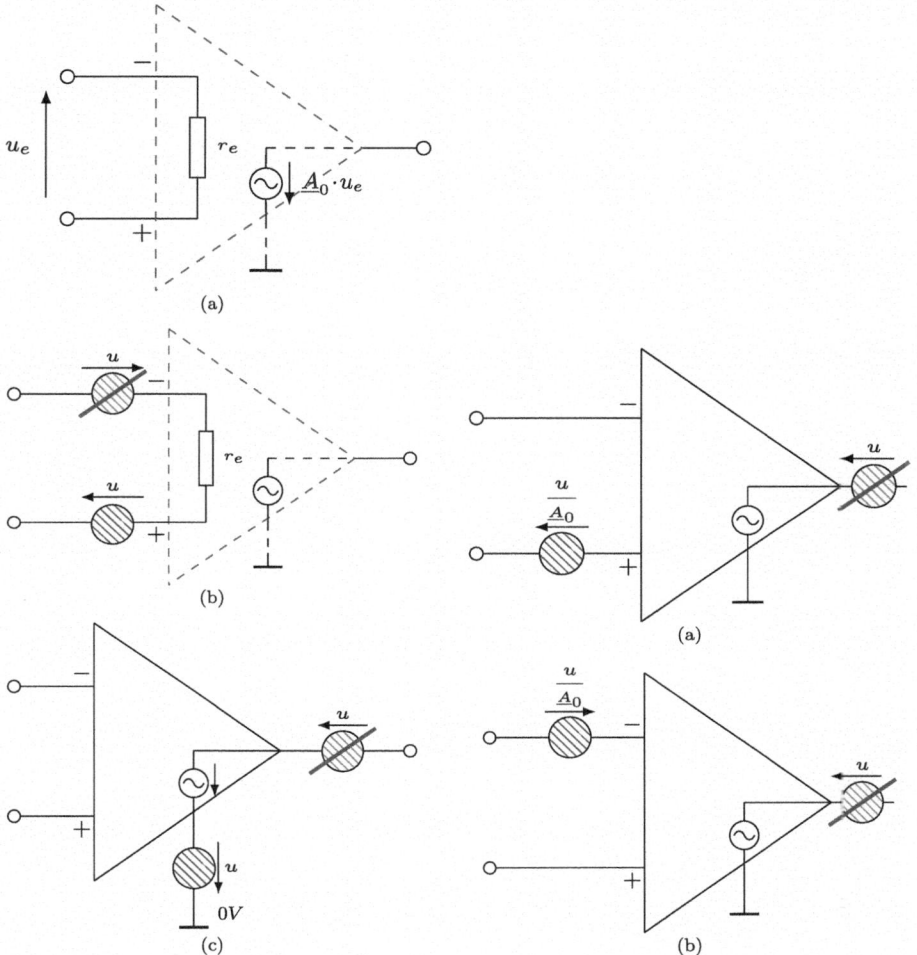

Abb. 6.10 Verschiebung und Verrechnungen beim OP

Abb. 6.11 Verschiebung und Verrechnungen beim OP

6.2.1 Verschiebung einer Rauschquelle am Ausgang des OP's

(a) Betrachtung mit idealem OP (siehe Abb. 6.12 und Abb. 6.13)

$$\frac{u}{\underline{A}_0} \Rightarrow 0 \quad \text{da } \underline{A}_0 \Rightarrow \infty$$

Alternative Erklärung: Eine Rauschspannung direkt am Ausgang des OP's spielt keine Rolle, da diese ausgeregelt wird.

Abb. 6.12 Rauschquelle am
Ausgang des OP

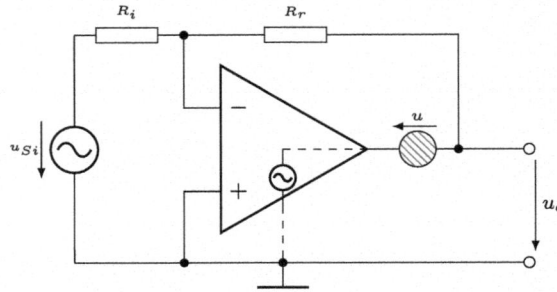

Abb. 6.13 Betrachtung mit
idealem OP

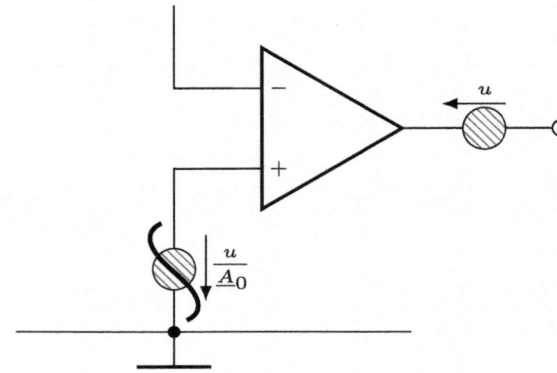

Abb. 6.14 Verschiebung der
Rauschquelle

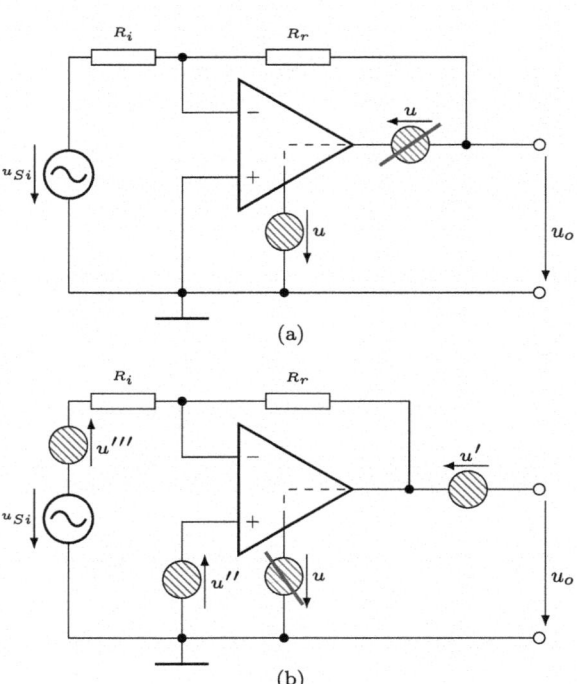

Verschiebung gegen Masse.

In Abb. 6.14 wird die Quelle u durch die Masse zu 3 verschiedenen Stellen verschoben.

$$u_o = u' + (-u''')\left(-\frac{R_r}{R_i}\right) + (-u'')\left(1 + \frac{R_r}{R_i}\right) = 0$$

(b) Betrachtung mit realem OP ($\underline{A}_0 \neq \infty$)

Verrechnung zum $\oplus$ Eingang und dann mit $\underline{A}$ zum Ausgang (siehe Abb. 6.15):

$$u_{No} = \frac{u}{\underline{A}_0} \cdot |\underline{A}|$$

$$u_{No} = \frac{u(1 + j\frac{f}{f_1})}{A_{0DC}} \cdot \frac{R_i + R_r}{R_i} \cdot \frac{1}{1 + \frac{1}{A_{0DC} \cdot k_r}} \cdot \frac{1}{1 + j\frac{f}{f_{3\,\text{dB}}}}$$

$$u_{No} = \frac{u}{A_{0DC}} \cdot \frac{R_i + R_r}{R_i} \cdot \frac{1 + j\frac{f}{f_1}}{1 + j\frac{f}{f_{3\,\text{dB}}}}$$

$$f_{3\,\text{dB}} = f_T \cdot \frac{R_i}{R_i + R_r}$$

$$u_{Ni} = \frac{u_{No}}{|\underline{A}|}$$

$$u_{Ni} = \frac{u}{A_{0DC}} \cdot \frac{R_i + R_r}{R_i} \cdot \frac{1 + j\frac{f}{f_1}}{1 + j\frac{f}{f_{3\,\text{dB}}}} \cdot \frac{R_i}{R_r}\left(1 + j\frac{f}{f_{3\,\text{dB}}}\right)$$

$$u_{Ni} = \frac{u}{A_{0DC}} \cdot \frac{R_i + R_r}{R_r} \cdot \left(1 + j\frac{f}{f_1}\right)$$

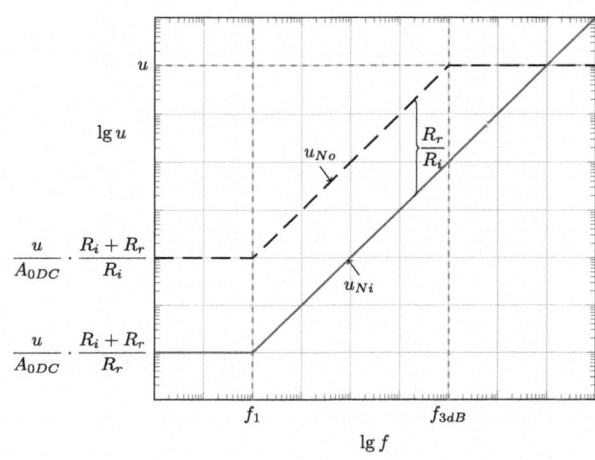

Abb. 6.15 Frequenzverlauf der Spannungen u_{No} und u_{Ni}

$$\frac{u_{No}(f \to \infty)}{\frac{u}{A_{0DC}} \cdot \frac{R_i + R_r}{R_i}} = \frac{f_{3\,dB}}{f_1} = \underbrace{\frac{f_T}{f_1}}_{A_{0DC}} \cdot \frac{R_i}{R_i + R_r}$$

$$u_{No}(f \Rightarrow \infty) = u$$

Oberhalb der Grenzfrequenz $f_{3\,dB}$ kann die OP-Schaltung die Rauschspannung u nicht mehr ausregeln. Der OP-Ausgang kann als Null betrachtet werden. Das heißt, die Rauschspannung u erscheint direkt am Ausgang der Schaltung.

Den Verlauf der Spannungen u_{No} und u_{Ni} in Abhängigkeit von der Frequenz lässt sich auch im Bode-Diagramm mit den Verstärkungen $\underline{A}_0$ und $\underline{A}$ erkennen (Abb. 6.16). Hier spielt die Schleifenverstärkung $\underline{A}_L = \underline{A}_0/|A|$ eine entscheidende Rolle. Bis zur Frequenz f_1 ist die Schleifenverstärkung konstant. Danach fällt die Schleifenverstärkung ab und erreicht bei $f_{3\,dB}$ den Wert 1. Die Rauschspannung u kann ab $f_{3\,dB}$ nicht mehr ausgeregelt

Abb. 6.16 Konstruktion von u_{No} und u_{Ni} durch die Schleifenverstärkung $|\underline{A}_L|$

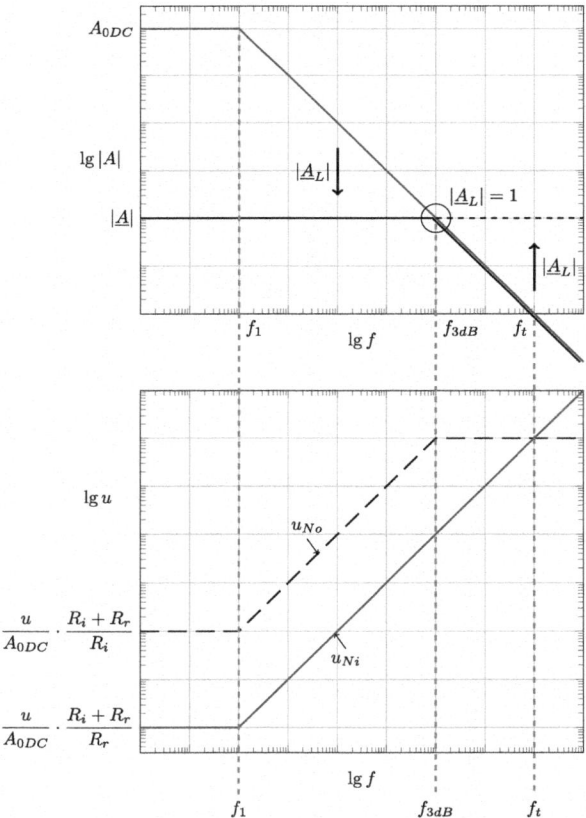

werden, u_{No} hat den Wert u. Der Wert bei $f = 0$ Hz errechnet sich aus dem Verhältnis:

$$\frac{u_{No}(f = 0\,\text{Hz})}{u} = \frac{f_1}{f_{3\,\text{dB}}} = \frac{f_1}{f_T \cdot \frac{R_i}{R_i + R_r}} \quad \text{mit:} \ \frac{f_1}{f_T} = \frac{1}{A_{0DC}}$$

$$u_{No}(f = 0\,\text{Hz}) = u \frac{1}{A_{0DC}} \frac{R_i + R_r}{R_i}$$

Bei der Frequenz f_T ist die Spannungsverstärkung $|A| = |\underline{A}_0| = 1$ und $u_{No} = u$. Bei f_T ist somit $u_{Ni} = u$. Oberhalb von $f_{3\,\text{dB}}(u_{No} = u = $ konstant) hat u_{Ni} einen umgekehrten Verlauf wie $|\underline{A}|$. Im Bode-Diagramm kann man $u_{Ni}(f = 0\,\text{Hz})$ leicht konstruieren.

6.2.2 Schaltung mit Ausgangswiderstand R_o

Der Widerstand R_o wird häufig zur Gewährleistung der Kurzschlussfestigkeit eingebaut (Abb. 6.17).

Abb. 6.17
Verstärkerschaltung mit
Ausgangswiderstand R_o

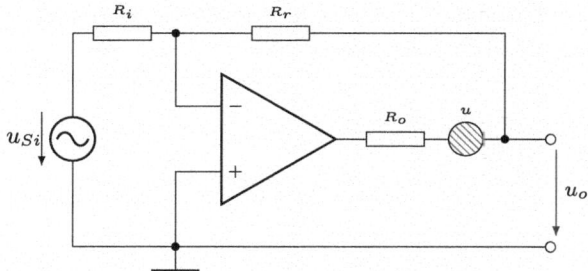

Bei dieser Schaltung ist die Verstärkung ebenfalls $(-R_r/R_i)$. Die Grenzfrequenz verringert sich jedoch:

$$f_{3\,\text{dB}} = f_T \cdot \frac{R_i}{R_i + R_r + R_o}$$

Bei der Frequenz $f > f_{3\,\text{dB}}$ kann der Operationsverstärker die Rauschspannung u nicht mehr ausregeln. Sie bleibt konstant bei:

$$u_{No} = u \cdot \frac{R_i + R_r}{R_i + R_r + R_o}$$

Bei der Frequenz f gegen unendlich erhält man eine minimale Verstärkung:

$$A_{\min} = \frac{R_o}{R_i + R_r + R_o}$$

Der Ausgang des Operationsverstärkers wird wie eine Null betrachtet. Die Ausgangs-

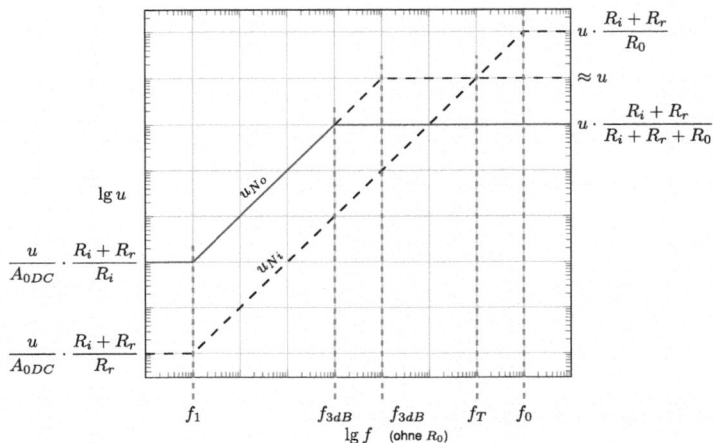

Abb. 6.18 Konstruktion der Rauschspannungen u_{No} und u_{Ni}

rauschspannung u_{No} kann jetzt im Bode-Diagramm konstruiert werden und daraus mit $A_{\min}$ ebenfalls u_{Ni} (Abb. 6.18).

Man zeichnet zuerst u_{No} bei der Frequenz f_3 dB. Unterhalb von f_3 dB beträgt die Steigung $+20$ dB/Dekade. Der Wert u_{No} ($f = 0$ Hz) kann jetzt durch einen Vergleich berechnet werden.

$$\frac{u_{No}(f=0)}{u \cdot \frac{R_i+R_r}{R_i+R_r+R_o}} = \frac{f_1}{f_3\ \text{dB}} = \frac{f_1}{f_T \cdot (-k_r)}$$

$$= \frac{f_1}{f_T \cdot \frac{R_i}{R_i+R_r+R_o}}$$

$$= \frac{\cancel{f_1}}{\cancel{f_1} \cdot A_{0DC} \cdot \frac{R_i}{R_i+R_r+R_o}}$$

$$u_{No}(f=0) = \frac{u}{A_{0DC}} \cdot \frac{R_i+R_r}{R_i}$$

Dividiert man durch die Verstärkung, so erhält man u_{Ni} ($f = 0$):

$$u_{Ni}(f=0) = \frac{u}{A_{0DC}} \cdot \frac{R_i+R_r}{R_r}$$

Oberhalb der Frequenz f_1 steigt u_{Ni} ebenso an wie u_{No}. Die Eingangsrauschspannung u_{Ni} bei der Frequenz $f \Rightarrow \infty$ kann jetzt aus Abb. 6.19 bestimmt werden.

In Abb. 6.19 spielt der Operationsverstärker bei $f \Rightarrow \infty$ keine Rolle mehr. Der Ausgang liegt bei Null. Jetzt kann auch die Frequenz f_o durch Proportionalitäten leicht er-

Abb. 6.19 Bestimmung von $u_{Ni}(f \Rightarrow \infty)$

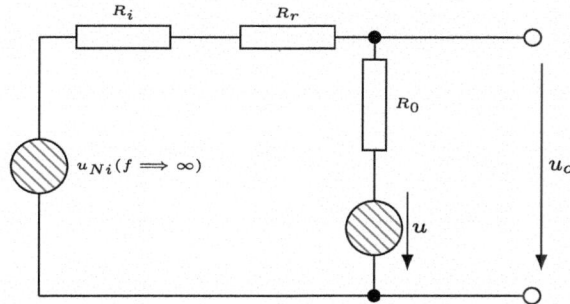

rechnet werden:

$$u_{Ni}(f \Rightarrow \infty) = u \cdot \frac{R_i + R_r}{\cancel{R_i + R_r + R_o}} \cdot \frac{\cancel{R_i + R_r + R_o}}{R_o}$$

$$= u \cdot \frac{R_i + R_r}{R_o}$$

$$\frac{f_o}{f_1} = \frac{\cancel{u}\frac{R_i + R_r}{R_o}}{\frac{\cancel{u}}{A_{0DC}} \cdot \frac{R_i + R_r}{R_r}}$$

$$f_o = \underbrace{f_1 \cdot A_{0DC}}_{f_T} \cdot \frac{R_r}{R_o} = f_T \cdot \frac{R_r}{R_o}$$

6.2.3 Schaltung mit verändertem Ausgang

Der Ausgang der Schaltung ist nicht gleich dem Ausgang des Operationsverstärkers. Der Ausgang des Operationsverstärkers kann jetzt nicht mehr mit Null ersetzt werden, wenn man die äquivalente Eingangsrauschspannung berechnet. Beispiel – Abb. 6.20:

Abb. 6.20 OP-Schaltung mit verändertem Ausgang

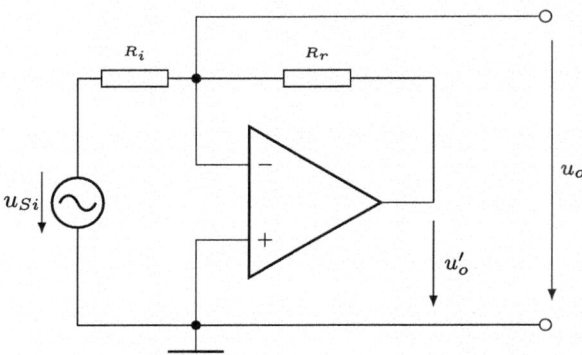

Abb. 6.21 Bode-Diagramm
der Schaltung aus Abb. 6.20

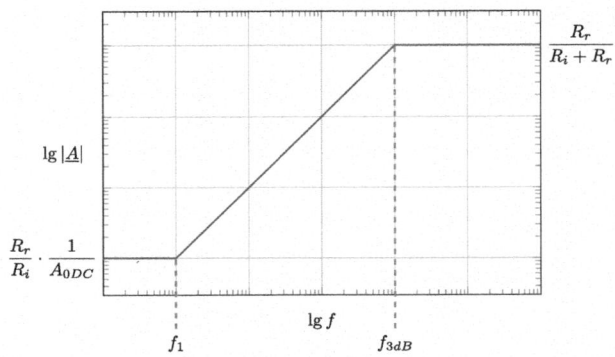

$$u'_o = u_{Si} \cdot \left(-\frac{R_r}{R_i}\right) \cdot \frac{1}{1 + j\frac{f}{f_{3\,\text{dB}}}}$$

$$f_{3\,\text{dB}} = f_T \cdot \frac{R_i}{R_i + R_r}$$

$$u_o = \frac{u'_o}{\underline{A}_0} = -u_{Si} \cdot \frac{R_r}{R_i} \cdot \frac{1}{A_{0DC}} \cdot \frac{1 + j\frac{f}{f_1}}{1 + j\frac{f}{f_{3\,\text{dB}}}}$$

$$|\underline{A}x| = \left|\frac{u_o}{u_{Si}}\right| = \frac{R_r}{R_i} \cdot \frac{1}{A_{0DC}} \cdot \frac{1 + j\frac{f}{f_1}}{1 + j\frac{f}{f_{3\,\text{dB}}}}$$

Damit stellt $|\underline{A}|$ ein Hochpass dar (Abb. 6.21).

Dieser Hochpass ist nicht belastbar. Es fehlt noch ein Impedanzwandler mit der Verstärkung (Abb. 6.22):

$$\frac{R_i + R_r}{R_r}$$

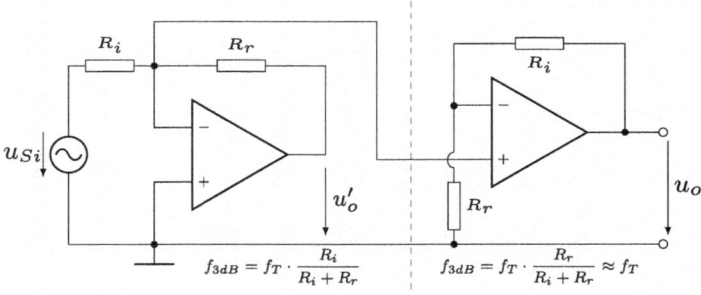

Abb. 6.22 Verbesserte Schaltung von Abb. 6.20: Hochpass-Filter ohne Kapazität

$$\text{Annahme:} \quad R_r \gg R_i$$

$$\text{Erhält man:} \quad |\underline{A}| = 1$$

$$\text{Beachte:} \quad u'_o = u_{Si} \frac{R_r}{R_i}$$

Dieser Hochpass ist nur für kleine Spannungen u_{Si} geeignet.

Diesen Zusammenhang kann man auch direkt durch Überlegung gewinnen. Man beginnt mit der Frequenz $f \Rightarrow \infty$. Der Operationsverstärker spielt jetzt keine Rolle mehr. Der Ausgang kann mit Null ersetzt werden. Man erhält als Ausgangsspannung den Wert des Spannungsteilers:

$$u'_o = u_{Si} \cdot \frac{R_r}{R_i + R_r}$$

Bei der Bedingung $R_r > R_i$ ergibt das fast den Wert u_{Si}. Der Operationsverstärker kann bei kleiner werdender Frequenz ab $f = f_{3\,\text{dB}}$ (Schleifenverstärkung $A_L = 1$) immer besser ausregeln und damit den Ausgang der Schaltung ($\ominus$ Eingang des OP's) verkleinern. Ab $f = f_1$ bleibt die Spannung dann konstant. Durch die Proportionalität der 20 dB/Dekade Linie erhält man:

$$u'_o = u_{Si} \cdot \frac{1}{A_{0DC}} \cdot \frac{R_r}{R_i}$$

Bei der Rauschbetrachtung kann man nicht mehr davon ausgehen, dass der Ausgang des Operationsverstärkers auf Null betrachtet werden kann. Hier muss man für R_r beim Verschieben der Rauschspannung u_{NOP} eventuell den Millereffekt in Betracht ziehen (Abb. 6.23).

Die Rauschspannung u_{NR_i} liegt schon an der Stelle u_{Si}. Der Rauschstrom i_{NOP} kann mit $i_{NOP} \cdot R_i$ direkt dorthin verrechnet werden. Betrachten wir als nächstes die Verschiebung von u_{NR_r} (siehe Abb. 6.24).

Die Rauschquelle u_{NR_r}/R_r liegt direkt parallel zur internen Spannungsquelle des Operationsverstärkers und kann entfallen. Verschiebung der Rauschquelle u_{NOP}: (Abb. 6.25).

Abb. 6.23
Rauschersatzschaltbild mit allen Rauschquellen

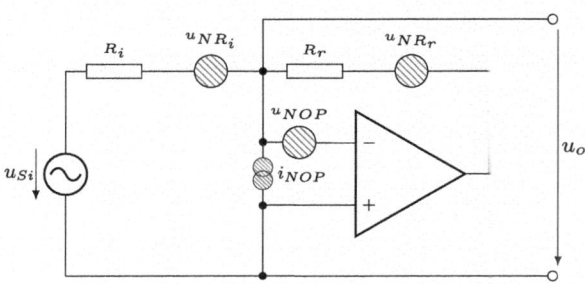

Abb. 6.24 Verschiebung der Rauschquelle u_{NRr}

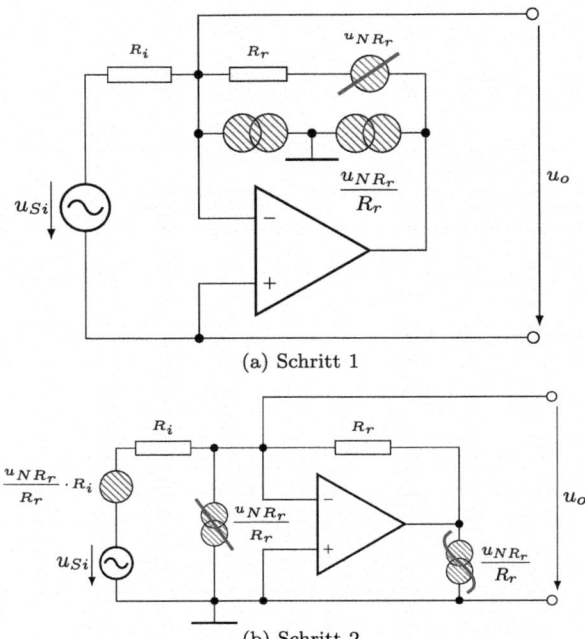

(a) Schritt 1

(b) Schritt 2

Abb. 6.25 Verschiebung der Rauschquelle u_{NOP}

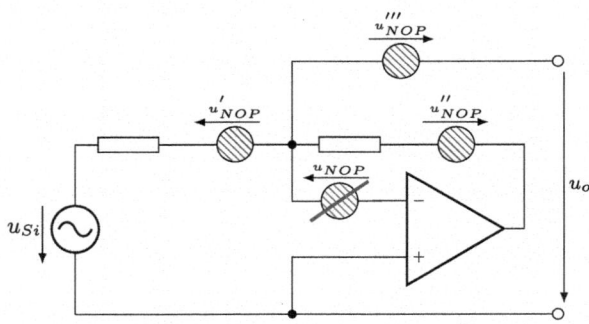

In Abb. 6.25 dient der Strich zur Unterscheidung der Quellen. Die Rauschquelle u_{NOP} wird nach oben verschoben. Man erhält die Rauschquelle u'_{NOP}. Sie liegt direkt bei u_{Si}. Die Rauschquelle u''_{NOP} wird wie die Rauschquelle u_{NRr} an die Stelle u_{Si} verrechnet. Es verbleibt noch die Rauschquelle u'''_{NOP} (Abb. 6.26).

Millereffekt:

$$R_r^* = \frac{R_r}{1 - (-\underline{A}_0)} = \frac{R_r}{1 + \underline{A}_0}$$

$$R_r^{**} = \frac{R_r}{1 - (-\frac{1}{\underline{A}_0})}$$

Abb. 6.26 Verrechnung der Rauschspannung u'''_{NOP}

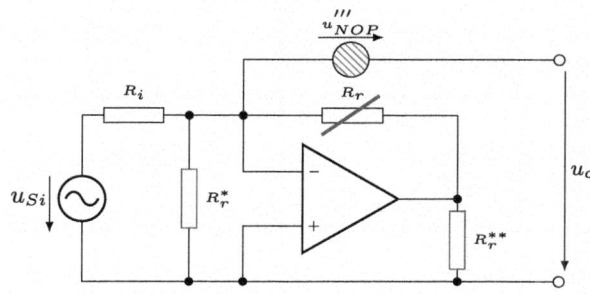

Man kann den Widerstand R_r mit dem Millereffekt gegen Null transformieren. Der Widerstand R_r^{**} am Ausgang des Operationsverstärkers entfällt. Insgesamt ergibt sich jetzt für u_{NOP}:

$$u_{Ni}|_{u_{NOP}} = u'_{NOP} + u''_{NOP} \cdot \frac{R_i}{R_r} - u'''_{NOP}\left(1 + \frac{R_i}{R_r^*}\right)$$

$$= \cancel{u'_{NOP}} + u''_{NOP} \cdot \frac{R_i}{R_r} - \cancel{u'''_{NOP}} - u'''_{NOP} \cdot \frac{R_i}{R_r}(1 + \underline{A}_0)$$

$$= u''_{NOP} \cdot \cancel{\frac{R_i}{R_r}} - \cancel{u'''_{NOP} \cdot \frac{R_i}{R_r}} - u'''_{NOP} \cdot \frac{R_i}{R_r} \cdot \underline{A}_0$$

$$u_{Ni}|_{u_{NOP}} = u_{NOP} \cdot \frac{R_i}{R_r}\underline{A}_0$$

Das Minuszeichen bei der Verrechnung von u'''_{NOP} ergibt sich durch die andere Pfeilrichtung. Dieses Ergebnis erhält man aber viel einfacher durch die Multiplikation von u_{NOP} zum Ausgang des Operationsverstärkers (Abb. 6.27).

Diese Rauschspannung $u_{NOP} \cdot \underline{A}_0$ wird wie die Rauschspannung u_{NR_i} verschoben. Die gesamte äquivalente Rauschspannung $u_{Ni,Ges}$ ergibt sich jetzt zu:

$$u_{Ni,Ges}^2 = u_{NR_i}^2 + u_{NR_r}^2\left(\frac{R_i}{R_r}\right)^2 + i_{NOP}^2 \cdot R_i^2 + u_{NOP}^2 \cdot \left(\frac{R_i}{R_r}\right)^2 \cdot \underline{A}_0^2$$

Nur die Rauschspannung u_{NOP} erzeugt eine Frequenzabhängigkeit, bedingt durch $\underline{A}_0$. Sie

Abb. 6.27 Einfache Verrechnung von u_{NOP}

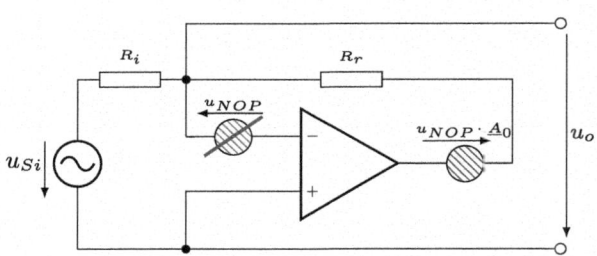

ist bei tiefen Frequenzen dominierend. Die Abbildung 6.28 zeigt den prinzipiellen Frequenzverlauf aller Rauschspannungen.

Abb. 6.28 Bode-Diagramm der verschiedenen Rauschspannungen

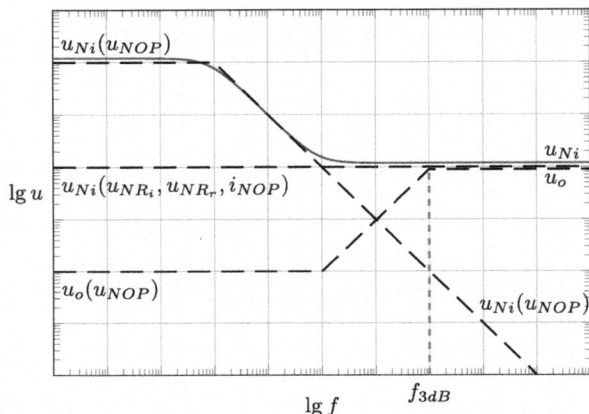

Rauschmechanismen in Transistoren 7

Bei Operationsverstärkern und Feldeffekttransistoren kann man in den Datenblättern u_N und i_N nachlesen. Bei Transistoren werden nur Kurven des Rauschmaßes bei einem Quellenwiderstand von z. B. $R_i = 50\ \Omega$ ausgegeben, die in der Hochfrequenztechnik üblich sind. Das Ziel ist es jetzt, Formeln für u_{NTr} und i_{NTr} zu entwickeln.

Bereich *I* beschreibt das äquivalente Rauschen des Transistors, Bereich *II* folglich den rauschfreien Transistor (Abb. 7.1).

Abb. 7.1 Rauschen des Transistors

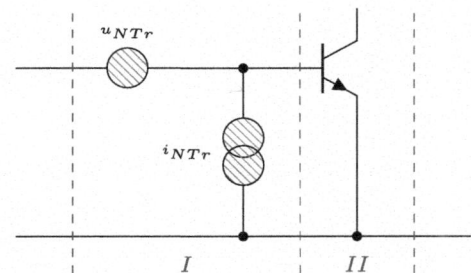

7.1 Transistorrauschen bei mittleren Frequenzen (1 kHz . . . 1 MHz)

Um u_{NTr} und i_{NTr} zu berechnen verbindet man eine rauschende Quelle mit dem Transistorersatzschaltbild (Abb. 7.2).

$$r_E = \frac{1}{g_m} \text{ in der Literatur}$$

$$\beta = \frac{i_C}{i_B} := \text{Kleinsignalverstärkung}$$

© Springer-Verlag Berlin Heidelberg 2015
A. Zwick et al., *Signal- und Rauschanalyse mit Quellenverschiebung*,
DOI 10.1007/978-3-642-54037-0_7

$$B = \frac{I_C}{I_B} := \text{Gleichstromverstärkung} \quad \text{Annahme: } B \approx \beta$$

$$u_{Nr_B} = \sqrt{4kTr_B}$$

Wobei r_B der Basisbahnwiderstand ($10\dots50\ \Omega$) ist. Bei der Betrachtung des Signals kann er vernachlässigt werden. Durch die Aufteilung des differentiellen Emitterwiderstandes in r_E und $\beta \cdot r_\varepsilon$ erhält man aufgrund der Basis-Emitter-Diode zwei Schrotrauschquellen, die allerdings 100 % korreliert sind.

$$i_{NshB} = \sqrt{2e\frac{I_C}{\beta}} \qquad i_{NshB} \text{ ist das Schrotrauschen des Basisstromes}$$

$$i_{NshC} = \sqrt{2eI_C} \qquad i_{NshC} \text{ ist das Schrotrauschen des Kollektorstromes}$$

Rechnet man alle Quellen an die Stelle u_{Si}, so erhält man die äquivalente Eingangsrauschspannung $u_{Ni,Ges}$:

$$u_{Ni,Ges}^2 = u_{NR_i}^2 + u_{Nr_B}^2 + \left[i_{NshB}(R_i + r_B) + i_{NshC} \cdot r_E \left(1 + \frac{R_i + r_B}{\beta \cdot r_E} \right) \right]^2$$

Das Schrotrauschen i_{NshC} wurde mit r_E in eine Spannungsquelle umgewandelt, dann über den virtuellen Kurzschluss und den Widerstand $\beta \cdot r_E$ nach u_{Si} verschoben. Eine Spannungsquelle in Serie zu einer Stromquelle entfällt.

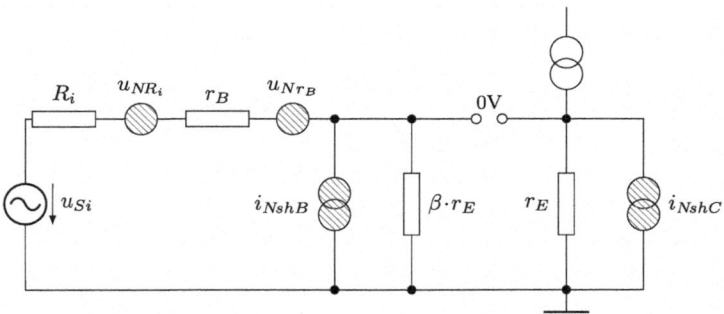

Abb. 7.2 Ersatzschaltbild zur Berechnung des Transistorrauschens

(a) u_{NTr}   Setzt man in der Formel für u_{Ni} den Wert $R_i = 0$, so ergibt sich u_{NTr}

$$u_{NTr}^2 = u_{Ni(R_i=0)}^2 = 4kTr_B + \left[\sqrt{\frac{2kT}{r_E}} \cdot \left(\sqrt{\frac{1}{\beta}} \cdot r_B + r_E + \frac{r_B}{\beta} \right) \right]^2$$

Es gilt:

$$r_E = \frac{U_T}{I_C} = \frac{kT}{e \cdot I_C}$$

$$\Rightarrow \quad e \cdot I_C = \frac{kT}{r_E}$$

Mit der Annahme $r_E > r_B/\beta$ und $r_E > r_B/\sqrt{\beta}$ ergibt sich:

$$u_{NTr}^2 = 4kTr_B + 4kT\frac{r_E}{2}$$

$$u_{NTr} = \sqrt{4kT\left(r_B + \frac{r_E}{2}\right)}$$

oder anders ausgedrückt

$$u_{NTr} = \sqrt{4kT\left(r_B + \frac{U_T}{2I_C}\right)} \tag{7.1}$$

Für $r_B = 10\ \Omega$, $I_C = 1$ mA und $U_T = 26$ mV erhält man $u_{NTr} \approx 0{,}6$ nV$/\sqrt{\text{Hz}}$ (Abb. 7.3).

Der Bereich $I_C < 1$ mA gilt für alle beliebigen Transistoren. In diesem Bereich hat das Wort Low-Noise Transistor keinen Sinn. Bei $I_C > 1$ mA wird der Basisbahnwiderstand in der Hauptsache wirksam. In diesem Bereich gibt es von Transistor zu Transistor Unterschiede.

Abb. 7.3 Rauschspannung u_{NTr} des Transistors in Abhängigkeit von I_C

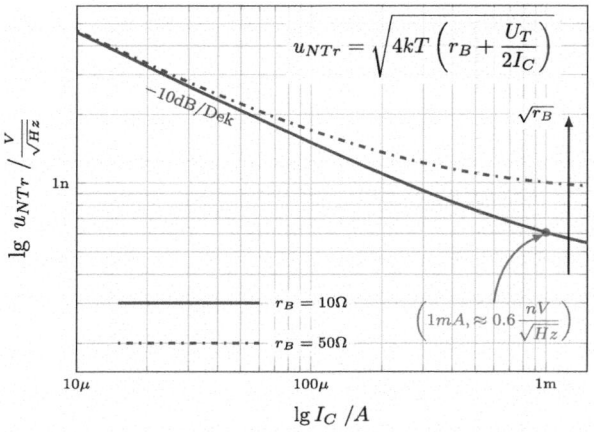

Abb. 7.4 Rauschstrom i_{NTr}
des Transistors in
Abhängigkeit von I_C

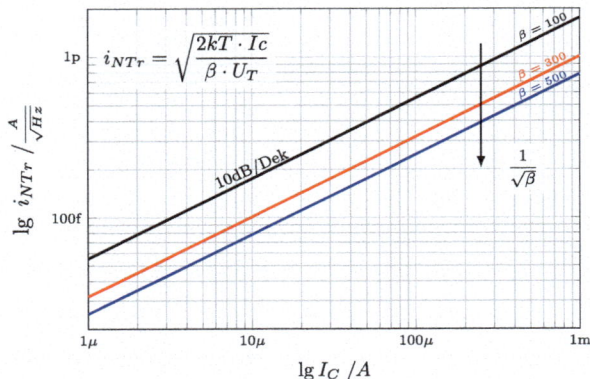

(b) i_{NTr}　Dividiert man u_{Ni} durch R_i und lässt R_i gegen unendlich gehen, so erhält man i_{NTr}:

$$i_{NTr}^2 = \left(\frac{u_{Ni}}{R_i}\right)^2_{R_i \to \infty}$$

$$= \frac{4kT\,\cancel{R_i}}{\cancel{R_i^2}} + \frac{4kT\,\cancel{r_B}}{\cancel{R_i^2}} + 2eI_C \cdot \left(\frac{\cancel{R_i} + \cancel{r_B}}{\sqrt{\beta} \cdot \cancel{R_i}} + \frac{r_E}{\cancel{R_i}} + \frac{\cancel{R_i} + \cancel{r_B}}{\beta \cdot \cancel{R_i}}\right)^2$$

$$= 2eI_C \left(\frac{1}{\sqrt{\beta}} + \cancel{\frac{1}{\beta}}\right)^2 = 2e\frac{I_C}{\beta}$$

$$i_{NTr} = \sqrt{2e\frac{I_C}{\beta}} = i_{NshB} = \sqrt{\frac{2kT}{\beta \cdot r_E}} \qquad (7.2)$$

Für $I_C = 1$ mA und $U_T = 26$ mV sowie $\beta = 300$ folgt (Abb. 7.4):

$$i_{NTr} \approx 1 \frac{\text{pA}}{\sqrt{\text{Hz}}}$$

Im mittleren Frequenzbereich ist ein rauscharmer Transistor ein Transistor mit großer Stromverstärkung. Bei großen Strömen I_C sollte der Bahnwiderstand klein sein. Das Ergebnis und die Vernachlässigungen zeigen, dass man i_{NshC} und i_{NshB} ohne Korrelation einsetzen kann. Aus u_{NTr} und i_{NTr} kann man den optimalen Quellenwiderstand zur Rauschanpassung berechnen:

$$R_{i,opt} = \frac{u_{NTr}}{i_{NTr}} = \sqrt{\frac{4kT\left(r_B + \frac{r_E}{2}\right)}{2eI_C \cdot \frac{1}{\beta}}} \qquad \text{mit } e \cdot I_C = \frac{kT}{r_E}$$

erhält man:

$$R_{i,opt} = \sqrt{\frac{4kT\left(r_B + \frac{r_E}{2}\right)}{2kT \cdot \frac{1}{\beta \cdot r_E}}} = \sqrt{2\beta r_E r_B + r_E^2 \cdot \beta}$$

$$R_{i,opt} = \sqrt{\beta} \cdot \sqrt{r_E(2r_B + r_E)}$$

Für kleine Ströme $I_C < 1$ mA gilt $2r_B < r_E$

$$R_{i,opt} = \sqrt{\beta} \cdot r_E = \sqrt{\beta} \cdot \frac{U_T}{I_C}$$

$$R_{i,opt} \sim \frac{1}{I_C}$$

Beispiel:

$$R_i = 3 \text{ k}\Omega \qquad \beta = 100$$

$$r_E = \frac{R_i}{\sqrt{\beta}} = 300 \ \Omega \quad \Rightarrow \quad I_C \approx 0{,}1 \text{ mA}$$

Beachte
Die Rauschanpassung beträgt $R_{i,opt} = \sqrt{\beta} \cdot r_E$
Die Leistungsanpassung beträgt $R_i = \beta \cdot r_E$

Löst man obige Gleichung von $R_{i,opt}$ nach I_C auf, so erhält man den passenden Arbeitspunkt (I_C) für einen bestimmten Quellenwiderstand R_i:

$$I_C = U_T \cdot \beta \cdot \frac{r_B + \sqrt{r_B^2 + \frac{R_i^2}{\beta}}}{R_i^2} \quad \text{(siehe Abb. 7.5)} \tag{7.3}$$

Für $r_B = 0$ gilt vereinfacht:

$$I_C = \frac{U_T \cdot \sqrt{\beta}}{R_i}$$

Das Nichtbeachten dieser Zusammenhänge ergibt meist den größten Fehler im Rauschen einer Transistorschaltung.

Der optimale Rauschfaktor (Rauschmaß) lautet:

$$F_{opt} = \frac{u_{NR_i}^2 + u_{NTr}^2 + i_{NTr}^2 \cdot R_i^2}{u_{NR_i}^2}$$

Abb. 7.5 Kollektorstrom I_C
in Abhängigkeit vom
Quellenwiderstand R_i

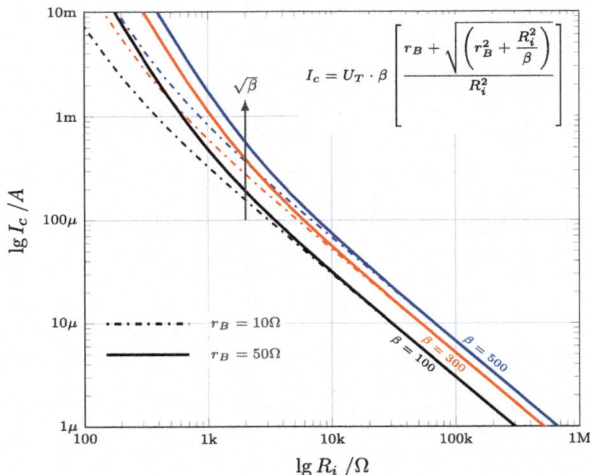

Bei Anpassung gilt: $u_{NTr} = i_{NTr} \cdot R_i$

Durch Einsetzen der Größen u_{NTr} und i_{NTr} erhält man:

$$F_{opt} = 1 + \sqrt{\frac{2 \cdot r_B}{\beta \cdot r_E} + \frac{1}{\beta}}$$

$$NF_{opt} = 10 \cdot \lg F_{opt}$$

Verwendet man z. B. folgende Zahlenwerte, so ergibt sich:

$$r_B = 50\,\Omega \qquad I_C = 1\,\text{mA} \qquad \beta = 100$$

$$\Rightarrow F_{opt} = 1{,}22 \quad \Rightarrow \quad NF_{opt} = 0{,}86\,\text{dB}$$

Näherung

Für kleine Ströme gilt $2r_B \ll \beta \cdot r_E$

$$F_{opt} = 1 + \sqrt{\frac{1}{\beta}} \qquad NF_{opt} = 10\lg\left(1 + \frac{1}{\sqrt{\beta}}\right) \qquad (7.4)$$

Bei größeren Strömen steigt wegen r_B auch $F_{opt}(NF_{opt})$ an, z. B.:

$$r_B = 50\,\Omega \qquad I_C = 5\,\text{mA} \qquad \beta = 100$$

$$\Rightarrow \quad F_{opt} = 1{,}45 \quad \Rightarrow \quad NF_{opt} = 1{,}6\,\text{dB}$$

7.2 Transistorrauschen bei tiefen Frequenzen

Anstieg von i_{NTr} Messungen haben ergeben, dass i_{NTr} bei tiefen Frequenzen ansteigt. Der Anstieg erfolgt mit 10 dB/Dek. Es handelt sich um Exessrauschen des Basisstroms. Dieses Excessrauschen kann man mit Hilfe des Schrotrauschens des Basisstroms beschreiben (Abb. 7.6) [MF73].

$$i_{NTr,exc} = i_{NshB} \cdot \sqrt{\frac{f_L}{f}}$$

$$f_{i_{NL}} = f_L$$

Bei der Frequenz $f = f_L$ ist $i_{NTr,exc} = i_{NshB}$. Man fügt zur Ersatzschaltung noch eine weitere Rauschquelle $i_{NTr,exc}$ hinzu (Abb. 7.7).

Anstieg von u_{NTr} Rauschen bei mittleren Frequenzen:

$$u_{NTr}^2 = 4kT \left(r_B + \frac{r_E}{2} \right)$$

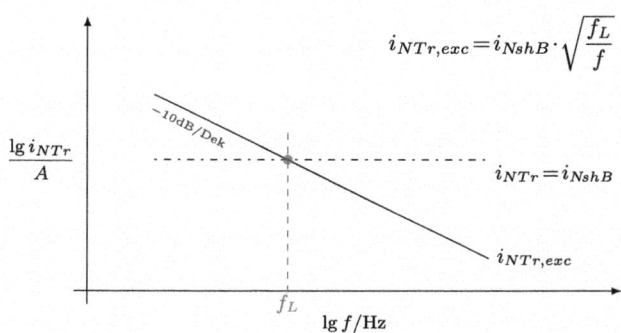

Abb. 7.6 Anstieg des Rauschstromes i_{NTr} bei tiefen Frequenzen

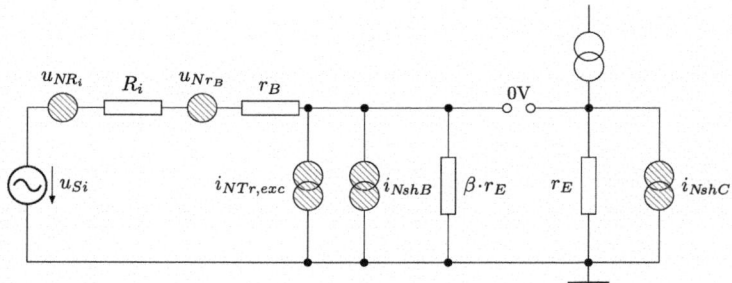

Abb. 7.7 Ersatzschaltbild zur Berechnung des Rauschens bei tiefen Frequenzen

Zusätzliches Rauschen bei tiefen Frequenzen:

$$u^2_{NTr,exc} = i^2_{NshB} \cdot \frac{f_L}{f} \cdot r^2_B = 4kT \cdot \frac{I_C}{2U_T \beta} \cdot \frac{f_L}{f} \cdot r^2_B$$

$$u_{NTr,Ges} = 4kT \left[r_B + \frac{U_T}{2I_C} + \frac{I_C}{2U_T \beta} \cdot \frac{f_L}{f} \cdot r^2_B \right]$$

Durch Gleichsetzen der beiden Anteile erhält man die Frequenz, bei der der Anstieg erfolgt:

$$u^2_{NTr} = u^2_{NTr,exc}$$

$$4kT \left(r_B + \frac{r_E}{2} \right) = 4kT \frac{1}{2\beta r_E} \cdot \frac{f_L}{f_{U_{NL}}} \cdot r^2_B$$

$$\Rightarrow \quad f_{U_{NL}} = f_L \cdot \frac{r^2_B}{(r_B + \frac{r_E}{2}) \cdot 2 \cdot r_E \cdot \beta}$$

Näherung: $I_C < 1$ mA, d. h. $r_B < r_E/2$

$$f_{U_{NL}} \approx f_L \cdot \left(\frac{r_B}{r_E} \right)^2 \cdot \frac{1}{\beta}$$

In Abb. 7.8 erkennt man, dass sich die Kurven bei tiefen Frequenzen überschneiden. Bei ganz tiefen Frequenzen (<1 Hz) nimmt man besser kleinere Kollektorströme I_C. Der

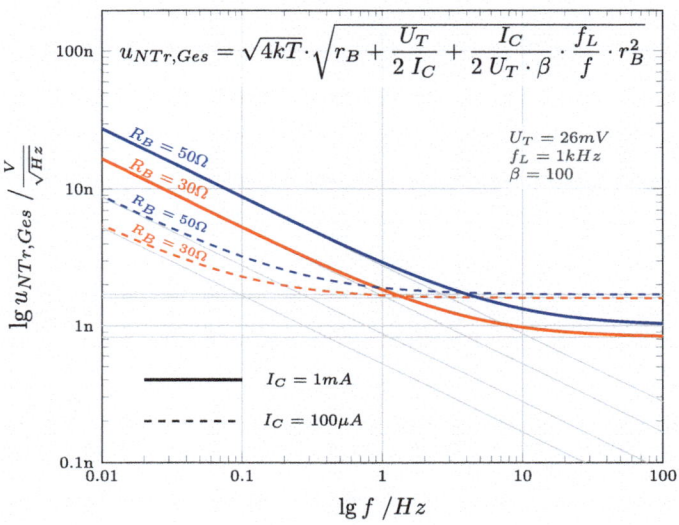

Abb. 7.8 Einfluss Excessrauschen bei Transistoren

Anstieg von i_{NTr} liegt bei $f_L \approx$ wenige kHz.

$$i_{NTr} = \sqrt{2kT \frac{1}{\beta \cdot r_E} \left(1 + \frac{f_L}{f}\right)}$$

Rauschanpassung bei $f > f_{U_{NL}} (2r_B < r_E)$

$$u_{NTr} = \sqrt{4kT \frac{r_E}{2}}$$

$$i_{NTr} = \sqrt{2kT \frac{1}{\beta \cdot r_E} \left(1 + \frac{f_L}{f}\right)}$$

$$R_{i,opt} = \sqrt{\frac{4kT \frac{r_E}{2}}{2kT \frac{1}{\beta \cdot r_E}(1 + \frac{f_L}{f})}} = r_E \sqrt{\beta} \sqrt{\frac{1}{1 + \frac{f_L}{f}}}$$

$$f > f_L \Rightarrow R_{i,opt} = r_E \cdot \sqrt{\beta} \Rightarrow I_{C,opt} = \frac{U_T}{R_{i,opt}} \cdot \sqrt{\beta}$$

$$f < f_L \Rightarrow R_{i,opt} = r_e \cdot \sqrt{\beta} \sqrt{\frac{f}{f_L}} \Rightarrow I_{C,opt} = \frac{U_T}{R_{i,opt}} \cdot \sqrt{\beta} \sqrt{\frac{f}{f_L}}$$

7.3   Transistorrauschen bei höheren Frequenzen

Bei hohen Frequenzen spielen Kapazitäten noch eine Rolle.

Anstieg von u_{NTr}   Bei mittleren Frequenzen (ohne C_{BE}) erhält man für u_{NTr}:

$$u_{NTr} = \sqrt{4kT \left(r_B + \frac{r_E}{2}\right)}$$

Bei hohen Frequenzen (mit C_{BE}) erhält man einen Zuwachs im Rauschen durch $i_{shC} \cdot r_E$ (Abb. 7.9). Diese Rauschspannung wird auch in die Kapazität C_{BE} geschoben und in eine

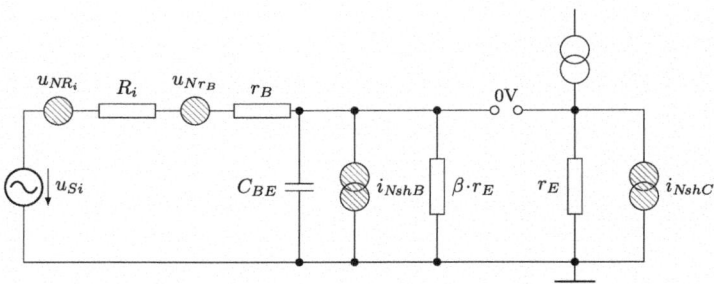

Abb. 7.9 Rauschberechnung bei hohen Frequenzen – ESB

eigene Stromquelle verrechnet, die wieder mit r_B multipliziert wird. Zuwachs bei hohen Frequenzen:

$$u_{NTr,Z} = i_{NshC} \cdot r_E \cdot \omega C_{BE} \cdot r_B$$

$$= \sqrt{\frac{4kT}{2r_E}} \cdot r_E \cdot \omega C_{BE} \cdot r_B$$

$$= \sqrt{4kT \frac{r_E}{2}} \cdot \omega C_{BE} \cdot r_B \quad \left(20 \frac{dB}{Dek}\right)$$

Setzt man beide Anteile gleich, erhält man die Eckfrequenz $f_{U_{NH}}$ des Anstiegs bei hohen Frequenzen.

$$\cancel{4kT} \left(r_B + \frac{r_E}{2}\right) = \frac{\cancel{4kT}}{2r_E} r_E^2 \omega^2 C_{BE}^2 r_B^2$$

$$r_B + \frac{r_E}{2} = r_E^2 (2\pi)^2 f^2 C_{BE}^2 \cdot r_B^2 \frac{1}{2r_E}$$

Für die Transitfrequenz gilt somit:

$$f_T = \frac{1}{2\pi r_E C_{BE}}$$

$$r_B + \frac{r_E}{2} = \left(\frac{f}{f_T}\right)^2 \cdot r_B^2 \frac{1}{2r_E}$$

$$f_{U_{NH}} = f_T \sqrt{\frac{(r_B + \frac{r_E}{2}) 2 r_E}{r_B^2}} = f_T \sqrt{\left(\frac{r_E}{r_B}\right)^2 + \frac{2r_E}{r_B}}$$

Annahme: $r_E > r_B$
Näherung: $f_{U_{NH}} \approx f_T \cdot \frac{r_E}{r_B}$
Die Rauschspannung u_{NTr} bleibt über dem gesamten Frequenzbereich näherungsweise konstant.

Anstieg von i_{NTr}   Mittlere Frequenzen:

$$i_{NTr} = \sqrt{2e \frac{I_C}{\beta}} = \sqrt{\frac{4kT}{2r_E \beta}}$$

Zuwachs bei hohen Frequenzen:

$$i_{NTr,Z} = \sqrt{\frac{4kT}{2r_E}} \cdot r_E \cdot \omega C_{BE} \cdot \frac{\cancel{R_i} + \cancel{r_B}}{\cancel{R_i}}$$

Durch Gleichsetzen erhält man:

$$\sqrt{\frac{4kT}{2r_E\beta}} = \sqrt{\frac{4kT}{2r_E}} \cdot r_E \cdot 2\pi f \cdot C_{BE}$$

$$f_T = \frac{1}{2\pi r_E C_{BE}}$$

$$f_{INH} = f_T \cdot \frac{1}{\sqrt{\beta}}$$

7.4 Transistorrauschen im gesamten Frequenzbereich

Es gilt für i_{NTr} Mittlere Frequenzen:

$$i_{NTr}^2 = 2eI_C\frac{1}{\beta}$$

Tiefe Frequenzen:

$$i_{NTrL}^2 = 2eI_C\frac{1}{\beta} \cdot \frac{f_L}{f}$$

Hohe Frequenzen:

$$i_{NTrH}^2 = 2eI_C\left(\frac{U_T \cdot 2\pi f C_{BE}}{I_C}\right)^2$$

Somit ergibt sich für den gesamten Frequenzbereich durch Addition:

$$i_{NTr,Ges} = \sqrt{2eI_C} \cdot \sqrt{\frac{1}{\beta} + \frac{1}{\beta}\frac{f_L}{f} + \left(\frac{U_T \cdot 2\pi f C_{BE}}{I_C}\right)^2}$$

oder

$$i_{NTr,Ges} = \sqrt{4kT} \cdot \sqrt{\frac{I_C}{2U_T\beta}\left(1 + \frac{f_L}{f}\right) + \frac{U_T}{2I_C}(2\pi f C_{BE})^2}$$

(siehe Abb. 7.10)

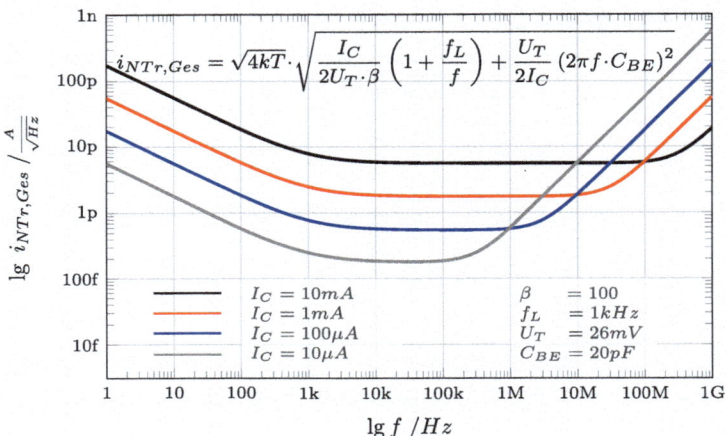

Abb. 7.10 Frequenzabhägigkeit des Rauschstromes i_{NTr}

Es gilt für u_{NTr}   Mittlere Frequenzen:

$$u^2_{NTr} = 4kT\left(r_B + \frac{r_E}{2}\right) = 4kT\left(r_B + \frac{U_T}{2I_C}\right)$$

$$= 2eI_C \cdot \left(2r_E r_B + r_E^2\right)$$

Tiefe Frequenzen:

$$u^2_{NTrL} = \frac{4kT}{2r_E}\frac{1}{\beta}\frac{f_L}{f} = 2eI_C\frac{1}{\beta}\frac{f_L}{f}r_B^2$$

Hohe Frequenzen:

$$u^2_{NTrH} = 2eI_C\left(\frac{U_T 2\pi f C_{BE}}{I_C}\right)^2 r_B^2$$

Somit ergibt sich für den gesamten Frequenzbereich durch Addition:

$$u_{NTr,Ges} = \sqrt{2eI_C}\cdot\sqrt{r_E^2 + 2r_E r_B + \frac{1}{\beta}r_B^2\frac{f_L}{f} + \frac{U_T 2\pi f C_{BE}}{I_C}r_B^2}$$

oder

$$u_{NTr,Ges} = \sqrt{4kT}\cdot\sqrt{r_B + \frac{U_T}{2I_C} + \frac{I_C}{2U_T\beta}\cdot r_B^2\frac{f_L}{f} + \frac{U_T}{2I_C}(2\pi f C_{BE}r_B)^2}$$

(siehe Abb. 7.11).

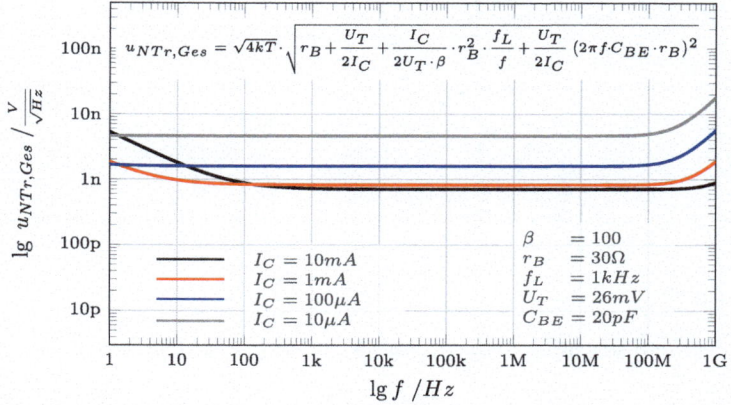

Abb. 7.11 Rauschstrom u_{NTr} im gesamten Frequenzbereich

7.5   Rauschen bei Feldeffekttransistoren

Zur Näherung verwendet man das gleiche Ersatzschaltbild wie bei Bipolartransistoren. Der Basisbahnwiderstand r_B wird Null gesetzt (Abb. 7.12). Hier ist natürlich β sehr groß. Beispiel:

$$i_D = 0{,}1\,\text{mA}, \qquad i_G = 1\,\text{pA} \quad \Rightarrow \quad \text{Stromverstärkung } \beta = \frac{i_D}{i_G} = 100 \cdot 10^6$$

Grundgleichung:

$$u_{Ni}^2 = u_{NR_i}^2 + i_{NFetG}^2 \cdot R_i^2 + i_{NFetS}^2 \cdot r_S^2 \left(1 + \frac{R_i}{\beta \cdot r_S}\right)^2$$

Hierbei gilt:

$$i_{NFetG} = \sqrt{\frac{4kT}{\beta \cdot r_S}} \quad \text{und} \quad i_{NFetS} = \sqrt{\frac{4kT}{r_S}}$$

Abb. 7.12 Ersatzschaltbild
zur Rauschberechnung

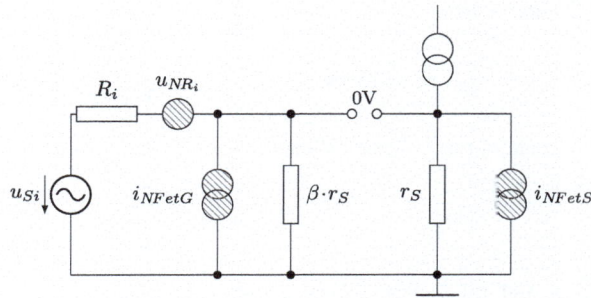

(a) u_{NFet}   Mit $R_i = 0$ erhält man $u_{Ni} = u_{NFet}$:

$$u_{NFet} = i_{NFetS} \cdot r_S = \sqrt{4kTr_S}$$

$$\left(\text{genaue Formel: } u_{NFet} = \sqrt{4kT\frac{2}{3}r_S} \right)$$

Zahlenbeispiel:

$$i_D = 1\,\text{mA}, \qquad r_S = 150\,\Omega, \qquad u_{NFet} = 1{,}55\,\text{nV}$$

Die Rauschspannung u_{NFet} beim Feldeffekttransistor ist ca. 3 mal so groß wie u_{NTr} beim Bipolartransistor ($I_D = I_C = 1\,\text{mA}$).

(b) i_{NFet}   Dividiert man u_{Ni} durch R_i und lässt R_i gegen unendlich gehen, erhält man i_{NFet}:

$$i_{NFet}^2 = \left(\frac{u_{Ni}}{R_i} \right)^2_{R_i \to \infty}$$

$$= i_{NFetG}^2 + i_{NFetS}^2 \cdot r_S^2 \left(\frac{1}{\cancel{R_i}} + \frac{\cancel{R_i}}{\cancel{R_i} \cdot \beta \cdot r_S} \right)^2$$

$$i_{NFet}^2 = i_{NFetG}^2 + i_{NFetS}^2 \cdot \frac{1}{\beta^2}$$

$$= 4kT\frac{1}{\beta \cdot r_S} + 4kT\frac{1}{\cancel{r_S}} \cdot \frac{1}{\beta^2}$$

$$i_{NFet} = i_{NFetG} = \sqrt{\frac{4kT}{\beta \cdot r_S}}$$

Zahlenwert:

$$r_S = 150\,\Omega, \qquad i_{NFet} = \sqrt{\frac{4kT}{150\,\Omega \cdot 100 \cdot 10^6}} = 1\,\frac{\text{fA}}{\sqrt{\text{Hz}}}$$

Vergleicht man dieses Rauschen mit dem Rauschstrom eines Widerstandes R:

$$i_{NR} = \sqrt{\frac{4kT}{R}} = 1\,\frac{\text{fA}}{\sqrt{\text{Hz}}}$$

erhält man einen Widerstand von $R = 16\,\text{G}\Omega$.

Der Wert, gemäß Datenblattangaben, ergibt sich jedoch aus der Schrottrauschformel:

$$i_{NFet} = \sqrt{2eI_G} \approx 1{,}8 \text{ fA}$$

Der optimale Quellenwiderstand erhält man jetzt zu:

$$R_{i,opt} = \frac{u_{NFet}}{i_{NFet}} = \sqrt{\frac{4kTr_S}{4kT} \cdot \beta \cdot r_S} = \sqrt{\beta} \cdot r_S \approx 1{,}5 \text{ M}\Omega$$

Er liegt im Gegensatz zum Bipolartransistor im MΩ-Bereich. Der Feldeffekttransistor ist aber auch für kleinere Quellenwiderstände R_i geeignet bis herunter in den unteren kΩ-Bereich, da i_{NFet} hier keine Rolle spielt (keine Rauschanpassung).

Rauschen bei tiefen Frequenzen Man betrachtet eine Excessrauschquelle parallel zu i_{NFetS}. Da I_G im pA-Bereich liegt, kann dort kein Excessrauschen entstehen. Es ergibt sich durch den Drainstrom des Kanalwiderstands (Abb. 7.13).

$$i_{NFet,exc} = i_{NFetS} \cdot \sqrt{\frac{f_L}{f}}$$

Für u_{NFet} ergibt sich daraus die untere Eckfrequenz:

$$f_{U_{NL}} = f_L \quad \text{(wenige kHz)}$$

Zuwachs bei tiefen Frequenzen für i_{NFet}:

$$i_{NFetS} \cdot \sqrt{\frac{f_L}{f}} \cdot r_S \left(1 + \frac{R_i}{\beta \cdot r_S}\right) \cdot \frac{1}{R_i} \quad \text{für } R_i \to \infty$$

$$= \sqrt{\frac{4kT}{r_S}} \cdot \sqrt{\frac{f_L}{f}} \left(\frac{r_S}{R_i} + \frac{1}{\beta}\right)$$

$$= \sqrt{\frac{4kT}{r_S} \frac{f_L}{f}} \cdot \frac{1}{\beta}$$

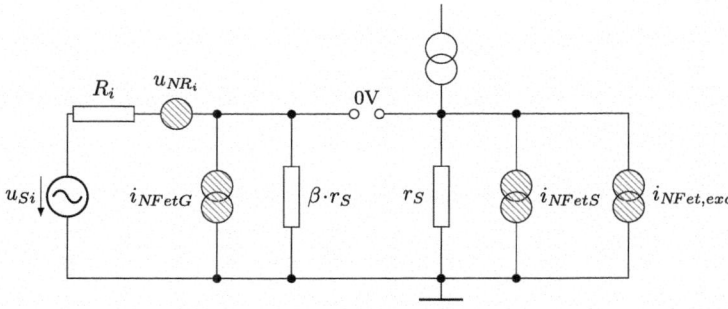

Abb. 7.13 Rauschberechnung bei tiefen Frequenzen

Durch Gleichsetzen mit dem Wert für mittlere Frequenzen erhält man die untere Eck-frequenz $f_{i_{NL}}$.

$$\sqrt{\frac{4kT}{\beta \cdot r_s}} = \sqrt{\frac{4kT}{r_s}} \sqrt{\frac{f_L}{f_{i_{NL}}}} \cdot \frac{1}{\beta}$$

$$f_{i_{NL}} = \frac{f_L}{\beta}$$

Zahlenwerte

$$f_{i_{NL}} \approx \frac{\text{wenige kHz}}{100 \cdot 10^6} \approx \text{wenige } \mu\text{Hz}$$

Ergebnis: i_{NFet} bleibt bei tiefen Frequenzen konstant.

Rauschen bei hohen Frequenzen   Formeln analog zum Bipolar-Transistor. Annahme: $r_B = 0$ und $r_s \stackrel{\wedge}{=} r_E$

$$f_{u_{NH}} = f_T \cdot \frac{r_S}{r_B} \Rightarrow \infty$$

u_{NFet} steigt bei hohen Frequenzen nicht an.

$$f_{i_{NH}} = f_T \cdot \frac{1}{\sqrt{\beta}} = f_T \cdot \frac{1}{\sqrt{100 \cdot 10^6}} \approx \frac{f_T}{10 \cdot 10^3}$$

Annahme:

$$f_T \approx 300\,\text{MHz}$$

$$f_{i_{NH}} \approx \frac{300\,\text{MHz}}{10 \cdot 10^3} = 30\,\text{kHz}$$

i_{NFet} steigt im Bereich zig-kHz an.

Abb. 7.14 zeigt den prinzipiellen Verlauf des Rauschens bei Feldeffekttransistoren.

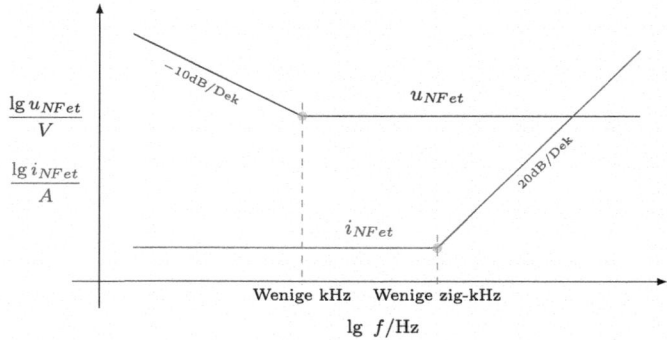

Abb. 7.14 u_{NFet} und i_{NFet} bei Feldeffekttransistoren

Rauschmaß bei Feldeffekttransistoren Annahme $R_i < 1\ M\Omega$, d. h. nur u_{NFet} spielt eine Rolle:

$$u_{NFet} = \sqrt{4kTr_S} \quad \text{für } f > f_L$$

$$NF = 10\lg \frac{u_{Ni}^2}{u_{NR_i}^2} = 10\lg \frac{u_{NR_i}^2 + u_{NFet}^2}{u_{NR_i}^2} = 10\lg \left(1 + \frac{4kTr_S}{4kTR_i}\right)$$

$$NF = 10\lg \left(1 + \frac{r_S}{R_i}\right)$$

Annahme: $r_S = 300\ \Omega$ (Abb. 7.15 und Tab. 7.1).

Abb. 7.15 Rauschmaß beim Feldeffekttransitor

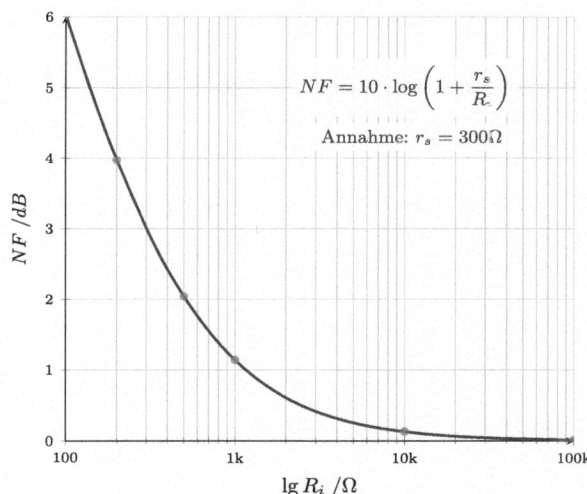

$$NF = 10 \cdot \log \left(1 + \frac{r_s}{R_i}\right)$$

Annahme: $r_s = 300\,\Omega$

Tab. 7.1 Wertetabelle

$\frac{R_i}{k\Omega}$	0,1	0,2	0,5	1	10	100
$\frac{NF}{dB}$	6	4	2	1,14	0,13	0,013

7.6 Vergleich Bipolar- und Feldeffekttransistor

Hier soll der Einsatzbereich der beiden Bauteile in Abhängigkeit vom Quellenwiderstand R_i untersucht werden. Es gibt folgende Grundgleichung:

$$u_{Ni}^2 = u_{NR_i}^2 + u_N^2 + i_N^2 R_i^2$$

(a) Bipolartransistor

$$u_{NTr} = \sqrt{4kT \left(r_B + \frac{r_E}{2}\right)} = \sqrt{4kT \left(r_B + \frac{U_T}{2I_C}\right)}$$

$$i_{NTr} = \sqrt{2e\frac{I_C}{\beta}} = \sqrt{4kT\frac{I_C}{2 \cdot \beta \cdot U_T}}$$

u_{NTr} und i_{NTr} können durch I_C variiert werden und damit an den Quellenwiderstand angepasst werden:

$$R_{i,Opt} = \frac{u_{NTr}}{i_{NTr}} = f(I_C)$$

Setzt man u_{NTr} und i_{NTr} in die Grundgleichung ein, so ergeben sich 3 Teile:

$$u_{Ni}^2 = 4kT\left[R_i + \left(r_B + \frac{U_T}{2I_C}\right) + \frac{I_C R_i^2}{2 \cdot \beta \cdot U_T}\right]$$

Logarithmisch über R_i aufgetragen erhält man die Eckpunkte für den maximal und minimal möglichen Kollektorstrom.

$$R_i = r_B + \frac{U_T}{2I_{C,\max}} \quad \text{ebenso}$$

$$R_i = \frac{I_C R_i^2}{2 \cdot \beta \cdot U_T}$$

$$R_i = \frac{2U_T}{I_{B,\min}}$$

(b) Feldeffekttransistor (duale Betrachtung)

$$u_{NFet} = \sqrt{4kT r_S}$$

$$i_{NFet} = \sqrt{2eI_G} = \sqrt{4kT\frac{I_G}{2U_T}} \quad \text{mit } U_T = \frac{kT}{e} \rightarrow e = \frac{kT}{U_T}$$

$$u_{Ni}^2 = 4kT\left[R_i + r_S + \frac{I_G}{2U_T}R_i^2\right]$$

Eckpunkte:

$$R_i = r_{S,\min} = \frac{-U_P}{2I_{DS}}$$

$$R_i = \frac{I_G R_1^2}{2U_T}$$

$$\Rightarrow R_i = \frac{2U_T}{I_G}$$

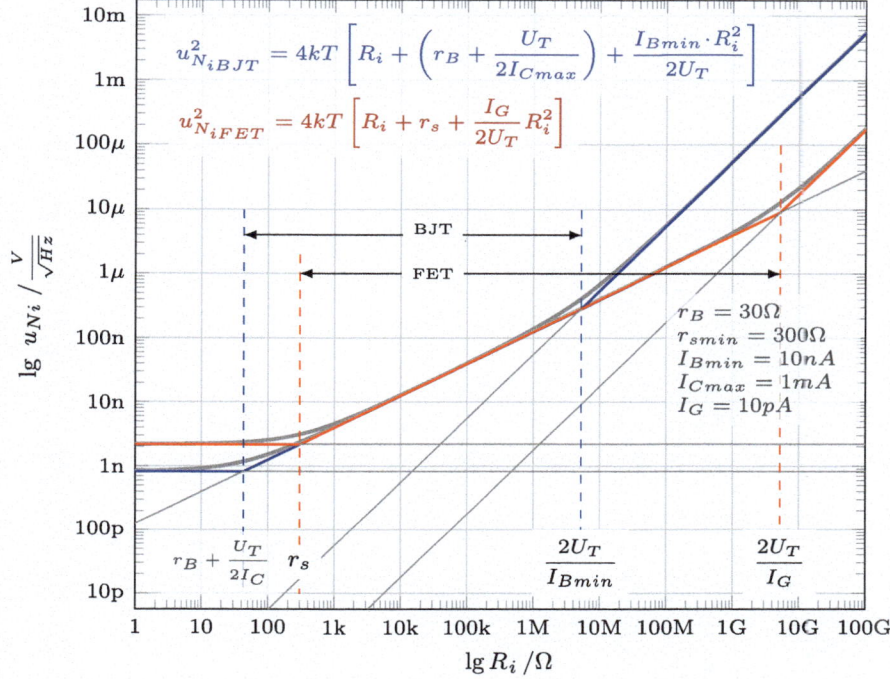

Abb. 7.16 Anwendungsbereiche von Bipolar- (BJT) und Feldeffekttransistoren (Fet)

Die Einsatzbereiche von Bipolar- und Feldeffekttransistor überdecken sich in einem großen Bereich (Abb. 7.16). Im Gegensatz zum Feldeffekttransistor muss der Bipolartransistor immer an den Quellenwiderstand angepasst werden. Es rauscht im Einsatzbereich näherungsweise nur noch der Quellenwiderstand.

7.7 Einsatz verschiedener aktiver Bauteile

In Abb. 7.17 wird der Einsatz verschiedener aktiver Bauteile dargestellt. Diese Darstellung gilt für den mittleren Frequenzbereich.

Die Transistorlinien beschreiben die Abhängigkeit $u_{NTr} = f(i_{NTr})$. Als Parameter sind dargestellt I_C, β und r_B.

Alle Operationsverstärker mit Bipolartransistoren am Eingang liegen auf diesen Linien. Der OP µA741 ist ein Operationsverstärker aus dem Jahr 1970 und liegt etwas außerhalb. Die Operationsverstärker mit Feldeffekttransistor Eingangsstufen liegen bei viel kleineren i_N.

Die schräg ansteigenden Linien beschreiben die optimalen Quellenwiderstände R_i. In den dunkel dargestellten Flächen zu jedem R_i liegen alle Bauteile die einen Verstärker ermöglichen mit einem Rauschmaß kleiner 3 dB [MJ93].

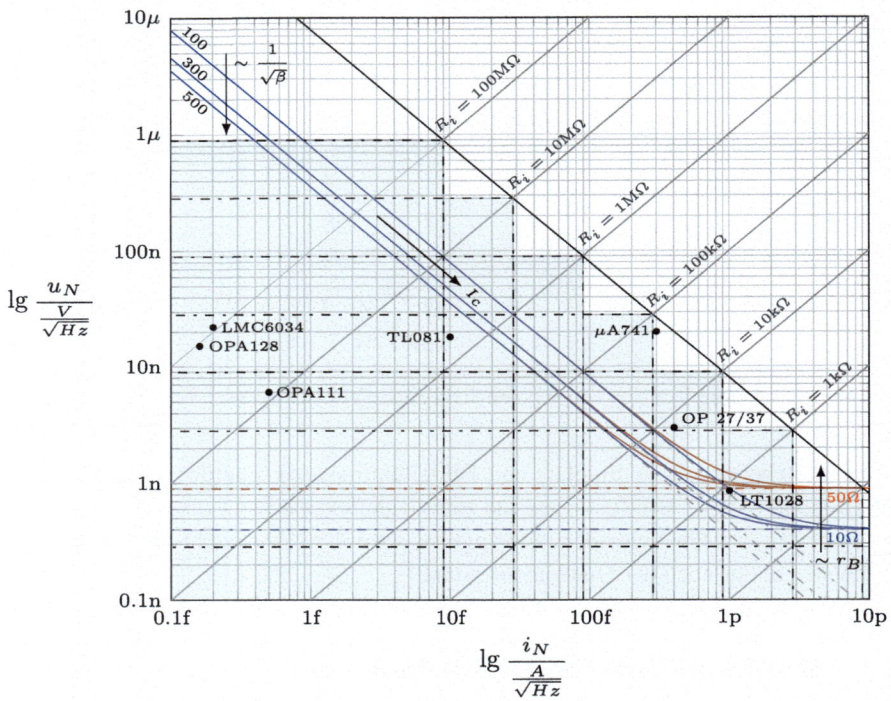

Abb. 7.17 Einsatzmöglichkeit verschiedener Operationsverstärker

Grundschaltungen der Elektronik

8

8.1 Rauschen der Arbeitspunkteinstellung

Schaltung (a) (Abb. 8.1)

Wir betrachten nur das Rauschen der Widerstände R_A und R_B.

Thermisches Rauschen: $u_{NR_A,th}$, $u_{NR_B,th}$

Excessrauschen: $u_{NR_A,exc}$, $u_{NR_B,exc}$

Die Kapazität C_i wird als Kurzschluss betrachtet. Abbildung 8.2 zeigt das Ersatzschaltbild.

$$u_{Ni}^2 = u_{NR_A,th}^2 \left(\frac{R_i}{R_A}\right)^2 + u_{NR_B,th}^2 \left(\frac{R_i}{R_B}\right)^2 + u_{NR_A,exc}^2 \left(\frac{R_i}{R_A}\right)^2 + u_{NR_B,exc}^2 \left(\frac{R_i}{R_B}\right)^2$$

Abb. 8.1 Normale
Arbeitspunkteinstellung

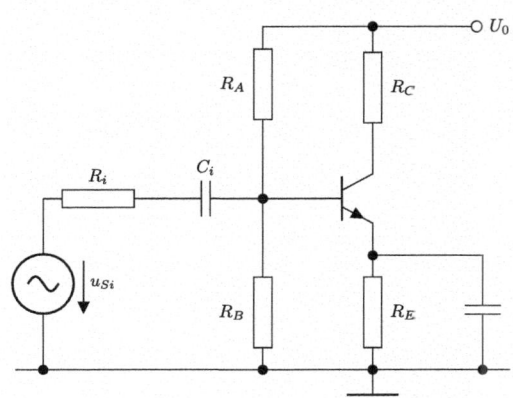

Abb. 8.2 Ersatzschaltbild

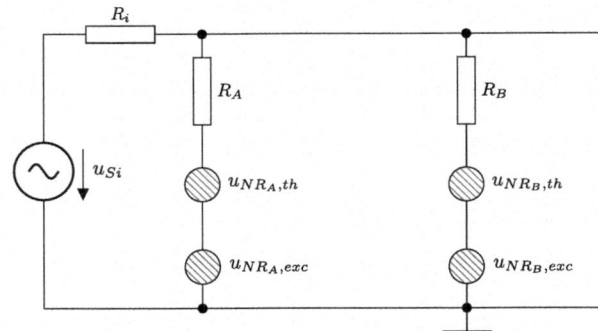

Für das Excessrauschen gilt folgende Beziehung:

$$u_{Nexc} = \frac{0,66 \cdot NI}{\sqrt{f}} \cdot I_{DC} \cdot R$$

$$I_{DC} = \frac{U_o}{R_A + R_B}$$

Das thermische Rauschen der beiden Widerstände kann auch zusammengefasst werden (Abb. 8.3):

$$u_{Ni}(R_A \| R_B) = 4kT\, R_A \| R_B \cdot \left(\frac{R_i}{R_A \| R_B} \right)^2$$

Ebenso kann das Excessrauschen zusammengefasst werden.

$$u_{NR_A,exc}^2 \left(\frac{R_i}{R_A} \right)^2 + u_{NR_B,exc}^2 \left(\frac{R_i}{R_B} \right)^2 = \frac{(0,66 \cdot NI)^2}{f} \cdot \frac{U_o^2}{(R_A + R_B)^2} \cdot 2 \cdot R_i^2$$

Abb. 8.3 Rauschen der
Arbeitspunktwiderstände

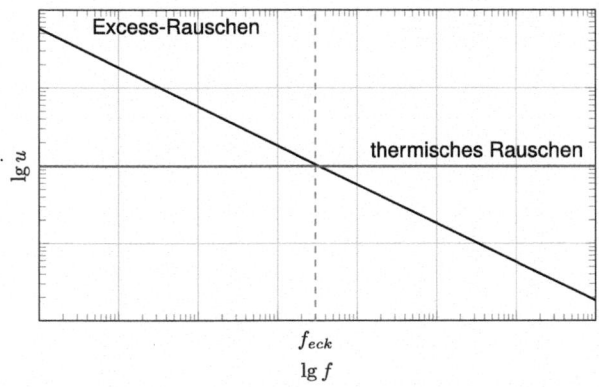

Durch Gleichsetzen der beiden Rauschanteile erhält man die Eckfrequenzen:

$$\frac{\sqrt{2} \cdot 0{,}66 \cdot NI}{\sqrt{f}} \cdot \frac{U_o \cdot \cancel{R_i}}{R_A + R_B} = \sqrt{4kT \; R_A \parallel R_B} \frac{\cancel{R_i}}{R_A \parallel R_B}$$

$$\Rightarrow \quad f_{eck} = \frac{2(0{,}66 \cdot NI)^2}{(R_A + R_B)^2} \cdot \frac{U_o^2 (R_A \parallel R_B)^2}{(\sqrt{4kT \; R_A \parallel R_B})^2}$$

Z. B. mit folgenden Zahlenwerte:

$$U_o = 30 \, \text{V}, \qquad R_A = 180 \, \text{k}\Omega, \qquad R_B = 100 \, \text{k}\Omega, \qquad NI = 1 \, \frac{\mu\text{V}}{\text{V}},$$

$$R_i = 3 \, \text{k}\Omega, \qquad I_C = 1 \, \text{mA}, \qquad \beta = 100$$

$$R_A \parallel R_B = 64{,}3 \, \text{k}\Omega$$

$$\sqrt{4kT \, R_A \parallel R_B} = 32{,}1 \, \frac{\text{nV}}{\sqrt{\text{Hz}}}$$

$$f_{eck} \approx 40 \, \text{kHz}$$

Berücksichtigt man hierbei noch das Rauschen des Quellenwiderstandes R_i, so vermindert sich die Eckfrequenz auf ungefähr:

$$\frac{\sqrt{2} \cdot (0{,}66 \cdot NI)}{\sqrt{f}} \cdot \frac{U_o \cdot R_i}{(R_A + R_B)} \approx \sqrt{4kT \, R_i}$$

In diesem Fall kann man den Einfluss des thermischen Rauschens von $(R_A \parallel R_B)$ vernachlässigen.

$$f_{eck} = \frac{2(0{,}66 \cdot NI)^2 U_o^2 R_i^2}{(R_A + R_B)^2 \cdot 4kT \, R_i} \approx 1{,}9 \, \text{kHz}$$

Schaltung (b)
Verbesserte Schaltung (Abb. 8.4). Annahme:

$$R = R_A \parallel R_B$$

$$I_C \text{ bleibt erhalten}$$

Die äquivalente Eingangsrauschspannung u_{Ni} lautet:

$$u_{Ni}^2 = u_{NR}^2 \left(\frac{R_i}{R}\right)^2 + \left(\frac{0{,}66 \cdot NI}{\sqrt{f}} \cdot I_B \cdot \cancel{R} \cdot \frac{R_i}{\cancel{R}}\right)^2$$

Daraus erhält man die Eckfrequenz:

$$f_{eck} = \frac{(0{,}66 \cdot NI)^2 \cdot I_B^2 \cdot R^2}{u_{NR}^2} \approx 175 \, \text{Hz}$$

Abb. 8.4 Verbesserte
Arbeitspunkteinstellung

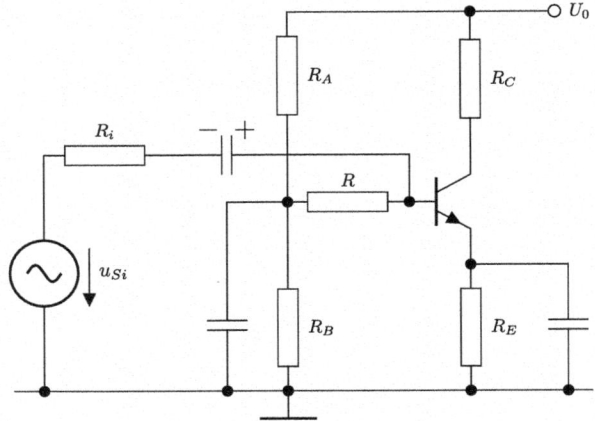

Abb. 8.5 Vergleich der beiden
Arbeitspunkteinstellungen

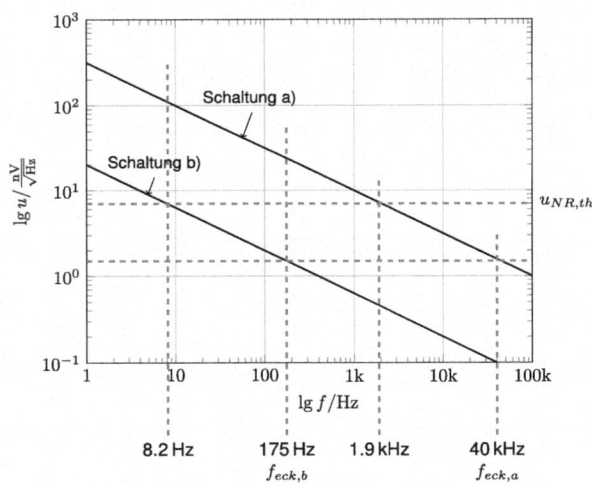

Bei dieser Schaltung erhält man das geringste Excessrauschen, da der Basisstrom durch R fließt. Er ist der kleinstmögliche Strom der Schaltung (Abb. 8.5).

Berücksichtigt man hierbei noch das Rauschen des Quellenwiderstandes R_i, so vermindert sich diese Eckfrequenz auf ungefähr:

$$\frac{0{,}66 \cdot NI}{\sqrt{f}} = I_B \cdot R_i \approx \sqrt{4kT\,R_i}$$

$$f_{eck} \approx \frac{(0{,}66 \cdot NI)^2 \cdot I_B^2 \cdot R_i^2}{4kT\,R_i} \approx 8{,}2\ \text{Hz}$$

Um die gleiche Eckfrequenz mit der Schaltung (a) zu bekommen, benötigt man einen besseren Rauschindex, der beiden Widerstände R_A und R_B und dadurch teurere Widerstände.

$$\frac{\sqrt{2}(0{,}66 \cdot NI)}{\sqrt{f_{eck}}} \cdot \frac{U_o R_i}{R_A + R_B} = \sqrt{4kT R_i}$$

$$NI = \frac{\sqrt{4kT R_i}\sqrt{f_{eck}}(R_A + R_B)}{\sqrt{2} \cdot 0{,}66 \cdot U_o \cdot R_i} \approx 0{,}066 \ \frac{\mu V}{V}$$

d. h. $\quad (NI)_{dB} = 20 \lg 0{,}066 \approx -23{,}6 \ dB$

8.2 Emitterschaltung

8.2.1 Bestimmung des Gleichstrom-Arbeitspunktes I_C

U_0, R_{B1} und R_{B2} können in eine Ersatzschaltung umgewandelt werden. R_C liegt oberhalb der Stromquelle und hat bei $U_{CE} > 0$ keinen Einfluss. Die Kapazität C_B entkoppelt den Eingangskreis; mit einem Wert von z. B. $C_B = 1 \ \mu F$. Für die Kleinsignalberechnung wird C_B als Kurzschluss betrachtet (Abb. 8.6, 8.7, 8.8).

$$U_B = U_0 \frac{R_{B_2}}{R_{B_1} + R_{B_2}}$$

$$R_B = R_{B_1} \parallel R_{B_2}$$

Vernachlässigt man I_B gegenüber I_C ($I_B \ll I_C$) so kann man mit einem sehr kleinen Fehler den Widerstand R_E aufteilen (Abb. 8.9).

Abb. 8.6 Emitterschaltung

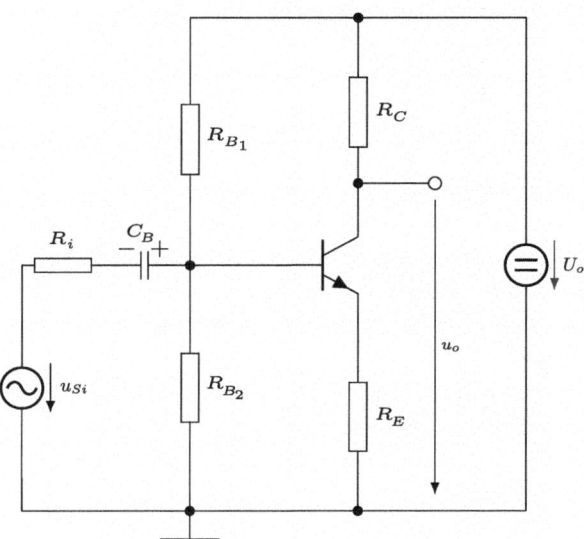

Abb. 8.7
Gleichstromersatzschaltung

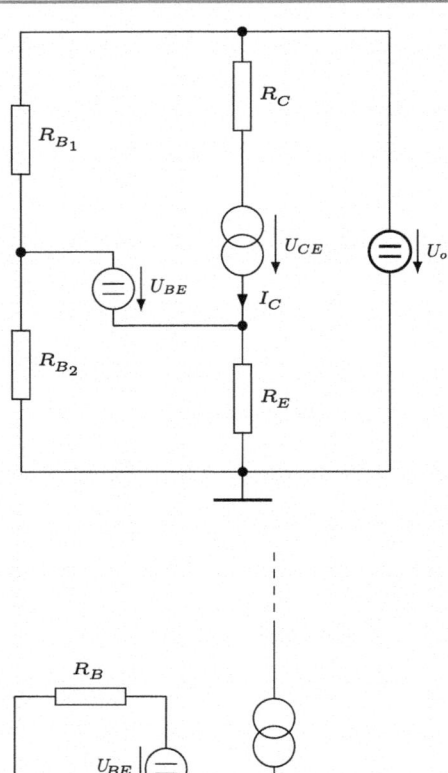

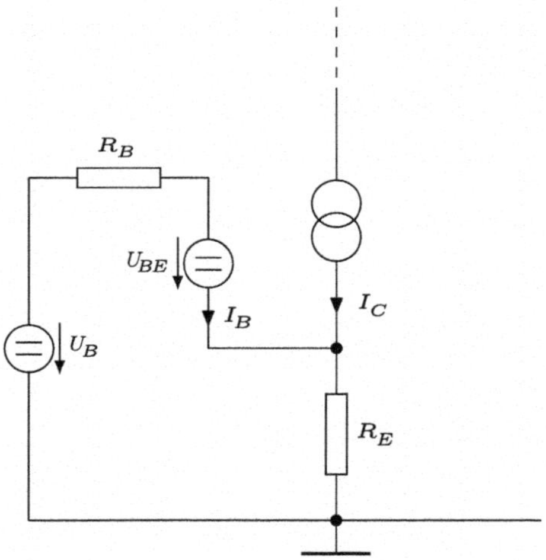

Abb. 8.8
Gleichstromersatzschaltung –
umgezeichnet

Man erhält einen virtuellen Kurzschluss. Es fließt somit kein Strom, der Basis- und der Kollektorkreis ist somit total entkoppelt (Abb. 8.9). U_B, R_B und U_{BE} können in den Kollektorstromkreis in Serie zur Stromquelle transformiert werden (Abb. 8.10). Bauteile direkt in Serie zu einer Stromquelle können hinzugezeichnet oder weggelassen werden. Um einen weiteren virtuellen Kurzschluss zu bekommen, kann R_B mit $1/\beta$ transformiert werden.

Durch den jetzt sich ergebenden Stromkreis zwischen virtuell 0 V unterhalb der Stromquelle und 0 der gesamten Schaltung ergibt sich I_C:

$$I_C = \frac{U_B - U_{BE}}{\frac{R_B}{\beta} + R_E}$$

Abb. 8.9 Virtuelle Trennung des Basis- & Kollektorkreises; da $\beta \gg 1$ ist, wird entsprechend vernachlässigt

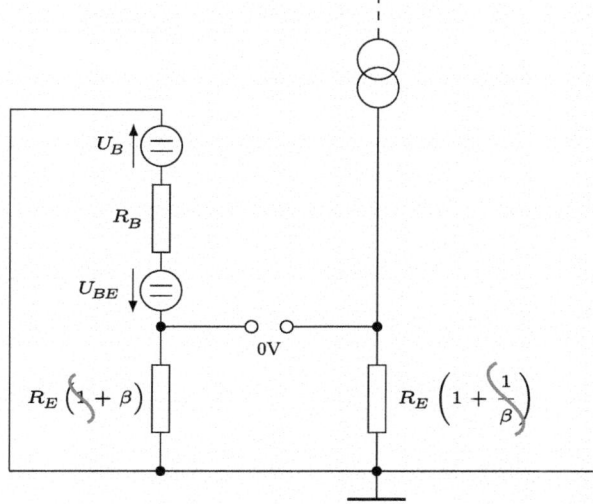

Abb. 8.10 Ersatzschaltung zur Berechnung von I_C

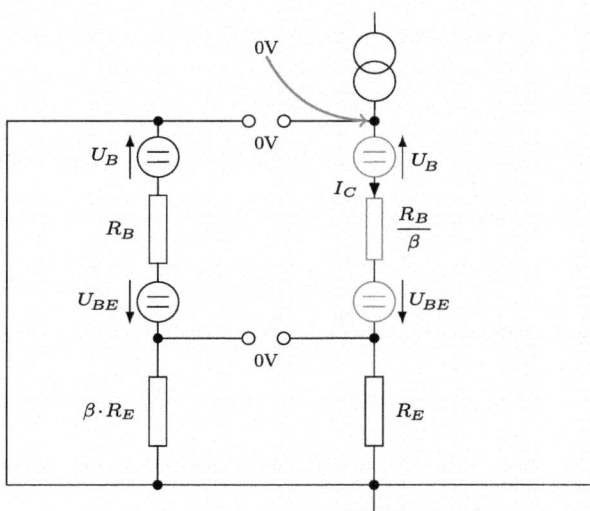

und damit der differenzielle Widerstand r_E:

$$r_E = \frac{U_T}{I_C}$$

Einen stabilen Arbeitspunkt, bei dem die großen Toleranzen von β keine Rolle spielen, erhält man mit der Bedingung:

$$\frac{R_B}{\beta} < R_E$$

8.2.2 Berechnung der Kleinsignalparameter

Die Abbildung 8.11 zeigt das Wechselstromersatzschaltbild.

Annahme:

Die Kapazität C_i sei groß und wirkt somit als Kurzschluss. In der Praxis kann meistens $\beta \approx B$ gesetzt werden. R_E kann ebenso wie bei der Gleichstrombetrachtung in den Basiskreis transformiert werden (Abb. 8.12).

Die Widerstände r_E und R_E in Serie zur Stromquelle kann man auch weglassen, ohne die Funktion der Schaltung zu ändern (Abb. 8.13). Durch die virtuelle Trennung des Widerstandes R_i in 2 Widerstände oder durch eine Stern–Dreieck–Umwandlung erhält man den Widerstand R_π.

$$R_\pi = R_i + \beta \cdot (r_E + R_E)\left(1 + \frac{R_i}{R_B}\right)$$

Die anderen Widerstände der Stern–Dreieck–Umwandlung spielen keine Rolle. Ein Widerstand ist kurzgeschlossen, der andere liegt parallel zu u_{Si} und spielt für i_B keine Rolle.

Der Widerstand R_π kann bei gleicher Spannung in den Kollektorkreis transformiert werden. Man erhält wieder einen virtuellen Kurzschluss. Aus den Ersatzschaltbildern kann man jetzt direkt folgende Parameter ablesen (Abb. 8.14).

Eingangswiderstand:

$$R_e = R_B \parallel (\beta \cdot r_E + \beta \cdot R_E)$$

Ausgangswiderstand:

$$R_a = R_C$$

Spannungsverstärkung:

$$A_0 = \frac{u_o}{u_{Se}} = -\frac{R_C}{r_E + R_E}$$

Abb. 8.11
Kleinsignal-Ersatzschaltbild

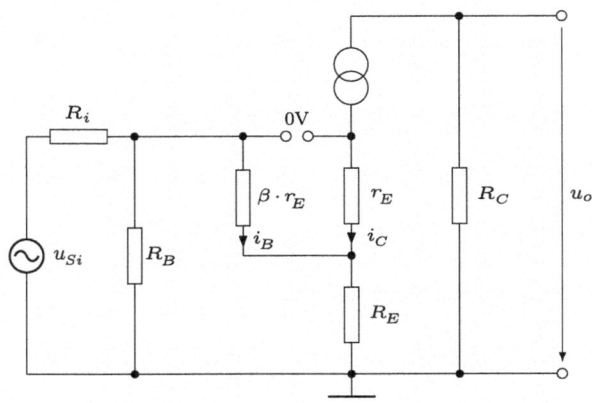

Abb. 8.12 Emitterschaltung,
Eingangswiderstand

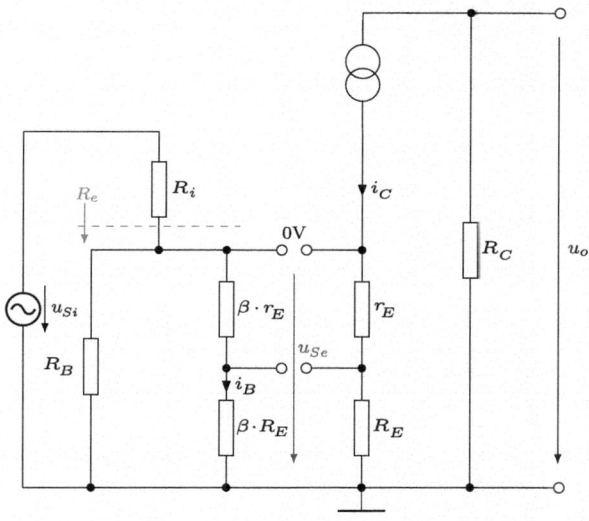

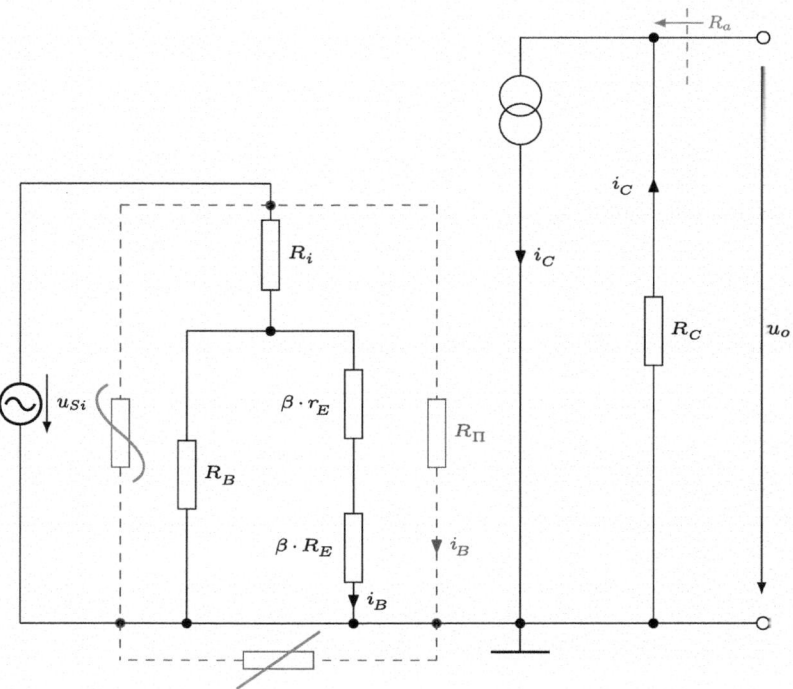

Abb. 8.13 Emitterschaltung, Stern–Dreieck–Umwandlung

Abb. 8.14 Verändertes
Ersatzschaltbild

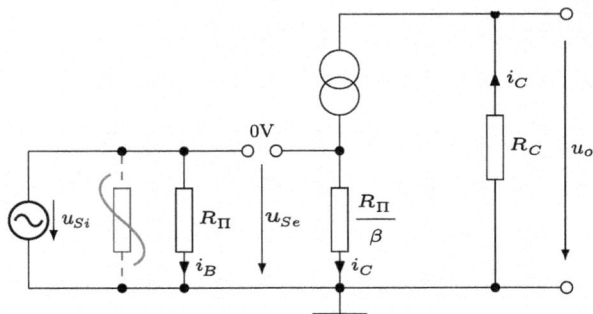

Spannungsverstärkung:

$$A_i = \frac{u_o}{u_{Si}} = -\frac{R_C}{\frac{R_\Pi}{\beta}} = -\frac{R_C}{\frac{R_i}{\beta} + (r_E + R_E)(1 + \frac{R_i}{R_B})}$$

8.2.3 Rauschen der Emitterschaltung

Die Rauschspannung u_{NR_E} kann in die Basis verschoben werden (Abb. 8.15). In Serie
zur Stromquelle am Kollektor entfällt die Rauschquelle. Die Rauschquellen u_{NR_i}, u_{NR_B},
u_{NTr} und u_{NR_E} können leicht an die Stelle u_{Si} verschoben werden.

$$u_{Ni}^2 \big|_{R_i, R_B, U_{NTr}, U_{NR_E}}$$

$$= u_{NR_i}^2 + u_{NR_B}^2 \cdot \left(1 + \frac{R_i}{R_B}\right)^2 + \left(u_{NR_E}^2 + u_{NTr}^2\right) \cdot \left(1 + \frac{R_i}{R_B}\right)^2$$

Problem: Rauschquelle i_{NTr}:

Der Rauschstrom i_{NTr} wird in zwei Rauschquellen aufgeteilt (Abb. 8.16). Eine kann
direkt mit R_i und die andere mit R_E in eine Rauschspannungsquelle umgewandelt werden
(Abb. 8.17a).

Zum Eingang hin verschoben (Abb. 8.17), ergibt sich:

$$u_{Ni}^2 \big|_{i_{NTr}} = i_{NTr}^2 \cdot \left[R_i + R_E \cdot \left(1 + \frac{R_i}{R_B}\right)\right]^2$$

Problem Rauschquelle u_{NR_C} (Abb. 8.18):

Es gibt verschiedene Methoden u_{NR_C} an die Stelle u_{Si} mit gleicher Wirkung am Ausgang (u_o) zu verrechnen:

Methode 1:

u_{NR_C} wird zu u_o verschoben und dann mit A_i dividiert.

$$u_{Ni}\big|_{u_{NR_C}} = u_{NR_C} \cdot \frac{1}{R_C}\left[\frac{R_i}{B} + (r_E + R_E) \cdot \left(1 + \frac{R_i}{R_B}\right)\right]$$

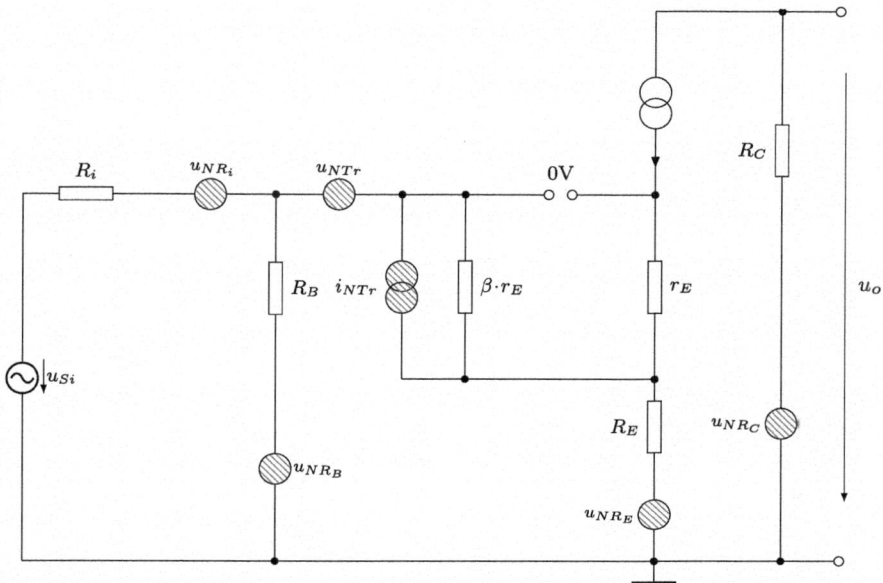

Abb. 8.15 Rauschersatzschaltung

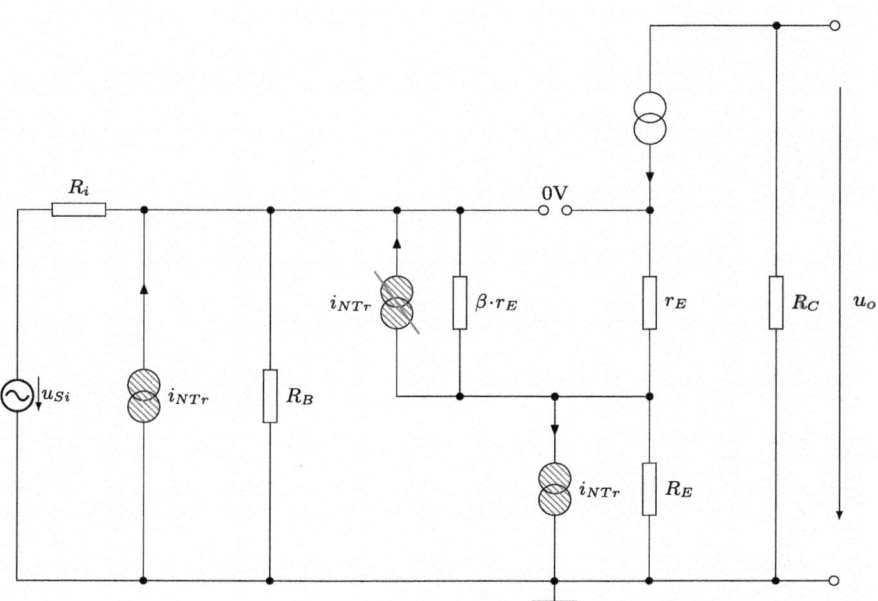

Abb. 8.16 Auftrennung der Rauschquelle i_{NTr}

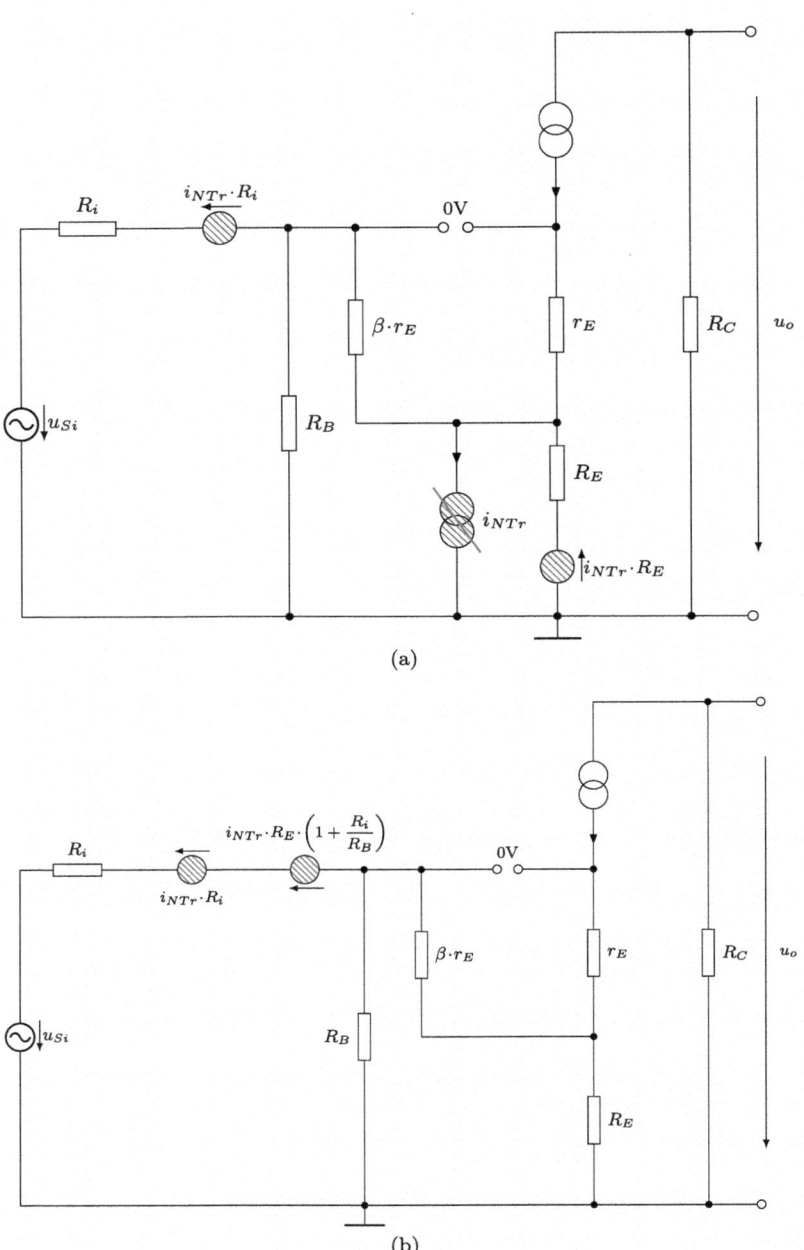

(a)

(b)

Abb. 8.17 Verschiebung der Rauschquelle i_{NTr}

Abb. 8.18 Problem u_{NR_C}

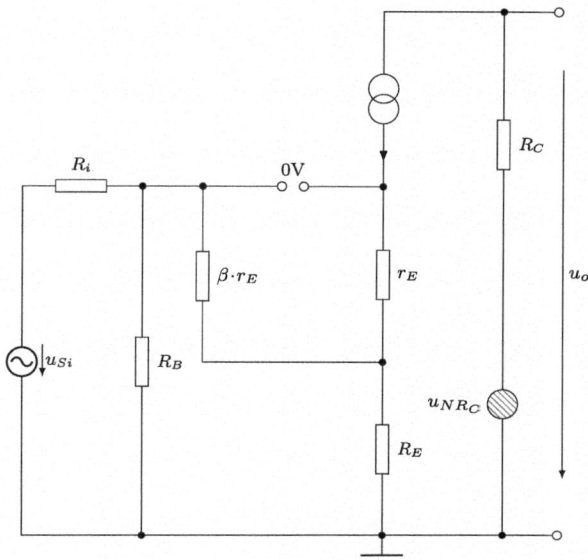

Methode 2:

Verschieben über den Transistor: R_E wird in den Basiskreis transformiert. Kollektorstromkreis i_C und Basisstromkreis werden somit getrennt (Abb. 8.19).

Der Schaltungsteil u_{Si}, R_i und R_B kann auch unter die Stromquelle in den Kollektorkreis transformiert werden. Die Rauschquelle u_{NR_C}/R_C wird in 3 Rauschstromquellen aufgeteilt (Abb. 8.20). Die obere Rauschquelle parallel zur gesteuerten Stromquelle spielt an der Stelle u_{Si} keine Rolle, da zwischen virtuell 0 und 0 von ihr kein Strom erzeugt werden kann. Der Rauschstrom fließt nur durch die gesteuerte Stromquelle, die immer die virtuelle Spannung 0 V unterhalb erzeugt. Jetzt kann eine neue Ersatzschaltung gezeichnet werden (Abb. 8.21 und 8.22).

Der Strom i_C ist proportional der Ausgangsspannung.

Die gesamte äquivalente Eingangsrauschspannung ergibt sich somit zu:

$$u_{Ni,Ges}^2 = u_{NR_i}^2 + u_{NR_B}^2 \left(\frac{R_i}{R_B}\right)^2 + \left(u_{NTr}^2 + u_{NR_E}^2\right)\left(1 + \frac{R_i}{R_B}\right)^2$$

$$+ i_{NTr}^2 \left[R_i + R_E\left(1 + \frac{R_i}{R_B}\right)\right]^2 + \left(\frac{u_{NR_C}}{R_C}\right)^2 \left[\frac{R_i}{\beta} + (r_E + R_E)\left(1 + \frac{R_i}{R_B}\right)\right]^2$$

Für eine rauscharme Emitterschaltung gelten folgende Bedingungen bezüglich dem Low-Noise-Design:

(a) $R_B > R_i$: Macht man jedoch R_B zu groß, so wird die Stabilität des Arbeitspunktes durch die große Toleranz der Stromverstärkung β verringert. Hier muss man einen Kompromiss finden.

Abb. 8.19 Ersatzschaltung
zur Verschiebung der
Rauschquelle u_{NR_C}

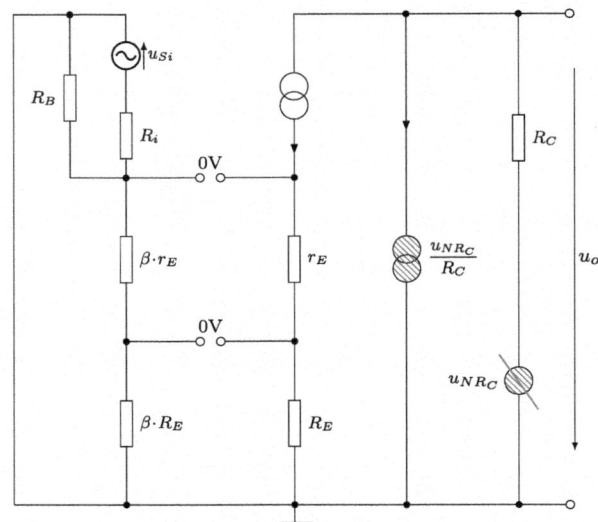

Abb. 8.20 Verschiebung der
Rauschquelle u_{NR_C}

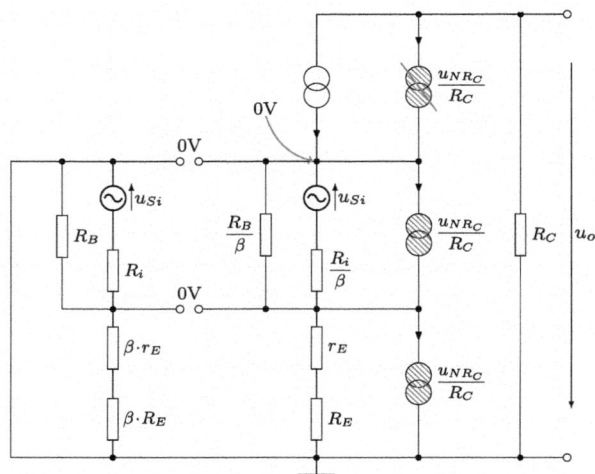

Abb. 8.21 Rauschquellen im
Emitterstromkreis

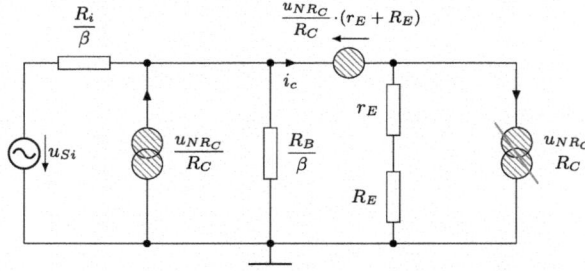

Abb. 8.22 Ersatzschaltungen zur Verschiebung von u_{NR_C}

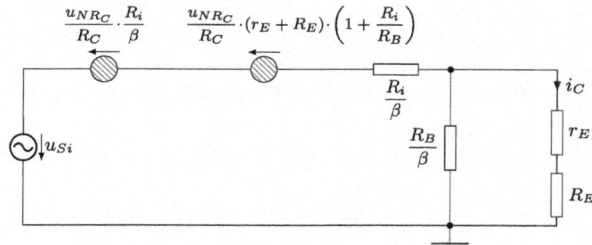

(b) $R_E = 0$: R_E sollte mit einer Kapazität auch bei niedrigen Frequenzen kurzgeschlossen werden. Benötigt man R_E jedoch, so sollte ein rauscharmer Widerstand (NI klein) gewählt werden, da sonst das Excessrauschen bei tiefen Frequenzen eine große Rolle spielen kann.

(c) A_1 groß: Die Verstärkung sollte nicht zu klein gewählt werden.

(d) I_C: I_C sollte so gewählt werden, dass man Rauschanpassung erhält. $\Rightarrow u_{NTr} = i_{NTr} \cdot R_i$

Bei richtiger Dimensionierung verbleibt nur die Grundgleichung der äquivalenten Eingangsrauschspannung:

$$u_{Ni}^2 = u_{NR_i}^2 + u_{NTr}^2 + i_{NTr}^2 \cdot R_i^2$$
$$= u_{NR_i}^2 + 2 \cdot u_{NTr}^2$$

8.3 Sourceschaltung

8.3.1 Bestimmung des Gleichstrom-Arbeitspunktes I_D

Im wesentlichen unterscheidet sich die Sourceschaltung von der Emitterschaltung in der Gleichstromarbeitspunkteinstellung. Bei der Kleinsignalbetrachtung können beide Bauteile dual betrachtet werden (Abb. 8.23).

$$U_G = U_0 \cdot \frac{R_{G2}}{R_{G2} + R_{G1}}$$

Es gelten folgende Gleichungen:

$$U_G = U_{GS} + I_D \cdot R_S$$
$$\rightarrow \quad I_D = -\frac{1}{R_S} U_{GS} + \frac{U_G}{R_S} \ (\hat{=} \text{Arbeitsgerade})$$
$$I_D = I_{DS} \left(1 - \frac{U_{GS}}{U_P}\right)^2 \ (\hat{=} \text{quadratische Kennlinie})$$

Abb. 8.23 Sourceschaltung,
Ersatzschaltung Gleichstrom

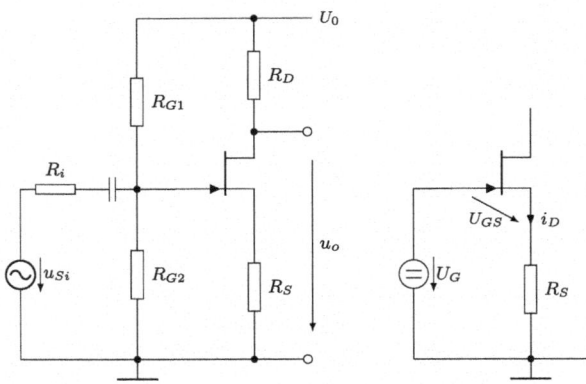

I_{DS} und U_P ergeben sich aus dem Datenblatt. Die Steigung S der Kennlinie berechnet
sich aus:

$$S = \frac{1}{r_S} = \frac{dI_D}{dU_{GS}} = I_{DS} \cdot 2\left(1 - \frac{U_{GS}}{U_P}\right) \cdot \left(-\frac{1}{U_P}\right)$$

$$\text{mit:} \quad \left(1 - \frac{U_{GS}}{U_P}\right) = \sqrt{\frac{I_D}{I_{DS}}}$$

$$\text{ergibt sich:} \quad S = 2I_{DS}\sqrt{\frac{I_D}{I_{DS}}}\left(-\frac{1}{U_P}\right) = \frac{2\sqrt{I_{DS}I_D}}{-U_P}$$

Die maximale Steigung $S_{\max}$ ergibt sich bei $I_D = I_{DS}$:

$$S_{\max} = \frac{I_{DS}}{\left(-\frac{U_P}{2}\right)}$$

Der Kehrwert der Steigung $1/S = r_S$ ist der duale Wert zum Transistor r_E:

$$r_S = \frac{-U_P}{2\sqrt{I_D I_{DS}}} \tag{8.1}$$

Zum Vergleich der Transistor:

$$r_E = \frac{U_T}{I_C}$$

Um eine quadratische Gleichung zu vermeiden, berechnet man den Arbeitspunkt der FET-
Schaltung besser durch eine graphische Methode. Die Kennlinie lässt sich durch die Ver-
wendung der maximalen Steigung ausreichend genau zeichnen. Man beachte, dass U_p

Abb. 8.24 Zeichnerische
Bestimmung des
Arbeitspunktes

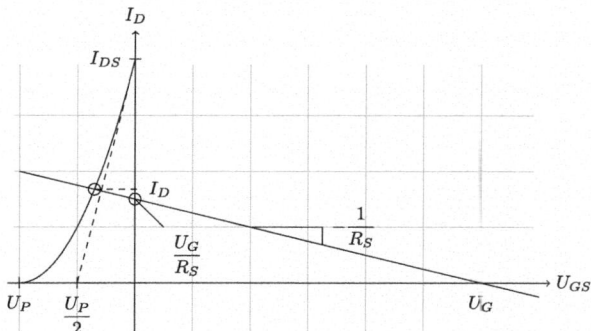

Abb. 8.25 Ersatzschaltbild
der Sourceschaltung

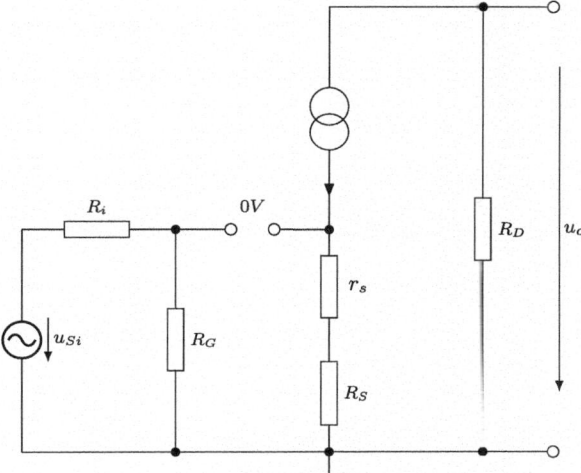

und I_{DS} Toleranzen haben, die die Genauigkeit begrenzen. Die Arbeitsgerade lässt sich durch die Berechnung zweier Punkte zeichnen. Der Schnittpunkt ergibt den Arbeitspunkt I_D (Abb. 8.24).

8.3.2 Kleinsignalbetrachtung

$$A_i = \frac{u_o}{u_{Si}} = \frac{-R_D}{r_S + R_S} \cdot \frac{R_G}{R_i + R_G} = -\frac{R_D}{(r_S + R_S)(1 + \frac{R_i}{R_G})}$$

Dual beim Bipolartransistor gilt:

$$A_i = -\frac{R_C}{\frac{R_i}{\beta} + (r_E + R_E)(1 + \frac{R_i}{R_B})}$$

Beim Feldeffekttransistor gibt es keine Transformation mit β, da $\beta \to \infty$.

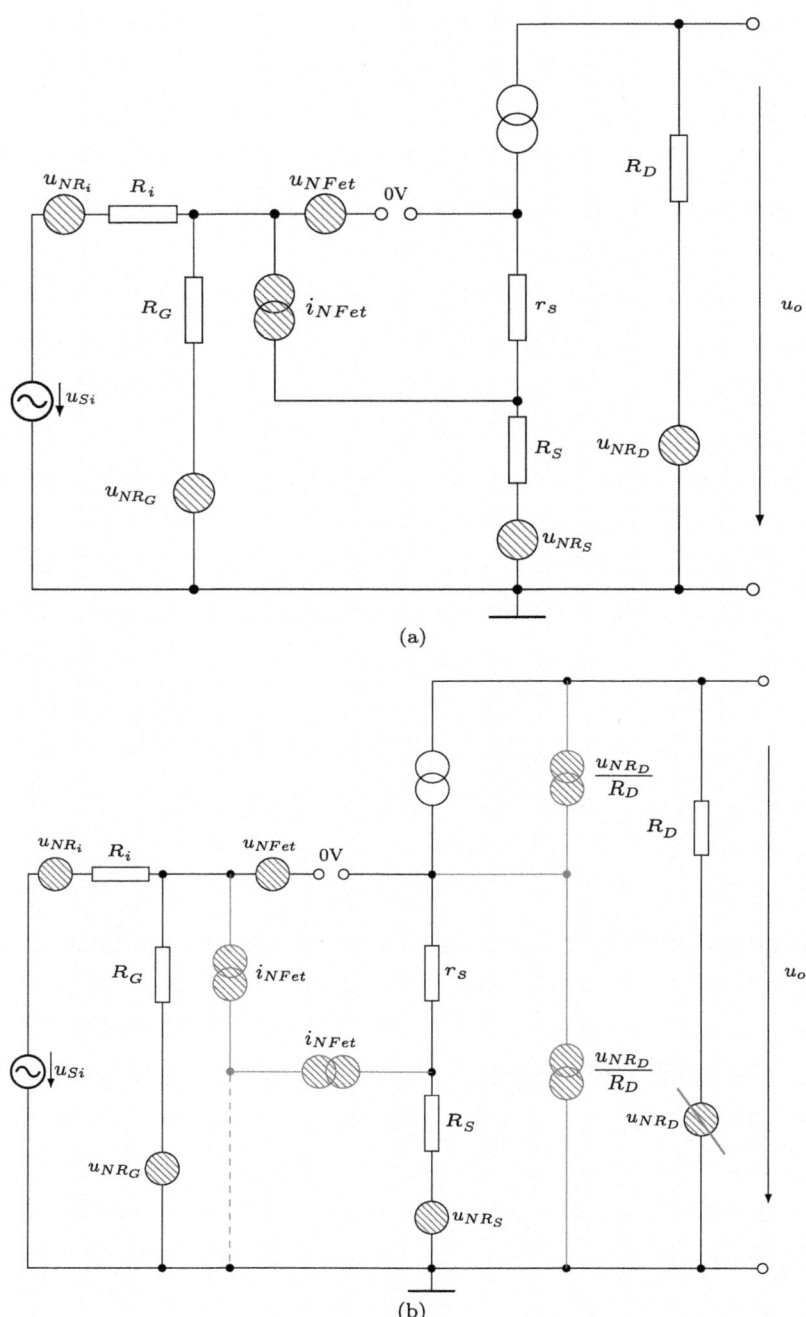

Abb. 8.26 Rauschersatzschaltbild der Sourceschaltung

8.3.3 Rauschen der Sourceschaltung

(a) i_{NFet} wird aufgeteilt und dann wie u_{NRG} und $u_{NRS}(i_{NFet} \cdot R_S)$ verrechnet (Abb. 8.26).

(b) u_{NRD}/R_D wird aufgeteilt. Betrachtet man nur die obere Quelle u_{NRD}/R_D, dann fließt kein Strom durch $(r_S + R_S)$. Der Strom u_{NRD}/R_D wird von der gesteuerten Stromquelle des Feldeffekttransistors übernommen. Diese Quelle hat somit keinen Einfluss auf die Schaltung und kann entfallen.

Man erhält insgesamt folgende äquivalente Eingangsrauschspannung für den FET:

$$u^2_{Ni,Ges} = u^2_{NR_i} + u^2_{NRG}\left(\frac{R_i}{R_G}\right)^2 + (u^2_{NFet} + u^2_{NRS})\left(1 + \frac{R_i}{R_G}\right)^2$$

$$+ i^2_{NFet}\left[R_i + R_S\left(1 + \frac{R_i}{R_G}\right)\right]^2 + \left(\frac{u_{NRD}}{R_D}\right)^2\left[(r_S + R_S)\left(1 + \frac{R_i}{R_G}\right)\right]^2$$

Dual dazu ergab sich für den Bipolartransistor, siehe Emitterschaltung:

$$u^2_{Ni,Ges} = u^2_i + u^2_{NR_B}\left(\frac{R_i}{R_B}\right)^2 + (u^2_{NTr} + u^2_{NRE})\left(1 + \frac{R_i}{R_B}\right)^2$$

$$+ i^2_{NTr}\left[R_i + R_E\left(1 + \frac{R_i}{R_B}\right)\right]^2 + \left(\frac{u_{NRC}}{R_C}\right)^2\left[\frac{R_i}{\beta} + (r_E + R_E)\left(1 + \frac{R_i}{R_B}\right)\right]^2$$

Mit $r_E \Rightarrow r_S$ und $\beta \Rightarrow \infty$ ergibt sich aus den Gleichungen des Bipolartransistors immer die Gleichungen des Feldeffekttransistors. Dies gilt für das Signal und das Rauschen!

8.4 Kollektorschaltung

8.4.1 Bestimmung des Arbeitspunktes

Die Arbeitspunktberechnung ist immer die gleiche (Abb. 8.27).

$$R_B = R_{B1} \parallel R_{B2}$$

8.4.2 Kleinsignalbetrachtung

Die Spannungsverstärkung der gesamten Kollektorschaltung kann mit Hilfe der Transformationen und einer Stern–Dreieck–Umrechnung direkt bestimmt werden (Abb. 8.28). Man betrachtet nur den Kollektorstromteil. Durch $R_{\pi 1}$ fließt ebenso i_C wie durch

Abb. 8.27 Kollektorschaltung

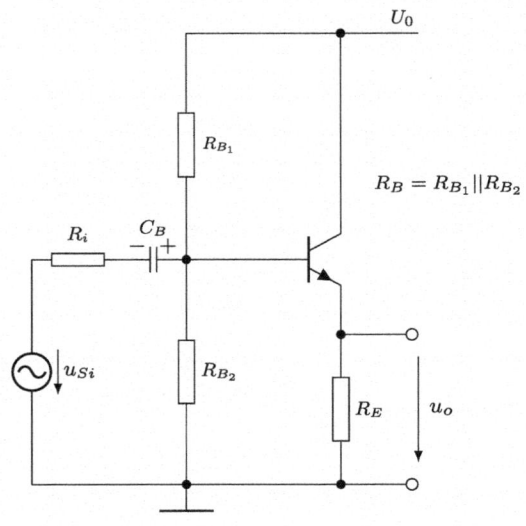

$$R_B = R_{B_1} \| R_{B_2}$$

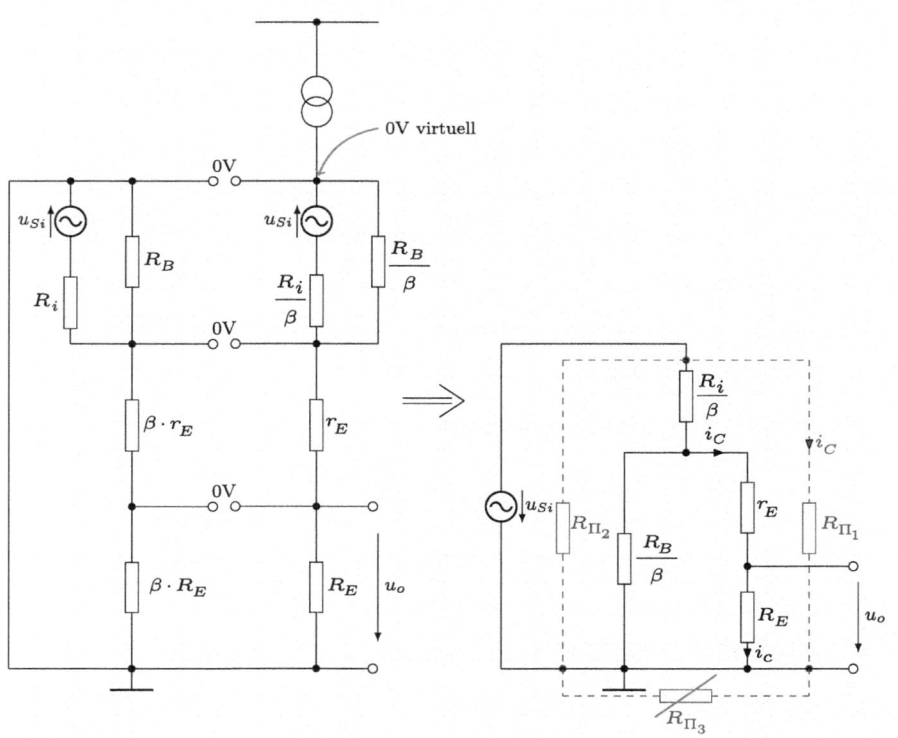

Abb. 8.28 Ersatzschaltbild der Kollektorschaltung mit Transformationen

$(r_E + R_E)$; $R_{\pi 2}$ liegt parallel zur Quelle u_{Si} und hat keinen Einfluss auf i_C; R_{z3} ist kurzgeschlossen.

$$A_i = \frac{R_E}{R_{\pi 1}} = \frac{R_E}{\frac{R_i}{\beta} + (r_E + R_E)(1 + \frac{R_i}{R_B})}$$

Dual beim Feldeffekttransistor gilt für $\beta \to \infty$:

$$A_i = \frac{R_S}{(r_S + R_S)(1 + \frac{R_i}{R_B})}$$

Aus dem Ersatzschaltbild (Abb. 8.28) kann man auch direkt den Eingangs- und Ausgangswiderstand ablesen:

Eingangswiderstand:

$$R_e = R_B \parallel \beta(r_E + R_E) \quad \Rightarrow \quad \text{beim FET: } R_e = R_G$$

Ausgangswiderstand:

$$R_a = R_E \parallel \left(r_E + \frac{R_i \parallel R_B}{\beta} \right) \quad \Rightarrow \quad \text{beim FET: } R_a = R_S \parallel r_S$$

8.4.3 Rauschen der Kollektorschaltung

Besonderheit der Rauschspannung u_{NR_E}, vereinfachte Betrachtung mittels idealem Transistor $R_i = 0$, $r_E = 0$ (Abb. 8.29):

$$A_i = 1 \quad \text{ebenso} \quad \frac{1}{A_i} = 1$$

Abb. 8.29 Vereinfachte Verrechnung der Rauschspannung u_{NR_E}

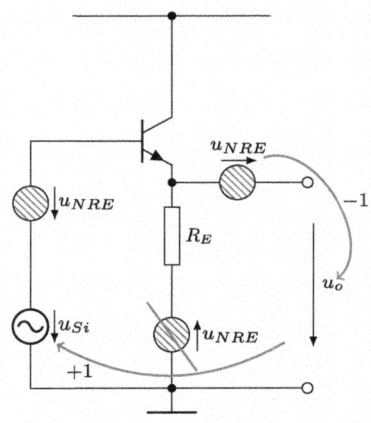

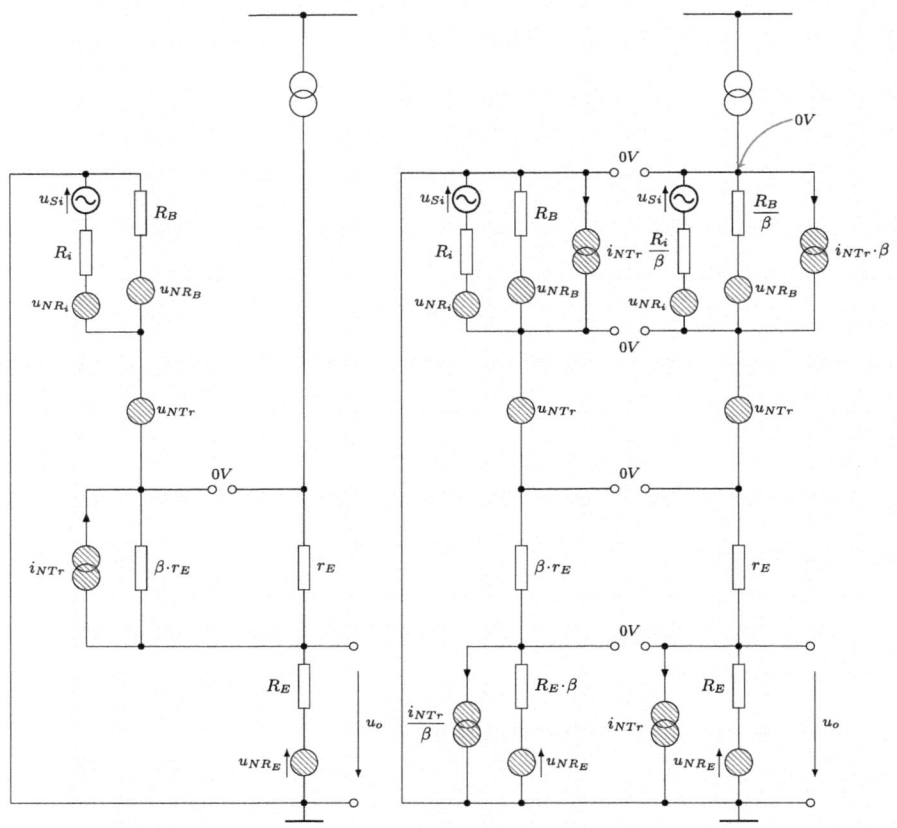

Abb. 8.30 Rauschersatzschaltung der Kollektorschaltung

Durch Verschieben der Rauschspannung u_{NR_E} erhält man zwei Rauschspannungen u_{NR_E}.
Eine liegt bei u_{Si}, die andere wird mit (-1) nach u_o und dann wieder mit $(+1)$ nach u_{Si}
verrechnet:

$$u_{Ni} = u_{NR_E} + u_{NR_E}(-1)(+1) = 0$$

Das Rauschen u_{NR_E} idealisiert betrachtet entfällt. Es spielt in der Regel keine Rolle.

Genaue Berechnung:

Bevor man u_{NR_E} nach R_E auf die Basisseite transformieren kann, muss die Rauschstromquelle i_{NTr} verschoben werden, damit nur noch i_B bei $\beta \cdot r_E$ fließt (Abb. 8.30). Jetzt
kann man u_{NR_E}, i_{NTr} und R_E auf die Basisseite transformieren und u_{Si}, R_i, R_B, u_{NTr},
u_{NR_i}, u_{NR_B}, i_{NTr} auf die Kollektorseite.

Abb. 8.31
Rauschersatzschaltung auf der
Kollektorstromseite

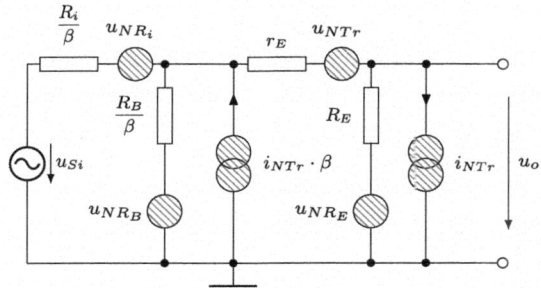

Die Quelle u_{Si} muss immer mit gezeichnet werden, denn an diese Stelle wird u_{Ni} berechnet. Sie dient damit als Platzhalter. Die Berechnung der äquivalenten Eingangsrauschspannung u_{Ni} kann jetzt sowohl auf der Kollektorstromseite als auch auf der Basisstromseite erfolgen (Abb. 8.31).

$$u^2_{Ni,Ges} = u^2_{NR_i} + u^2_{NR_B}\left(\frac{R_i}{R_B}\right)^2 + u^2_{NTr}\left(1 + \frac{R_i}{R_B}\right)^2$$

$$+ \left(\frac{u_{NR_E}}{R_E}\right)^2 \left[\frac{R_i}{\beta} + r_E\left(1 + \frac{R_i}{R_B}\right)\right]^2 + i^2_{NTr}\left[R_i - \frac{R_i}{\beta} - r_E\left(1 + \frac{R_i}{R_B}\right)\right]^2$$

Beim idealen Transistor gilt: $r_E = 0$ und $\beta \to \infty$, wodurch U_{NR_E} entfällt.

Beachte
Zur Berechnung des Rauscheinflusses von i_{NTr} benutzt man am besten Pfeile, da beide Quellen i_{NTr} linear (100 % korreliert) addiert werden. Der Term:

$$\frac{u_{NR_E}}{R_E}\left[\frac{R_i}{\beta} + r_E\left(1 + \frac{R_i}{R_B}\right)\right]$$

ist sehr klein, und damit in der Regel vernachlässigbar.

Dual dazu kann die Gleichung für den Feldeffekttransistor erstellt werden:

$$u^2_{Ni,Ges} = u^2_{NR_i} + u^2_{NR_G}\left(\frac{R_i}{R_G}\right)^2 + u^2_{NFet}\left(1 + \frac{R_i}{R_G}\right)^2$$

$$+ \left(\frac{u_{NR_S}}{R_S}\right)^2 \left[r_S\left(1 + \frac{R_i}{R_S}\right)\right]^2 + i^2_{NFet}\left[R_i - r_S\left(1 + \frac{R_i}{R_S}\right)\right]^2$$

Eine rauscharme Kollektor- bzw. Drainschaltung ist eine Schaltung mit:

$R_B > R_i$; R_E groß; β groß;

r_E klein und damit I_C groß; und

$u_{NTr} \approx i_{NTr} \cdot R_i$ (=Rauschanpassung)

Damit erhält man wieder die Grundgleichung:

$$u_{Ni}^2 = u_{NR_i}^2 + u_{NTr}^2 + i_{NTr}^2 \cdot R_i^2 = u_{NR_i}^2 + 2 \cdot u_{NTr}^2$$

8.5   Basisschaltung

8.5.1   Kleinsignalbetrachtung

Die Abbildung 8.32 zeigt das Ersatzschaltbild mit virtueller Trennung der Basisschaltung.

Zur weiteren Berechnung benutzen wir nur noch den Teil des Kollektorstromes. Über eine Stern–Dreieck–Umwandlung kann die Spannungsverstärkung direkt berechnet werden (Abb. 8.33).

Widerstand $R_{\pi 2}$ liegt zwischen 0 und virtuell 0 V. Durch ihn kann kein Strom fließen. Der Widerstand $R_{\pi 3}$ liegt parallel zur Quelle u_{Si} und spielt ebenfalls keine Rolle. Spannungsverstärkung:

$$A_{i.Tr} = \frac{u_o}{u_{Si}} = \frac{R_C}{R_i + (r_E + \frac{R_B}{\beta})(1 + \frac{R_i}{R_E})}$$

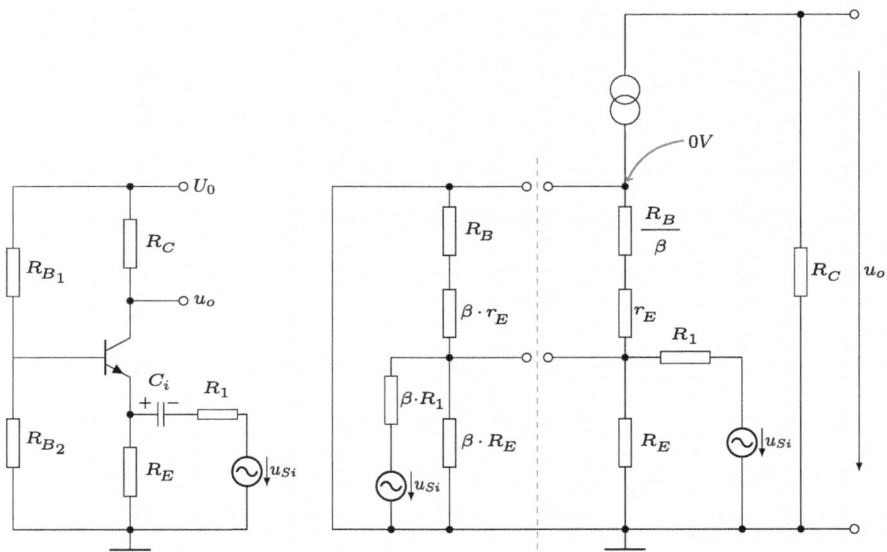

Abb. 8.32 Basisschaltung mit Ersatzschaltung und Transformationen

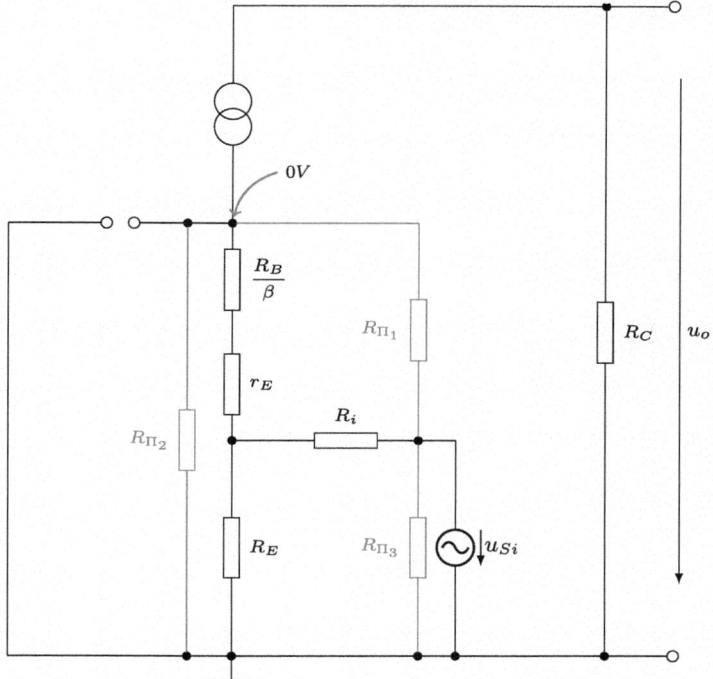

Abb. 8.33 Stern–Dreieck–Umwandlung

In Analogie gilt für den FET mit $\beta \to \infty$:

$$A_{i,Fet} = \frac{R_D}{R_i + r_S(1 + \frac{R_i}{R_S})}$$

Eingangswiderstand:

$$R_{e,Tr} = R_E \parallel \left(r_E + \frac{R_B}{\beta} \right)$$

$$R_{e,Fet} = R_S \parallel r_S$$

Ausgangswiderstand:

$$R_{a,Tr} = R_C$$

$$R_{a,Fet} = R_D$$

Normalerweise wird R_B durch eine Kapazität kurzgeschlossen.

8.5.2   Rauschen der Basisschaltung

Die Rauschstromdichte i_{NTr} muss zuerst parallel zu R_i und R_E verschoben werden, ehe man transformieren kann (Abb. 8.34).

Die äquivalente Eingangsrauschspannung kann jetzt berechnet werden:

$$u_{Ni,Tr}^2 = u_{NR_i}^2 + u_{NR_E}^2 \left(\frac{R_i}{R_E} \right)^2 + \left(u_{NTr}^2 + u_{NR_B}^2 \right) \left(1 + \frac{R_i}{R_E} \right)^2$$

$$+ i_{NTr}^2 \left[R_i + R_B \left(1 + \frac{R_i}{R_E} \right) \right]^2 + \left(\frac{u_{NR_C}}{R_C} \right)^2 \left[R_i + \left(r_E + \frac{R_B}{\beta} \right) \left(1 + \frac{R_i}{R_E} \right) \right]^2$$

Dual erhält man beim Feldeffekttransistor:

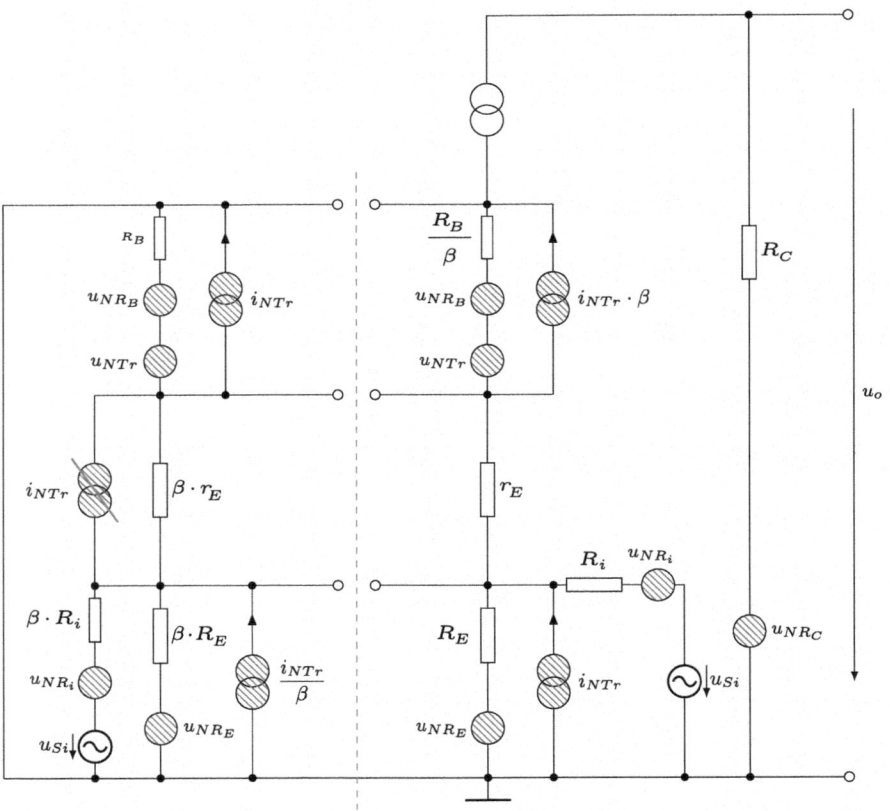

Abb. 8.34 Rauschersatzschaltbild der Basisschaltung

$$u^2_{Ni,Fet} = u^2_{NR_i} + u^2_{NR_S}\left(\frac{R_i}{R_S}\right)^2 + \left(u^2_{NFet} + u^2_{NR_G}\right)\left(1 + \frac{R_i}{R_S}\right)^2$$

$$+ i^2_{NFet}\left[R_i + R_G\left(1 + \frac{R_i}{R_S}\right)\right]^2 + \left(\frac{u_{NR_D}}{R_D}\right)^2\left[R_i + r_S\left(1 + \frac{R_i}{R_S}\right)\right]^2$$

Bei einer rauscharmen Basisschaltung gilt:

$R_E > R_i$; $u_{NR_B} = 0$ (R_B kurzgeschlossen); R_C groß;
$u_{NTr} = i_{NTr} \cdot R_i$ ($=$ Rauschanpassung)
$u_{NFet} = i_{NFet} \cdot R_i$ ($=$ Rauschanpassung)

Es verbleibt die Grundgleichung:

$$u^2_{Ni} = u^2_{NR_i} + u^2_{NTr} + i^2_{NTr} \cdot R^2_i = u^2_{NR_i} + 2 \cdot u^2_{NTr}$$

8.6   Kollektorschaltung mit Bootstrapeffekt

In Abb. 8.35 gilt für $R^*_E = R_E \parallel R_{A_1} \parallel R_{A_2}$.

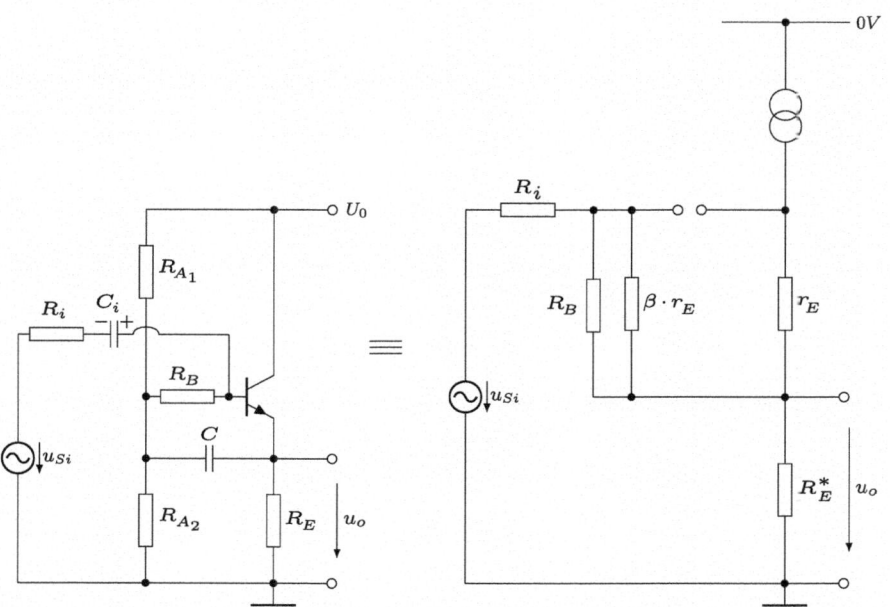

Abb. 8.35 Kollektorschaltung mit Bootstrapeffekt; Rechts das Kleinsignalersatzschaltbild

8.6.1   Kleinsignalbetrachtung

Bedingt durch den Widerstand R_B parallel zu $\beta \cdot r_E$ ist keine Transformation von R_E^* mit β in den Basiskreis möglich!

Erweiterte Transformation (Abb. 8.36):

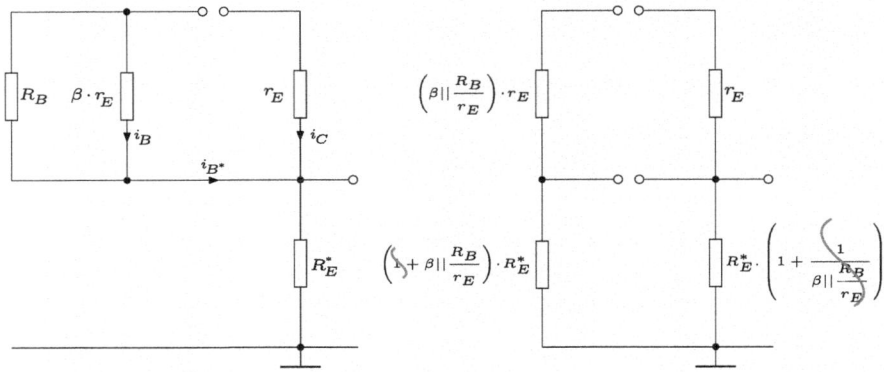

Abb. 8.36 Erweiterte Transformation mit virtueller Trennung

Der Strom i_B^* und i_C fließen gemeinsam in R_E^*. R_E^* kann wieder virtuell getrennt werden. Die neue Stromverstärkung lautet daher:

$$\beta^* = \frac{i_C}{i_B^*} = \frac{R_B \parallel \beta \cdot r_E}{r_E} = \beta \parallel \frac{R_B}{r_E} = \frac{R_B}{r_E + \frac{R_B}{\beta}}$$

Wenn sie weiterhin groß ist ($R_B \gg r_E$) gegenüber der 1, kann man die Schaltung vereinfachen.

Eingangswiderstand mit Bootstrapschaltung:

$$R_e = \left(r_E + R_E^* \right) \cdot \left(\beta \parallel \frac{R_B}{r_E} \right)$$

Eingangswiderstand ohne Bootstrapschaltung:

$$R_e = R_B \parallel \beta(r_E + R_E)$$

Vergleich des Eingangswiderstandes ohne und mit Bootstrap:

$$R_e = R_B \parallel \beta(r\!\!\!/_E + R_E) \;\leftrightarrow\; R_e = \left(r_E + R_E^* \right) \cdot \left(\beta \parallel \frac{R_B}{r_E} \right)$$

Beispiel:

$$R_B = 100 \, \text{k}\Omega; \qquad \beta = 100; \qquad r_E = 30 \, \Omega;$$

$$R_E^* \approx R_E \quad \text{(veränderlich)}$$

Abb. 8.37
Eingangswiderstand mit und
ohne Bootstrap

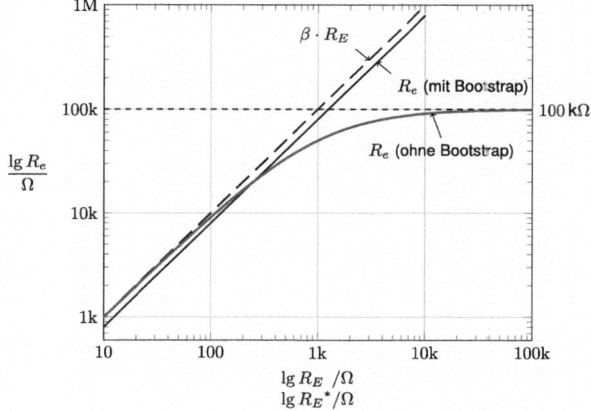

Die Abbildung 8.37 verdeutlicht den Vergleich. Abbildung 8.38 zeigt das Ersatzschaltbild mit totaler Trennung durch eingeführtes β^*:

$$\frac{1}{\beta \parallel \frac{R_B}{r_E}} = \frac{1}{\beta} + \frac{r_E}{R_B}$$

Ausgangswiderstand mit Bootstrap:

$$R_a = R_E^* \parallel \left[r_E + R_i \cdot \frac{1}{\beta \parallel \frac{R_B}{r_E}} \right]$$

$$= R_E^* \parallel \left[r_E + \frac{R_i}{\beta} + R_i \frac{r_E}{R_B} \right]$$

$$= R_E^* \left[\frac{R_i}{\beta} + r_E \left(1 + \frac{R_i}{R_B} \right) \right]$$

Ausgangswiderstand ohne Bootstrap:

$$R_a = R_E \parallel \left[r_E + \frac{R_i \parallel R_B}{\beta} \right]$$

Die Spannungsverstärkung A_o und A_i können direkt aus (Abb. 8.38) abgelesen werden.
Mit Bootstrap:

$$A_o = \frac{R_E^*}{r_E + R_E^*}$$

$$A_i = \frac{R_E^*}{R_i \frac{1}{\beta \parallel \frac{R_B}{r_E}} + r_E + R_E^*} = \frac{R_E^*}{\frac{R_i}{\beta} + r_E (1 + \frac{R_i}{R_B}) + R_E^*}$$

Abb. 8.38 Bootstrapschaltung
mit Transformation von R_i

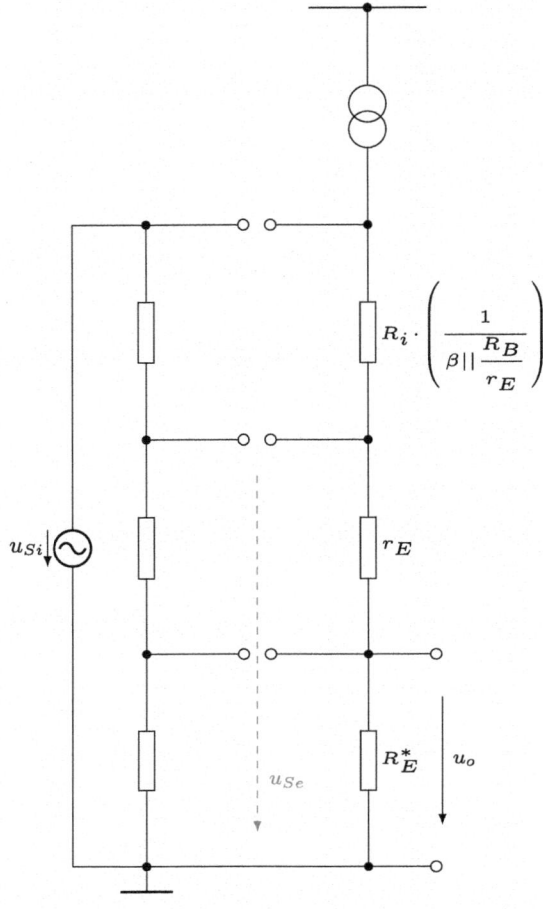

Ohne Bootstrap

$$A_o = \frac{R_E}{r_E + R_E}$$

$$A_i = \frac{R_E}{\frac{R_i}{\beta} + (r_E + R_E)(1 + \frac{R_i}{R_B})} = \frac{R_E}{\frac{R_i}{\beta} + r_E(1 + \frac{R_i}{R_B}) + R_E + R_E \frac{R_i}{R_B}}$$

Für den Feldeffekttransistor erhält man duale Gleichungen in dem man $\beta \Rightarrow \infty$ setzt und aus r_E wird r_S.

Zahlenbeispiele der Kollektorschaltung mit und ohne Bootstrap
(a) Ohne Bootstrap (Abb. 8.39):

$$R_i = 50\,\text{k}\Omega \qquad R_B = R_{B1} \parallel R_{B2} = 100\,\text{k}\Omega$$

$$R_E = 10\,\text{k}\Omega \qquad r_E = 30\,\Omega \qquad \beta = 100$$

$$R_e = R_B \parallel \beta(r_E + R_E) \approx 91\,\text{k}\Omega$$

$$R_a = R_E \parallel \left(r_E + \frac{R_i \parallel R_B}{\beta} \right) \approx 350\,\Omega$$

$$A_i = \frac{R_E}{\frac{R_i}{\beta} + (r_E + R_E)(1 + \frac{R_i}{R_B})} \approx 0{,}62$$

(b) Mit Bootstrap (Abb. 8.40):

$$R_i = 50\,\text{k}\Omega \qquad R_A = R_{A1} \parallel R_{A2} = R_A = 80\,\text{k}\Omega$$

$$R_B = 50\,\text{k}\Omega \qquad R_E = 10\,\text{k}\Omega \qquad r_E = 30\,\Omega \qquad \beta = 100$$

$$R_E^* = R_E \parallel R_A \approx 9\,\text{k}\Omega$$

$$R_e = \frac{R_B}{r_E} \parallel \beta\big(r_E + R_E^*\big) \approx 850\,\text{k}\Omega$$

$$R_a = R_E^* \parallel \left[\frac{R_i}{\beta} + r_E\left(1 + \frac{R_i}{R_B}\right) \right] \approx 530\,\Omega$$

$$A_i = \frac{R_E^*}{\frac{R_i}{\beta} + r_E(1 + \frac{R_i}{R_B}) + R_E^*} \approx 0{,}94$$

Abb. 8.39 Schaltung ohne
Bootstrap

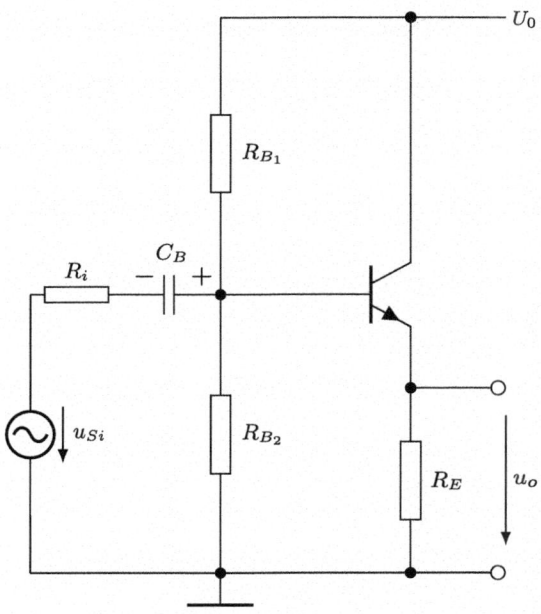

Abb. 8.40 Schaltung mit
Bootstrap

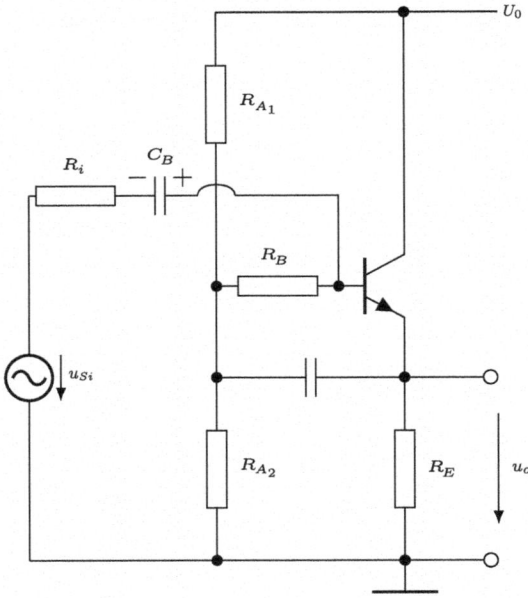

Ergebnis:
Eingangswiderstand wird durch den Bootstrapeffekt stark erhöht, ebenso die gesamte
Spannungsverstärkung. Der Ausgangswiderstand wird etwas größer.

8.6.2 Rauschen der Kollektorschaltung mit Bootstrap

In $u_{NR_E^*}$ besteht die Hauptschwierigkeit (Abb. 8.41). Man benutzt wieder die Transformation mit:

$$\beta^* = \beta \parallel \left(\frac{R_B}{r_E} \right)$$

Die obere Stromquelle hat keinen Einfluss, da zwischen 0 und virtuell 0 V kein Strom
fließen kann.

$$u_{Ni}|u_{NR_E^*} = \frac{u_{NR_E^*}}{R_E^*} \left[r_E + \frac{R_i}{\beta \parallel \frac{R_B}{r_E}} \right]$$

$$= \frac{u_{NR_E^*}}{R_E^*} \left[\frac{R_i}{\beta} + r_E \left(1 + \frac{R_i}{R_B} \right) \right]$$

Anmerkung: Für den idealen Transistor gilt $\beta = \infty$ und $r_E = 0$. Daraus folgt
$u_{Ni}(u_{NR_E^*}) = 0$.

Abb. 8.41 Verrechnung der
Rauschspannung $u_{NR_E^*}$

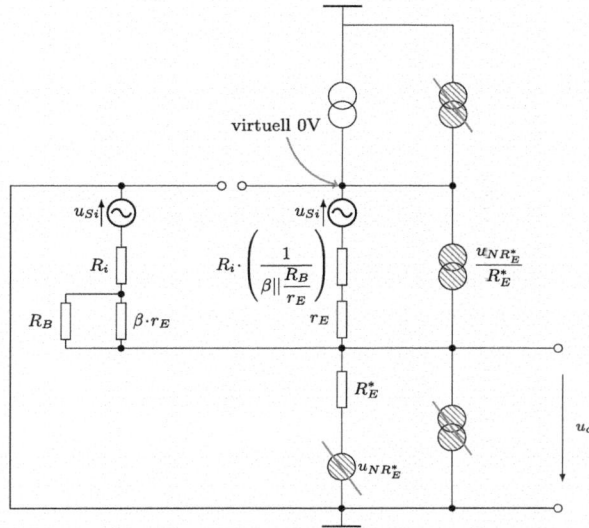

Betrachtung des Gesamtrauschen

Die Rauschstromquellen i_{NTr} und i_{NR_B} werden nach R_i und R_E^* verschoben. Die einzelnen Einflüsse werden subtrahiert (wie bei der Schaltung ohne Bootstrap). Die äquivalente Eingangsrauschspannung ergibt sich zu (Abb. 8.42):

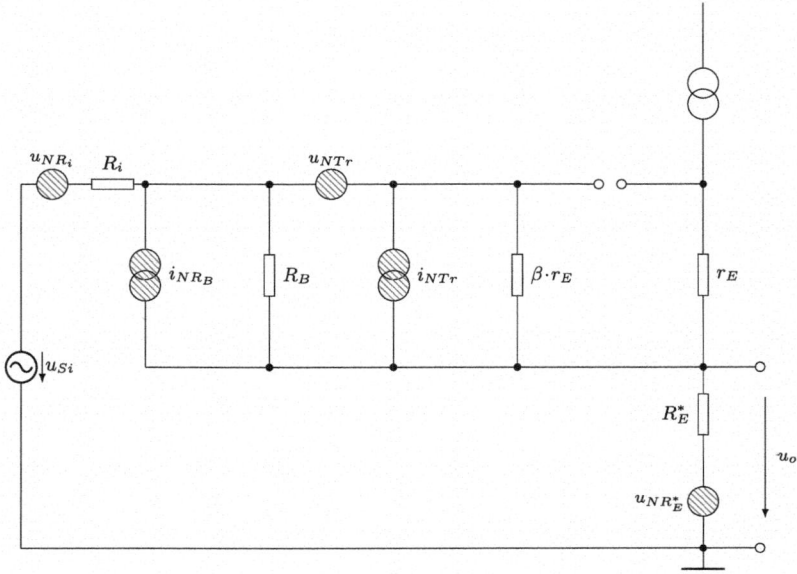

Abb. 8.42 Rauschersatzschaltbild der Bootstrapschaltung

$$u_{Ni,Ges}^2 = u_{NR_i}^2 + \left(\frac{u_{NR_E^*}}{R_E^*}\right)^2 \left[\frac{R_i}{\beta} + r_E\left(1 + \frac{R_i}{R_B}\right)\right]^2$$

$$+ \left[\left(\frac{u_{NR_B}}{R_B}\right)^2 + i_{NTr}^2\right]\left[R_i - \frac{R_i}{\beta} - r_E\left(1 + \frac{R_i}{R_B}\right)\right]^2$$

$$+ u_{NTr}^2 \left[1 + \frac{1}{R_B}\left(R_i - \frac{R_i}{\beta} - r_E\left[1 + \frac{R_i}{R_B}\right]\right)\right]^2$$

Bei der Drainschaltung mit Bootstrapeffekt erhält man die duale Formel. Bei richtiger Dimensionierung (Low-Noise-Design) wird:

$$R_B > R_i; \qquad \left(\frac{R_i}{\beta} + r_E\right) < R_i; \qquad u_{NTr} = i_{NTr} \cdot R_i$$

Näherung:

$$u_{Ni}^2 \approx u_{NR_i}^2 + u_{NTr}^2 + i_{NTr}^2 \cdot R_i^2 = u_{NR_i}^2 + 2 \cdot u_{NTr}^2$$

> Im Rauschen sind Kollektorschaltung mit und ohne Bootstrap gleich.

8.6.3 Vergleich mit Operationsverstärkerschaltung – Signal

Da die Kollektorschaltung einen hochohmigen Eingangs- und niederohmigen Ausgangs-widerstand aufweist, lässt sie sich mit einer entsprechenden OP-Schaltung vergleichen (Abb. 8.43).

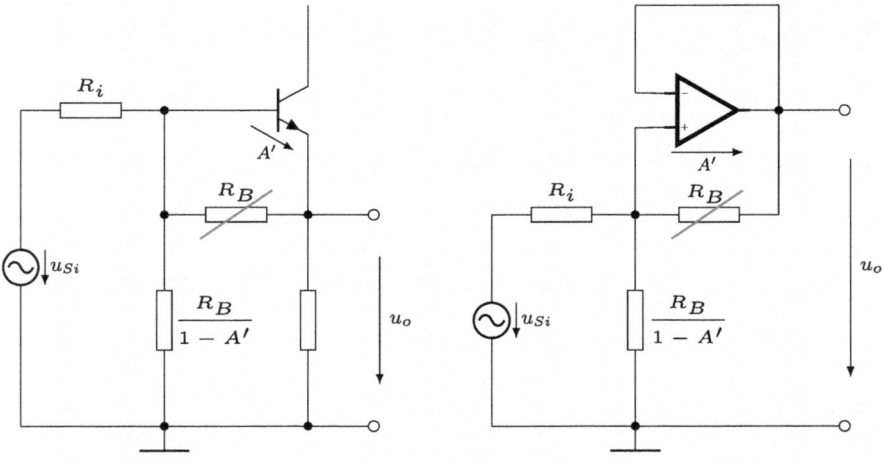

Abb. 8.43 Signalvergleich Transistor und Operationsverstärker: $A' \overset{<}{\approx} 1$

8.6.4 Vergleich mit Operationsverstärkerschaltung – Rauschen

Setzt man für den Transistor $r_E = 0$ und $\beta = \infty$ (idealer Transistor), so ergeben beide Schaltungen genau das gleiche Ergebnis im Rauschen beim Widerstand R_B (Abb. 8.44).

Ergebnis:

Beim Rauschen braucht man den Bootstrapeffekt des Widerstandes R_B nicht zu betrachten. Der Ausgang der Schaltung kann für R_B wie eine Null betrachtet werden. Wenn man jedoch den Bootstrapeffekt anwendet, muss man auch die Rauschspannung u_{NR_B} ebenso wie R_B transformieren um diese auf Null zu setzen (Abb. 8.45).

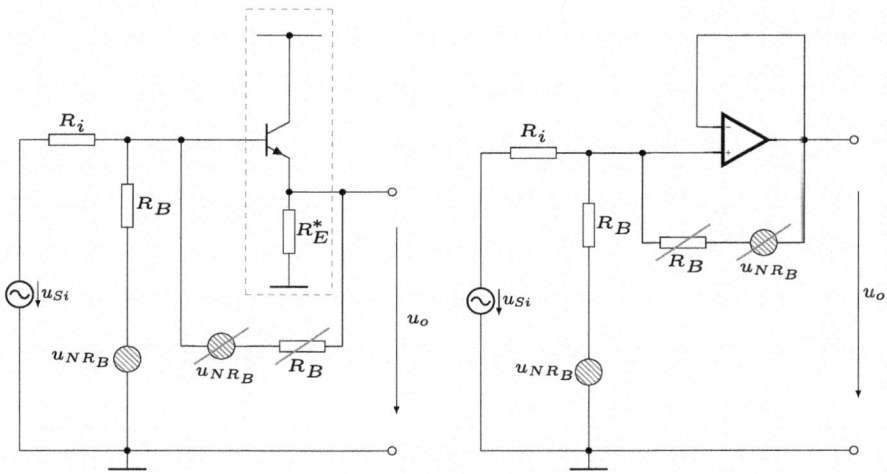

Abb. 8.44 Rauschvergleich Transistor und Operationsverstärker

Abb. 8.45
Bootstraptransformation von
R_B und u_{NR_B}

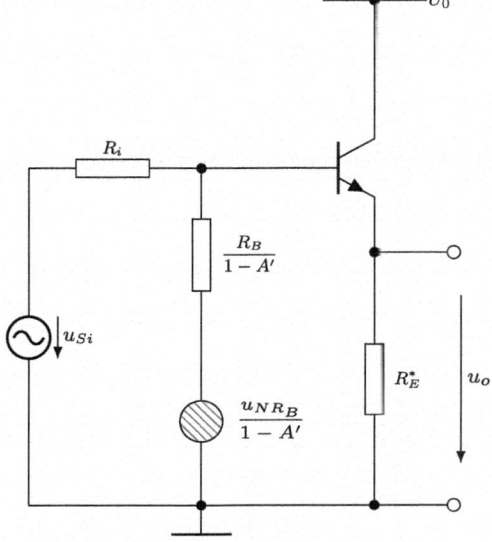

Für u_{Ni} in Abhängigkeit von u_{NR_B} erhält man das gleiche Ergebnis wie mit einer Schaltung ohne Bootstrapeffekt:

$$u_{Ni}|_{u_{NR_B}} = u_{NR_B} \cdot \frac{1}{1 - A'} \cdot \frac{R_i}{\frac{R_B}{1 - A'}} = u_{NR_B} \cdot \frac{R_i}{R_B}$$

8.7   Emitterschaltung mit Millereffekt

Abb. 8.46 Emitterschaltung mit Millereffekt

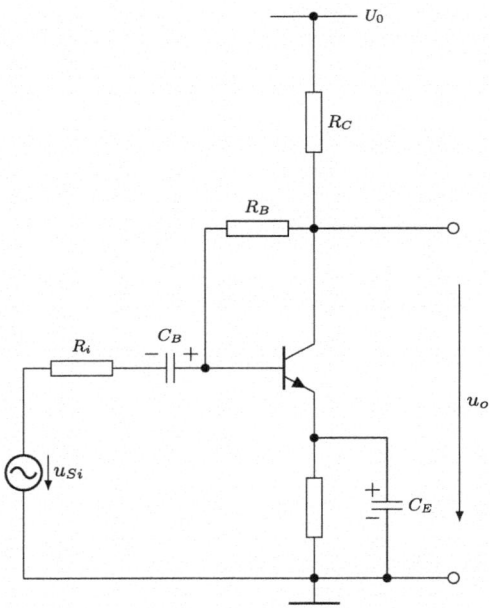

8.7.1   Gleichstrom-Arbeitspunktes I_C

(a) Siehe Abb. 8.46

$$I_C = \frac{U_0 - U_{BE}}{\frac{R_B}{\beta} + R_E + R_C}$$

(b) Bei dieser Schaltung aus Abb. 8.48 kann man die Widerstände nicht einfach transformieren, da durch R_B nicht nur der Basisstrom, sondern auch noch der Strom, der durch R_A fließt. Es gilt bezüglich dem Überlagerungssatz:

$$U_B = U_0 \frac{R_A}{R_A + R_B + R_C} - I_B(R_C + R_B) \parallel R_A - I_C \frac{R_C}{R_A + R_B + R_C} \cdot R_A$$

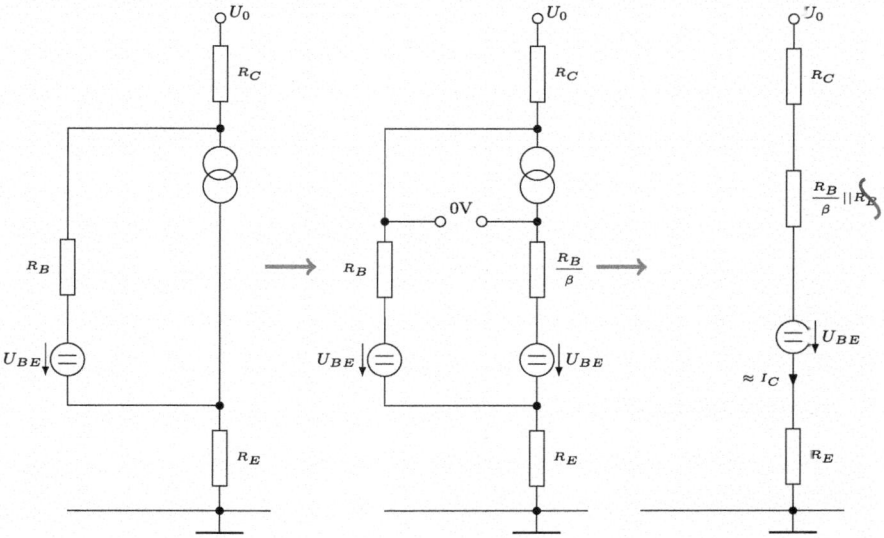

Abb. 8.47 Bestimmung des Gleichstromes I_C

Abb. 8.48 Emitterschaltung
mit sehr stabiler Arbeitspunkt

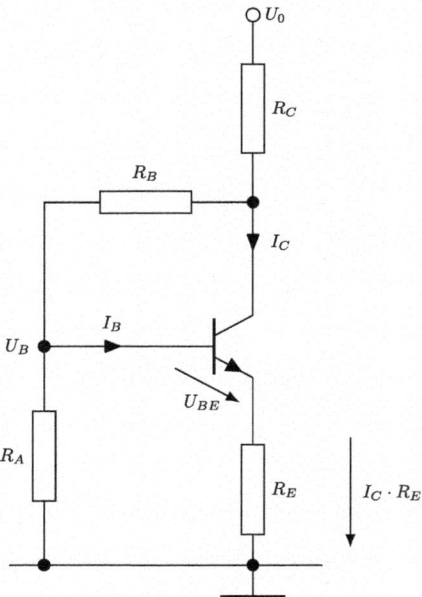

Dadurch, dass der Transistor, wenn er in Betrieb ist, die Beziehung I_B und I_C erzwingt, können I_B und I_C wie eigenständige Stromquellen betrachtet werden.

$$U_B = U_{BE} + I_C \cdot R_E$$

$$U_{BE} + I_C \cdot R_E = U_0 \frac{R_A}{R_A + R_B + R_C} - \frac{I_C}{\beta} \frac{(R_C + R_B)R_A}{R_A + R_B + R_C} - I_C \frac{R_C \cdot R_A}{R_A + R_B + R_C}$$

$$U_0 - U_{BE} \frac{R_A + R_B + R_C}{R_A} = I_C \left[R_E \frac{R_A + R_B + R_C}{R_A} + \frac{R_B}{\beta} + \frac{R_C}{\beta} + R_C \right]$$

$$I_C = \frac{U_0 - U_{BE} \frac{R_A + R_B + R_C}{R_A}}{\frac{R_B}{\beta} + R_E \frac{R_A + R_B + R_C}{R_A} + R_C}$$

Man vergleiche dieses Ergebnis mit dem Kollektorstrom der Schaltung von Abb. 8.47.

8.7.2 Spannungsverstärkung

Zur Berechnung der Wechselstrom-Verstärkung, teilt man u_{Si} in zwei Spannungsquellen u_{Si} auf (Abb. 8.49):

$$u_o = u_{BE} \frac{R_C}{R_B + R_C} - \frac{u_{BE}}{r_E} (R_B \parallel R_C)$$

$$A_0 = \frac{u_{So}}{u_{BE}} = \frac{R_C \cdot r_E}{(R_B + R_C)r_E} - \frac{R_B R_C}{r_E(R_B + R_C)}$$

$$A_0 = \frac{R_C(r_E - R_B)}{(R_B + R_C)r_E}$$

$$A_0 = -\frac{R_C}{r_E} \cdot \frac{R_B - r_E}{R_B + R_C} \approx -\frac{R_C(R_B - r_E)}{r_E(R_B + R_C)}$$

Näherung:

$$A_0 \approx -\frac{R_C \parallel R_B}{r_E}$$

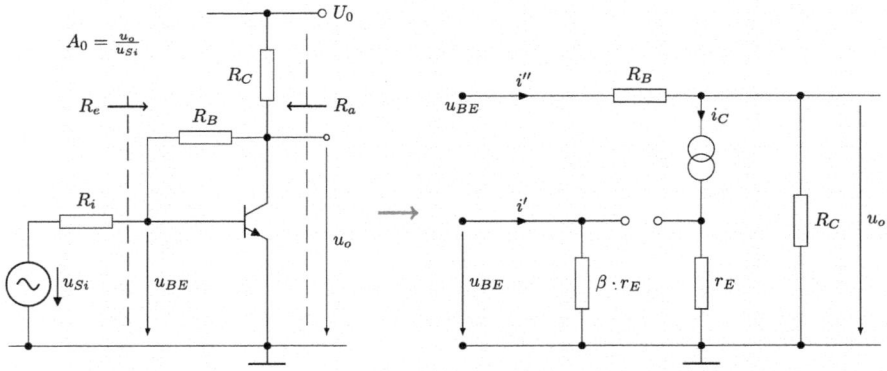

Abb. 8.49 Emitterschaltung mit Millereffekt und Ersatzschaltbild

oder aus:

$$A_0 = -\frac{R_C}{r_E} \cdot \frac{(R_B - r_E)R_B}{(R_B + R_C)R_B} = -\frac{R_C \parallel R_B}{1} \cdot \frac{r_E - R_B}{r_E \cdot (-R_B)}$$

$$= -\frac{R_C \parallel R_B}{r_E \parallel (-R_B)} \qquad -R_B \text{ vergrößert den Nenner}$$

$$\approx -\frac{R_C \parallel R_B}{r_E}$$

8.7.3 Eingangswiderstand

$$i = i' + i'' = \underbrace{\frac{u_{BE}}{\beta \cdot r_E}}_{=i_B} + \underbrace{\frac{u_{BE}}{r_E} \cdot \frac{R_C}{R_B + R_C}}_{=i_C} + \frac{u_{BE}}{R_B + R_C}$$

$$= u_{BE} \cdot \left(\frac{1}{\beta \cdot r_E} + \frac{R_c + r_E}{r_E(R_B + R_C)} \right)$$

$$\frac{i}{u_{BE}} = \frac{(R_B + R_C) + \beta \cdot R_C + \beta \cdot r_E}{\beta \cdot r_E(R_B + R_C)}$$

$$R_e = \frac{u_{BE}}{i} = \frac{\beta \cdot r_E(R_B + R_C)}{(R_B + R_C) + \beta \cdot R_C + \beta \cdot r_E}$$

oder andere Betrachtung mit Millereffekt:

$$R_e = \beta \cdot r_E \parallel \frac{R_B}{1 - A_0}$$

$$R_e = \beta \cdot r_E \parallel \frac{R_B}{1 + \frac{R_C}{r_E} \cdot \frac{R_B - r_E}{R_B + R_C}}$$

$$\vdots$$

$$R_e = \frac{\beta \cdot r_E(R_B + R_C)}{(R_B + R_C) + \beta(R_C + r_E)}$$

8.7.4 Ausgangswiderstand

Siehe Abb. 8.50

$$R_a = R_C \parallel R_{i_C} \parallel R_{\pi 1} \parallel R_{\pi 2}$$

$$R_a = R_C \left\| \frac{R_{\pi 1}}{\beta} \right\| \cancel{R_{\pi 1}} \parallel \cancel{R_{\pi 2}}$$

Abb. 8.50 Berechnung des
Ausgangswiderstandes

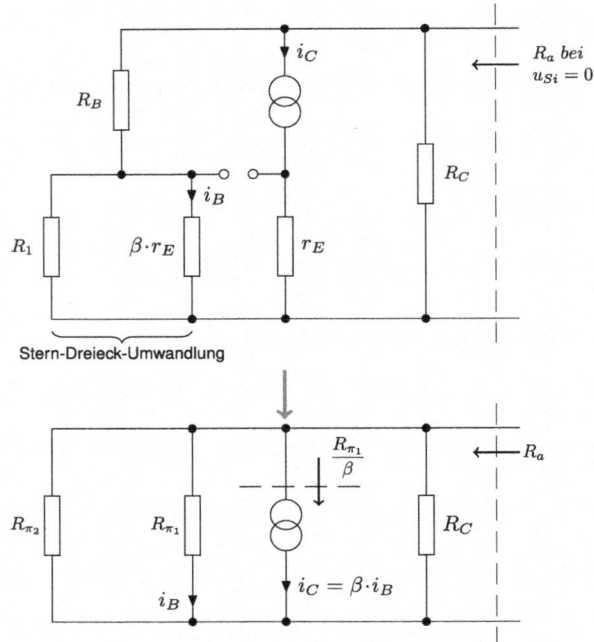

Da die Stromquelle i_C parallel zu $R_{\pi 1}$ liegt und durch $R_{\pi 1}$ ein Strom $i_B = i_C/\beta$ fließt,
stellt die Stromquelle i_C einen entsprechenden Widerstand $R_{\pi 1}/\beta$ dar.

$$R_a = R_C \parallel \frac{R_{\pi 1}}{\beta}$$

$$R_a = R_C \parallel \left[\frac{R_B}{\beta} + r_E \left(1 + \frac{R_B}{R_i} \right) \right]$$

8.7.5 Rauschen der Emitterschaltung mit Millereffekt

Direkte Berechnung der äquivalenten Eingangsrauschspannung für die Rauschspannung
u_{NR_B}.

Bisher wurden alle Rauschquellen an die Stelle der Signalspannung u_{Si} geschoben.
Man kann aber auch den umgekehrten Weg gehen und u_{Si} an die Stelle u_{NR_B} schie-
ben, um die äquivalente Eingangsrauschquelle u_{Ni} als Funktion von u_{NR_B} zu bekommen
(Abb. 8.51). Die Spannungsquelle u_{Si} wird in eine Stromquelle u_{Si}/R_i umgerechnet.

Die Stromquelle u_{Si}/R_i wird in 2 identische Stromquellen in Serie umgezeichnet und
parallel zu R_C und R_B verschoben. Hierbei wird u_{NR_B} nach dem Überlagerungssatz zu
Null betrachtet, dient somit nur als Platzhalter. Der Widerstand R_i erweitert mit $\beta \cdot r_E$

ergibt eine neue Stromverstärkung. Zusammen mit r_E erhält man:

$$\beta \cdot r_E \parallel \frac{R_i}{r_E} \cdot r_E = \beta^* \cdot r_E$$

$$\Rightarrow \quad \beta^* = \beta \parallel \frac{R_i}{r_E} = \frac{\beta \cdot \frac{R_i}{r_E}}{\beta + \frac{R_i}{r_E}} = \frac{R_i}{r_E + \frac{R_i}{\beta}}$$

Abb. 8.51 Verrechnung der Signalspannung u_{Si} an die Stelle u_{NR_B} – (a)

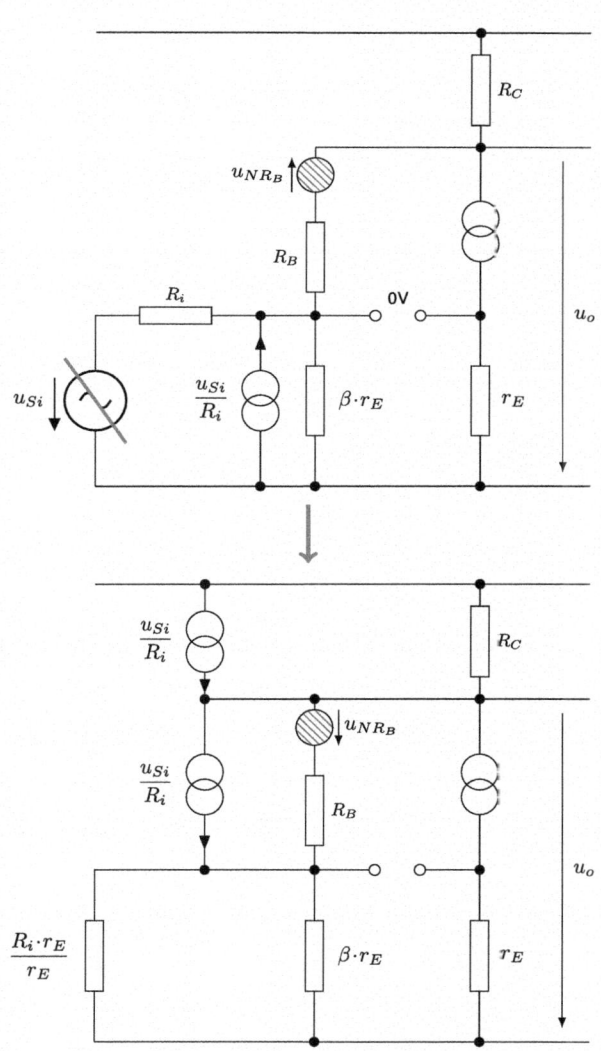

In Serie zur gesteuerten Stromquelle können weitere Bauteile eingefügt werden, ohne die Schaltung zu verändern.

Die gesteuerte Stromquelle ist jetzt durch den neuen virtuellen Kurzschluss, kurzgeschlossen und kann entfallen und die verbleibende Parallelschaltung kann zusammengefasst werden (Abb. 8.52).

Abb. 8.52 Verrechnung der Signalspannung u_{Si} an die Stelle u_{NR_B} – (b)

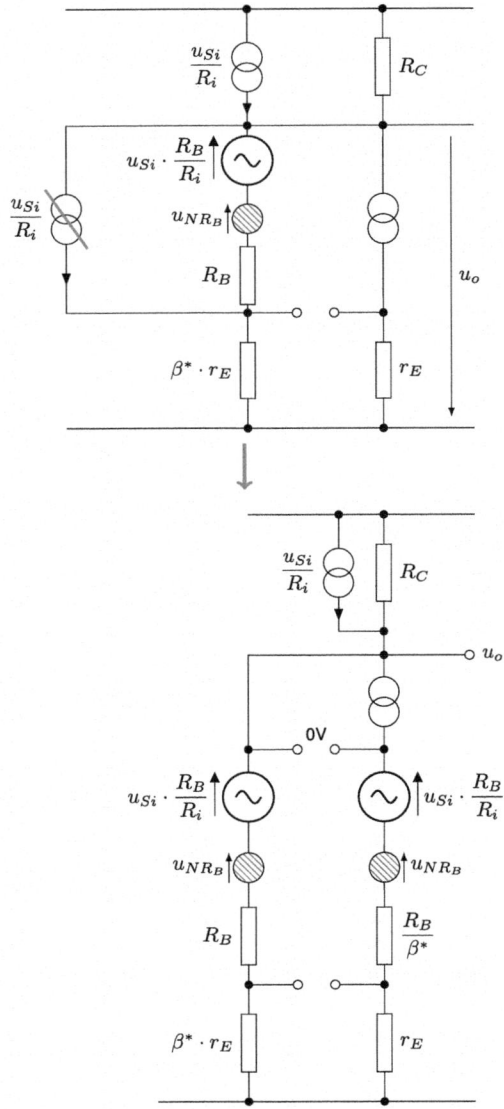

Abb. 8.53 Berechnung der äquivalenten Eingangsrauschspannung für u_{NR_B}

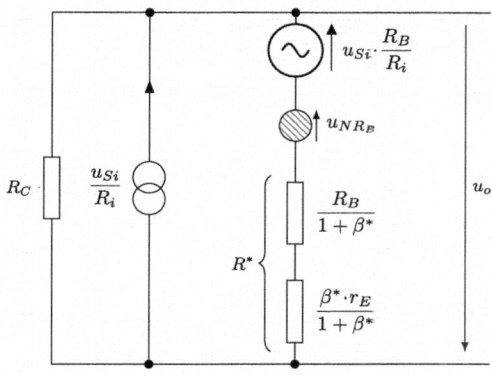

In Abb. 8.53 ist R^*:

$$R^* = \frac{R_B + \beta^* \cdot r_E}{1 + \beta^*}$$

Die Stromquelle u_{Si}/R_i wird nach $u_{Si} \cdot R_B/R_i$ verrechnet und zusammen mit $u_{Si} \cdot R_B/R_i$ addiert.

$$u_{Si}\frac{R_B}{R_i} - u_{Si}\frac{R^*}{R_i} = u_{Si}\frac{R_B - R^*}{R_i} = u_{Si}\frac{R_B - \frac{R_B + \beta^* r_E}{1+\beta^*}}{R_i}$$

$$= u_{Si}\frac{\cancel{R_B} + \beta^* \cdot R_B - \cancel{R_B} - \beta^* \cdot r_E}{R_i + \beta^* \cdot R_i} = \frac{R_B - r_E}{\frac{R_i}{\beta^*} + R_i} \cdot u_{Si}$$

mit β^*:

$$\beta^* = \frac{R_i}{r_E + \frac{R_i}{\beta}}$$

erhält man somit:

$$\frac{R_B - r_E}{R_i + \frac{R_i}{\beta} + r_E} \cdot u_{Si}$$

Setzt man dieses Ergebnis mit u_{NR_B} gleich ergibt sich die äquivalente Eingangsrauschspannung $u_{Ni}(u_{NR_B})$ für einen Bipolartransistor:

$$u_{Ni}|_{u_{NR_B}} = u_{NR_B} \cdot \frac{R_i + \frac{R_i}{\beta} + r_E}{R_B - r_E} \tag{8.2}$$

Beim Feldeffekttransistor erhält man das duale Ergebnis ($\beta \to \infty$, r_E wird zu r_S):

$$u_{Ni}|_{u_{NR_B}} = u_{NR_B} \cdot \frac{R_i + r_S}{R_B - r_S} \tag{8.3}$$

Abb. 8.54 Vergleich
Operationsverstärker –
Transistor

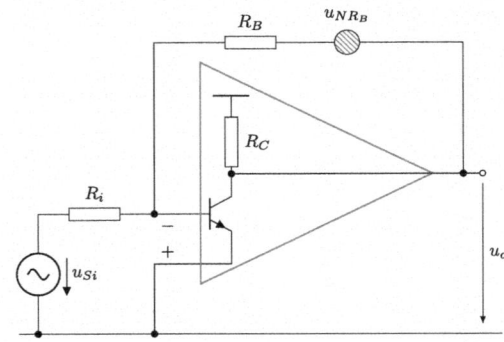

Zum Vergleich Operationsverstärker Transistor (Abb. 8.54)

Operationsverstärker (ideal): $u_{Ni} = u_{NR_B} \cdot \dfrac{R_i}{R_B}$

Transistor: $u_{Ni} = u_{NR_B} \cdot \dfrac{R_i + r_E + \frac{R_i}{\beta}}{R_B - r_E}$

Transistor (ideal $r_E = 0$, $\beta \Rightarrow \infty$): $u_{Ni} = u_{NR_B} \cdot \dfrac{R_i}{R_B}$

Erweiterung der Schaltung mit R_E und C_i (Abb. 8.55). Das Ergebnis von vorher kann direkt ergänzt werden:

$$u_{Ni}|_{u_{NR_B}} = u_{NR_B} \cdot \frac{R_i + \frac{R_i}{\beta} + (r_E + R_E) + \frac{1}{j\omega C_i} + \frac{1}{j\omega\beta C_i}}{R_B - (r_E + R_E)}$$

$$u_{Ni}^2\big|_{u_{NR_B}} = u_{NR_B}^2 \cdot \left(\frac{R_i + \frac{R_i}{\beta} + r_E + R_E}{R_B - (r_E + R_E)}\right)^2 + \left(\frac{\frac{1}{\omega \cdot C_i \,\|\,(\beta \cdot C_i)}}{R_B - (r_E + R_E)}\right)^2$$

Abb. 8.55 Erweiterung der
Schaltung mit R_C und C_i

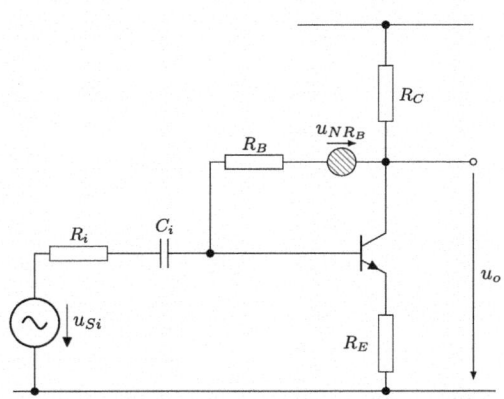

8.8   Rauschen in Kaskadenschaltungen

Es wird nur das Kleinsignal betrachtet. Der Arbeitspunkt wird nicht berücksichtigt. Kapazititäten werden als Kurzschluss betrachtet. Die Versorgungsspannung stellt für Kleinsignal eine Null dar.

8.8.1   Emitter–Emitter-Schaltung

Die äquivalente Eingangsrauschspannung für Abb. 8.56 ergibt sich zu:

$$u_{Ni}^2 = u_{N R_i}^2 + u_{N R_B}^2 \left(\frac{R_i}{R_B} \right)^2 + u_{NTr}^2 \left(1 + \frac{R_i}{R_B} \right)^2 + i_{NTr}^2 \cdot R_i^2$$

$$+ \left[u_{N R_C}^2 \cdot \left(\frac{1}{R_C} \right)^2 + i_{NTr}'^2 + u_{NTr}'^2 \left(\frac{1}{R_C} \right)^2 \right.$$

$$\left. + \frac{u_{N R_C}'^2}{R_C'^2} \cdot \left(\frac{r_E'}{R_C \| (\beta' \cdot r_E')} \right)^2 \right] \cdot \left(\frac{R_i}{\beta} + r_E \right)^2$$

Abb. 8.56
Emitter–Emitter-Schaltung mit
Ersatzschaltbild

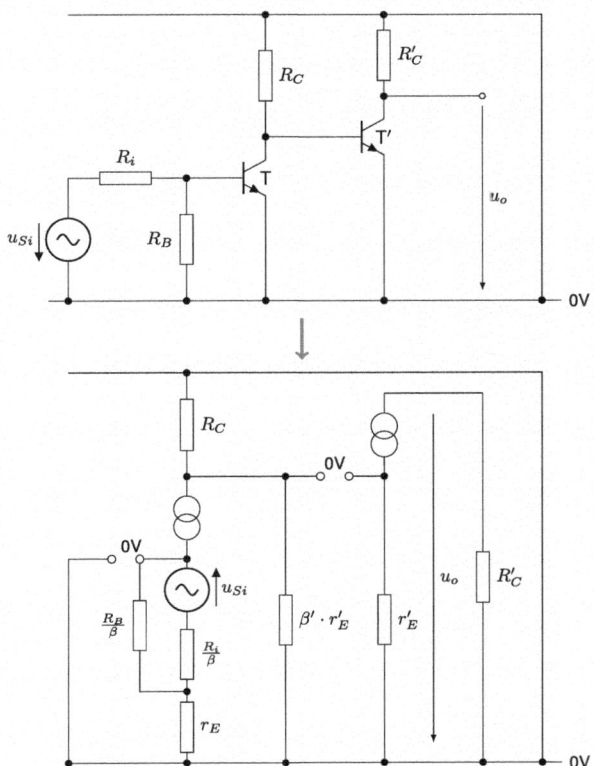

Der rechteckige Klammerausdruck stellt die 2. Stufe und den Anteil für u'_{NR_C} dar. Beim idealen Transistor ist $r_E = 0$ und $\beta \Rightarrow \infty$. Dadurch entfällt die 2. Stufe und $u_{NR'_C}$. Sie kann deshalb normalerweise vernachlässigt werden.

Low-Noise-Dimensionierung:

$$R_B > R_i; \qquad R_C > \left(\frac{R_i}{\beta} + r_E\right)$$

D. h. A_1 groß und $r'_E < R'_C$; $u_{NTr} \approx i_{NTr} \cdot R_i$, damit verbleibt:

$$u_{Ni}^2 = u_{NR_i}^2 + u_{NTr}^2 + i_{NTr}^2 \cdot R_i^2 \approx u_{NR_i}^2 + 2 \cdot u_{NTr}^2$$

8.8.2 Kaskode-Schaltung

$$u_{Ni}^2 = u_{NR_i}^2 + u_{NTr}^2 + i_{NTr}^2 \cdot R_i^2 + \ldots$$

Die Rauschspannungen u'_{NTr} und u'_{NR_B} spielen keine Rolle, sie werden durch die untere Stromquelle abgeblockt (Abb. 8.57). Es verbleiben i'_{NTr} und u_{NR_C} gemäß Abb. 8.58.

Die Rauschstromquelle i'_{NTr} parallel zur gesteuerten Stromquelle, kann keinen Strom durch $(R_i/\beta) + r_E$ erzeugen, da zwischen virtuell 0 V und Null kein Strom fließen kann. Es verbleibt die Stromquelle i'_{NTr} parallel zu $(R_i/\beta) + r_E$:

$$u_{Ni}^2\big|_{i'_{NTr}} = i'_{NTr} \cdot \left(\frac{R_i}{\beta} + r_E\right)$$

Abb. 8.57
Kaskode-Schaltung mit
Ersatzschaltbild

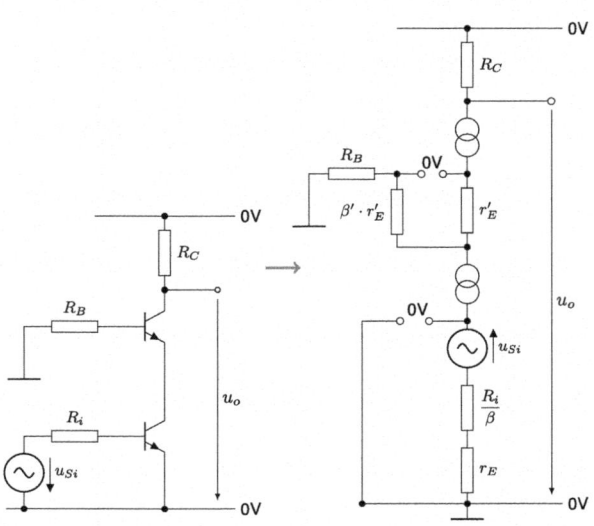

Abb. 8.58 Verrechnung von i'_{NTr}

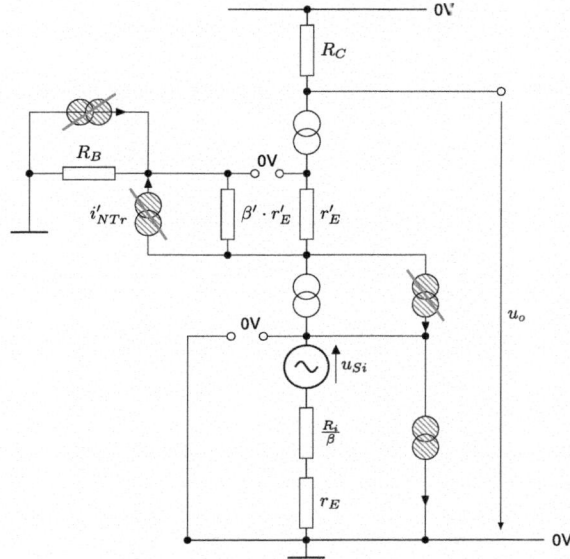

Man wählt am besten eine Pfeilrichtung die bei u_{Si} eine positive Spannung ergibt (gleiche Pfeilrichtung wie u_{Si}). Betrachtet man immer nur eine Stromquelle nach dem Überlagerungssatz, so entfallen die beiden Stromquellen, die parallel zu den gesteuerten Stromquellen liegen (Abb. 8.59). Der jeweilige Rauschstrom kann nur über die gesteuerte

Abb. 8.59 Verrechnung von u_{NR_C}

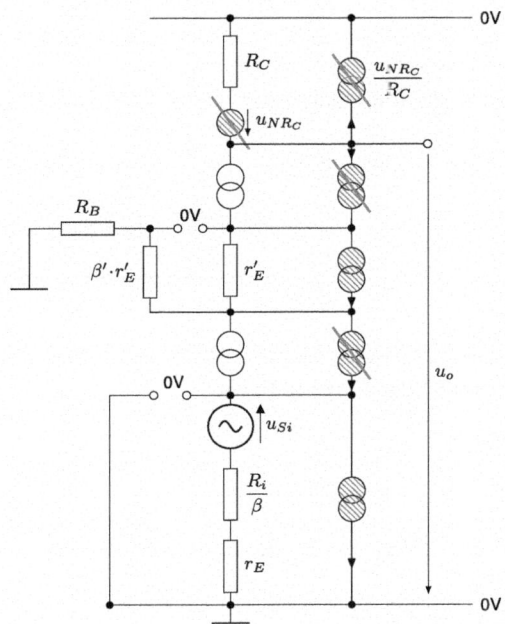

Abb. 8.60 Verrechnung von
$\frac{u_{NR_C}}{R_C} \cdot r_E'$

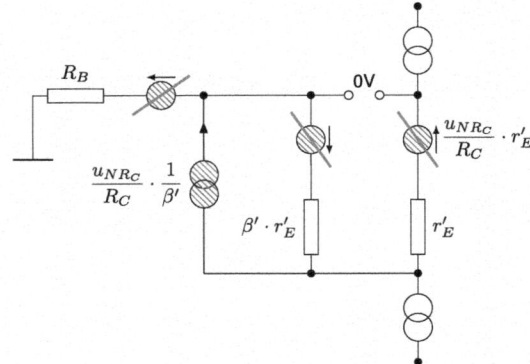

Stromquelle im Kreis fließen. Die unterste Stromquelle u_{NR_C}/R_C ergibt wiederum einen Anteil:

$$\frac{u_{NR_C}}{R_C}\left(\frac{R_i}{\beta}+r_E\right)$$

Die Stromquelle u_{NR_C}/R_C parallel zu r_E' wird in eine Spannungsquelle $(u_{NR_C}/R_C) \cdot r_E'$ umgewandelt und dann verschoben. An der Stelle R_B entfällt sie. An der Stelle $\beta' \cdot r_E'$ wird diese wieder in eine Stromquelle umgewandelt (Abb. 8.60):

$$\Rightarrow \quad \frac{u_{NR_C}}{R_C} \cdot r_E' \cdot \frac{1}{\beta' \cdot r_E'}$$

und dann wie i_{NTr}' verrechnet.

Insgesamt erhält man:

$$u_{Ni}^2 = u_{NR_i}^2 + u_{NTr}^2 + i_{NTr}^2 \cdot R_i^2$$

$$+ \underbrace{i_{NTr}'^2\left(\frac{R_i}{\beta}+r_E\right)^2 + \left(\frac{u_{NR_C}}{R_C}\right)^2\left(1+\frac{1}{\beta'}\right)^2\left(\frac{R_i}{\beta}+r_E\right)^2}_{\text{2. Stufe}}$$

Bei richtiger Dimensionierung kann die 2. Stufe vernachlässigt werden. Mit der Rauschanpassung ergibt sich:

$$u_{Ni}^2 = u_{NR_i}^2 + 2 \cdot u_{NTr}^2$$

8.8.3 Kollektor–Emitter-Schaltung

Für Schaltung aus Abb 8.61 erhält man als äquivalente Eingangsrauschspannung:

Abb. 8.61 Kollektor–Emitter-
Schaltung mit
Rauschersatzschaltbild

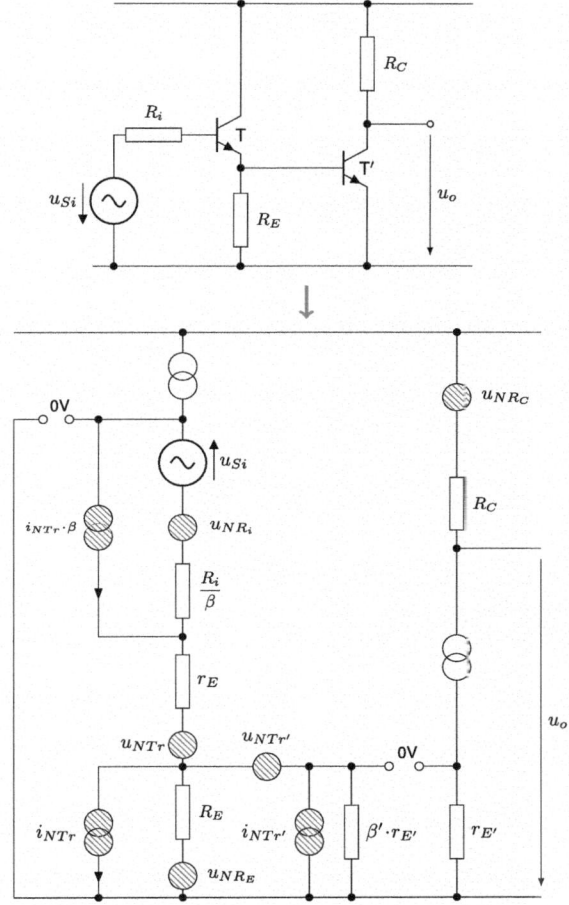

$$u_{Ni}^2 = u_{NR_i}^2 + u_{NTr}^2 + \left(\frac{u_{NR_E}}{R_E}\right)^2 \cdot \left(\frac{R_i}{\beta} + r_E\right)^2$$

$$+ i_{NTr}^2 \cdot \left[R_i - \left(\frac{R_i}{\beta} + r_E\right)\right]^2 + u_{NTr}'^2 \left[1 + \frac{1}{R_E}\left(\frac{R_i}{\beta} + r_E\right)\right]^2$$

$$+ i_{NTr}'^2 \left(\frac{R_i}{\beta} + r_E\right)^2 + \left(\frac{u_{NR_C}}{R_C}\right)^2 \cdot r_E'^2 \left[1 + \frac{1}{R_E \parallel (\beta' \cdot r_E')}\left(\frac{R_i}{\beta} + r_E\right)\right]^2$$

Low-Noise-Dimensionierung:

$$r_E < R_i; \qquad R_E > \left(\frac{R_i}{\beta} + r_E\right);$$

$$r_E' < R_C; \qquad u_{NTr} \approx i_{NTr} \cdot R_i$$

Damit kommt es näherungsweise zu folgendem Ergebnis:

$$u_{Ni}^2 = u_{NR_i}^2 + 2 \cdot u_{NTr}^2 + u_{NTr}'^2$$

Die Rauschspannung u'_{NTr} muss zur ersten Stufe dazugerechnet werden, nicht jedoch i'_{NTr}, da dieser Rauschstrom nur mit einem relativ kleinen Widerstand $R_i/\beta + r_E$ multipliziert wird. Das heißt für den zweiten Transistor wählt man einen relativ großen Kollektorstrom I'_C.

8.8.4 Kollektor–Basisschaltung (Differenzverstärker)

Man erhält die gleiche Beziehung wie bei der Kollektor–Emitterschaltung, da beim Transistor T' nur Basis und Emitter vertauscht sind (Abb. 8.62).

$$u_{Ni}^2 = u_{NR_i}^2 + u_{NTr}^2 + u_{NTr}'^2 + i_{NTr}^2 \cdot R_i^2$$

Abb. 8.62
Emitter–Basisschaltung

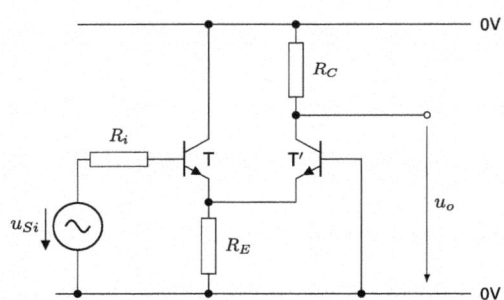

8.8.5 Schaltungen mit Feldeffekttransistoren

Es gelten alle Formeln der Transistorschaltungen weiter, es müssen r_E und r_S vertauscht werden und β unendlich gesetzt werden.

Sonderschaltungen 9

9.1 Übertrager

Idealer Übertrager: $P_1 = P_2 = u_1 \cdot i_1 = u_2 \cdot i_2$

$$\left.\begin{array}{l} u_2 = \ddot{u} \cdot u_1 \\[2mm] i_2 = \dfrac{1}{\ddot{u}} \cdot i_1 \end{array}\right\} \quad \boxed{R_{\text{sekundär}} = \ddot{u}^2 \cdot R_{\text{primär}}} \qquad \ddot{u} = \dfrac{w_2}{w_1}$$

Wobei w_1 und w_2 die Windungen der primären und sekundären Seite darstellen. Mit einem Übertrager (Abb. 9.1) kann ein zu kleiner Quellenwiderstand in einem größeren Widerstand transformiert werden. Bei Quellenwiderständen kleiner 100 Ω wird es schwierig, mit Transistoren eine Rauschanpassung zu erreichen. Transformiert man den Widerstand in einen Widerstandsbereich z. B. größer 1 kΩ, dann kann man wieder Transistoren, Feldeffekttransistoren und Operationsverstärker verwenden (Abb. 9.2).

Abb. 9.1 Idealer Übertragung

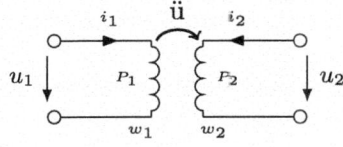

9.2 Parallel- und Serienschaltungen von elektronischen Bauteilen

9.2.1 Widerstände

(a) Parallelschaltung von n gleichen Widerständern:
  Die Rauschspannung u_{NR} wird um $\sqrt{n}$ kleiner
  Der Rauschstrom i_{NR} wird um $\sqrt{n}$ größer

A. Zwick et al., *Signal- und Rauschanalyse mit Quellenverschiebung*,
DOI 10.1007/978-3-642-54037-0_9

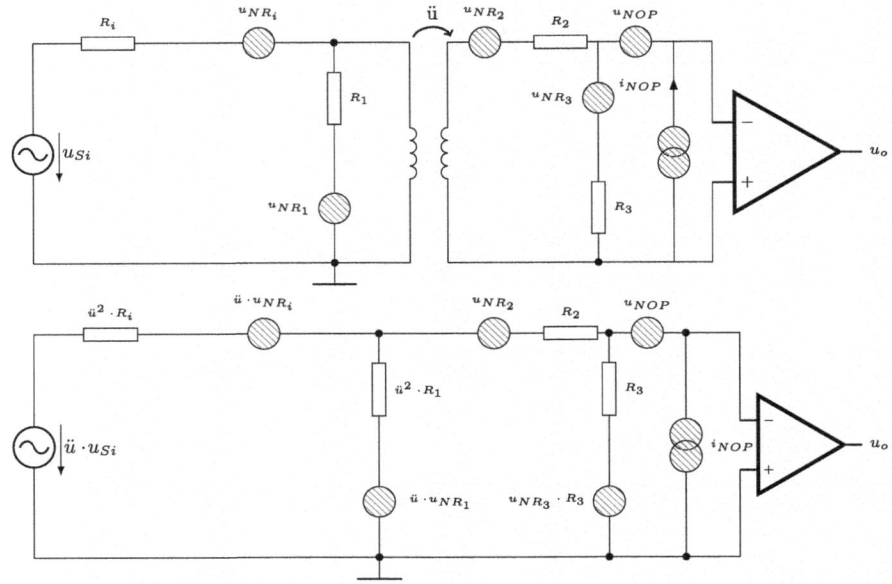

Abb. 9.2 Schaltung mit idealem Übertrager und Ersatzschaltung

(b) Serienschaltung von n gleichen Widerständen:
   Die Rauschspannung u_{NR} wird um $\sqrt{n}$ größer
   Der Rauschstrom i_{NR} wird um $\sqrt{n}$ kleiner

9.2.2 Parallelschaltung von Transistoren

Man kann nicht einfach Transistoren parallel schalten. Ausnahme: Transistoren in einem gemeinsamen Gehäuse.

Bei gleicher Basis-Emitterschaltung erhält man stark unterschiedliche Ströme I_C. Transistor T_1 in Abb. 9.3 wird wärmer, und dadurch verschiebt sich die Kennlinie um ca. $-2\,\mathrm{mV/°C}$. Der Stromunterschied wird dadurch noch größer.

Abb. 9.3 Problem der
Parallelschaltung von
Transistoren

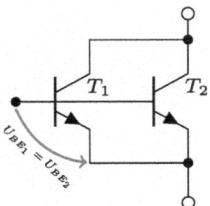

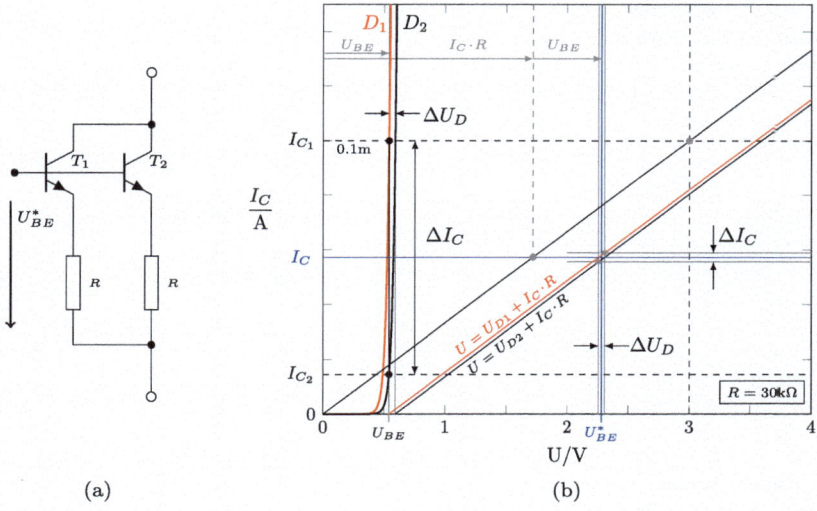

(a)   (b)

Abb. 9.4 Parallelschaltung von Transistoren

Um Transistoren parallel zu schalten, muss man zusätzliche Widerstände jeweils in Serie schalten (Abb. 9.4). Dadurch wird die effektive Kennlinie $I_C = f(U_{BE}^*)$ durch Scherung flacher und weniger gekrümmt.

Die Widerstände R können zur Kleinsignalübertragung wieder mit Kapazitäten überbrückt werden. Zur Rauschbetrachtung bei der Parallelschaltung von Transistoren verwendet man folgende Beziehung:

$$u_{NTr} = \sqrt{4kT\left(r_B + \frac{r_E}{2}\right)} = \sqrt{4kT\left(r_B + \frac{U_T}{2I_C}\right)} \quad \text{und}$$

$$i_{NTr} = \sqrt{2e \cdot \frac{I_C}{\beta}}$$

Abbildung 9.5 zeigt die beiden unterschiedliche Bereiche der Spannung u_{NTr}.

Abb. 9.5 Rauschspannung
u_{NTr} in Abhängigkeit von I_C

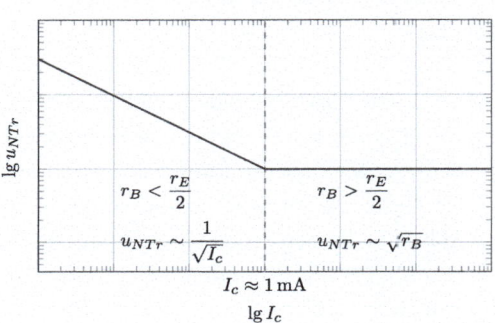

Abb. 9.6 Parallelschaltung
von Transistoren bei gleichen
Gesamtstrom

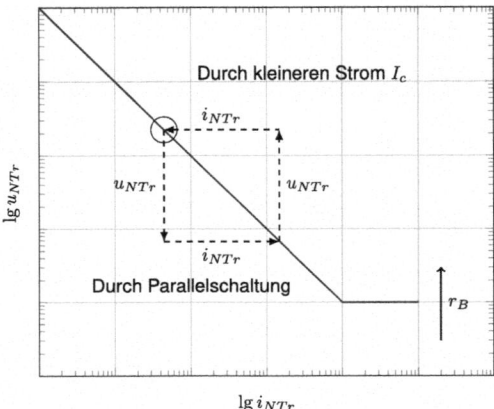

Abb. 9.7 Parallelschaltung
von Transistoren mit großen
Strom I_C

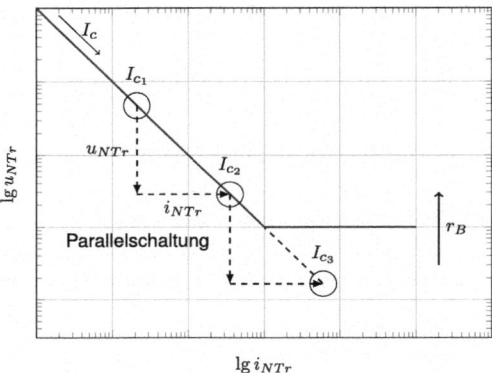

Außerdem gilt bei Parallelschaltung:

$$u^*_{NTr} = \frac{u_{NTr}}{\sqrt{n}} \quad \text{und} \quad i^*_{NTr} = i_{NTr} \cdot \sqrt{n}$$

Trägt man logarithmisch u_{NTr} über i_{NTr} auf, so kann man zwischen drei Fällen unterscheiden:

1. Der Gesamtstrom bleibt konstant, d. h. bei der Parallelschaltung von n Transistoren hat jeder Transistor nur noch einen Kollektorstrom von I_C/n, Abb. 9.6. Am Ende bleibt bei dieser Variante der Rauschstrom und die Rauschspannung erhalten.

2. Der Gesamtstrom wird n-mal so groß, dass jeder Transistor seinen I_C beibehält (Abb. 9.7). Diesen neuen Gesamttransistor mit u^*_{NTr} und i^*_{NTr} hätte man auch mit dem größeren Gesamtstrom durch einen Transistor erhalten können, solange der Transistor noch nicht im Bereich $r_B > (r_E/2)$ arbeitet.

Abb. 9.8 Parallelschaltung
von Operationsverstärkern

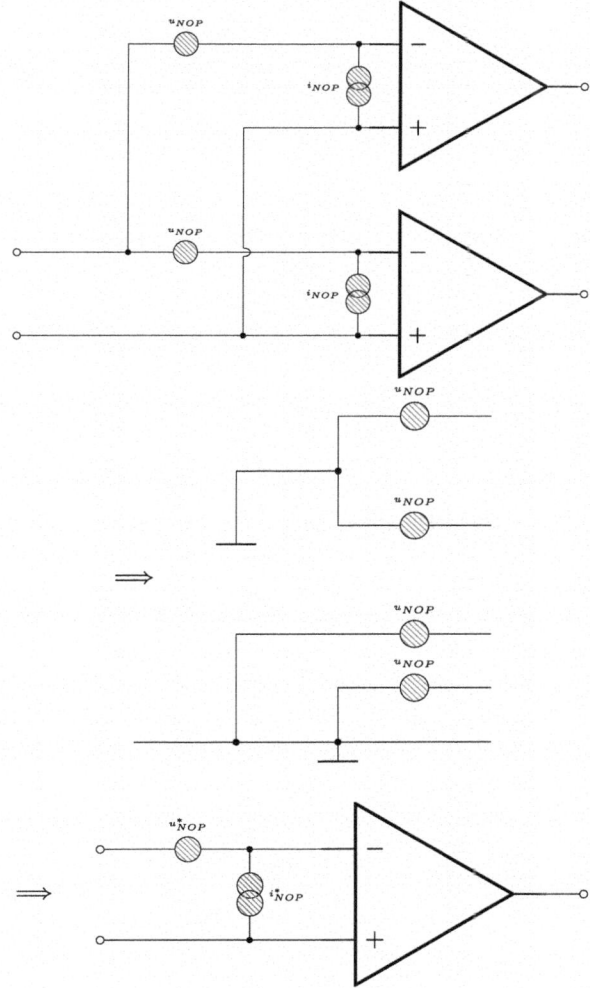

3. Arbeitet man im Bereich $r_B \approx (r_E/2)$ oder $r_B > (r_E/2)$, kann man Rauschspannungen
   u^*_{NTr} erhalten, die mit einem einzelnen Transistor nicht erreichbar sind. Mit einer sol-
   chen Parallelschaltung kann man besser an niederohmige Quellenwiderstände anpassen
   und damit eventuell einen Übertrager vermeiden.

Ergebnis:

Eine Parallelschaltung von Transistoren ist nur bei großen Einzelströmen I_C sinnvoll, d. h. bei Anpassung an kleine Quellenwiderstände (Fall 3).

Beachte:
Bei Parallelschaltung von Transistoren erhöhen sich die Kapazitäten C_{BE} und C_{CB} um den Faktor n.

9.2.3 Parallelschaltung von Feldeffekttransistoren

Da Feldeffekttransistoren eine quadratische Kennlinie haben, im Gegensatz zu Bipolartransistoren, können sie leichter miteinander parallel geschaltet werden. Dies kann auch bei kleineren Strömen I_D sinnvoll sein. Dabei steigen jedoch die Kapazitäten C_{GS} und C_{DG} stark an. Man beachte jedoch, dass es schon solche Feldeffekttransistor-Verbindungen zu kaufen gibt, die eine Rauschspannung von 1 nV oder darunter besitzen.

9.2.4 Parallelschaltung von Operationsverstärkern

Beachte:
Die Ausgänge der Operationsverstärker können nicht direkt miteinander verbunden werden (Abb. 9.8). Mann kann nicht die Ausgangsspannungsquellen $u_e \cdot A_{01}$ und $u_e \cdot A_{02}$, wenn sie verschieden sind, kurzschließen.

Bei einem Mehrfach-OP in einem Gehäuse kann man durch einen jeweiligen zusätzlichen Ausgangswiderstand den Ausgleichsstrom begrenzen. Am besten ist es jedoch, jedem OP eine eigen Rückkopplung zu geben und die einzelnen Ausgangsspannungen durch einen weiteren OP zusammenführen (Abb. 9.9).

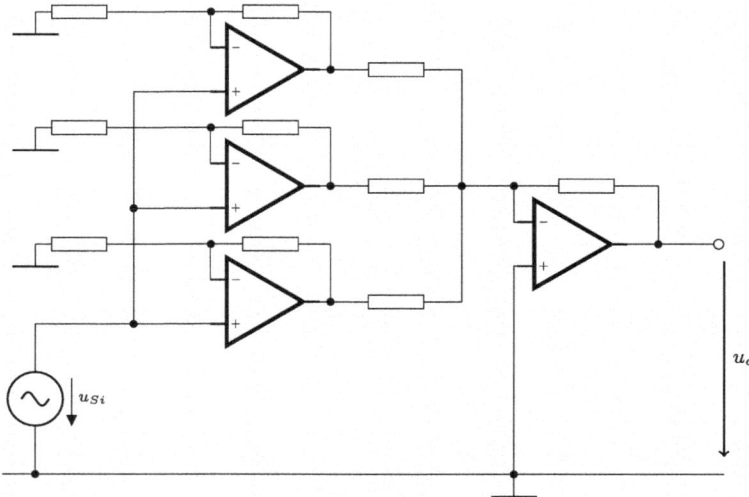

Abb. 9.9 Parallelschaltung von Operationsverstärkern

9.3   Rauschen eines Transistors als Diode

Wie aus dem Abschn. 1.2.2 bekannt ist, gilt:

$$I_{Nsh} = \sqrt{2 \cdot e \cdot I_{DC} \Delta f}$$
$$i_{Nsh} = \sqrt{2 \cdot e \cdot I_{DC}}$$

Durch Umrechnung erhält man:

$$r_D = \frac{U_T}{I_{DC}} = \frac{k \cdot T}{e \cdot I_{DC}} \quad e \cdot I_{DC} = \frac{k \cdot T}{r_D}$$

$$i_{Nsh} = \sqrt{\frac{2kT}{r_D}} = \sqrt{\frac{4kT}{2r_D}}$$

Eine Diode rauscht um den Faktor $1/\sqrt{2}$ weniger als der differentielle Widerstand r_D thermisch rauscht. Die Funktion einer Diode kann durch einen Transistor gebildet werden. Gleichstrombetrachtung (Abb. 9.10). Kleinsignalbetrachtung (Abb. 9.11).

Abb. 9.10 Transistor als
Diode geschaltet

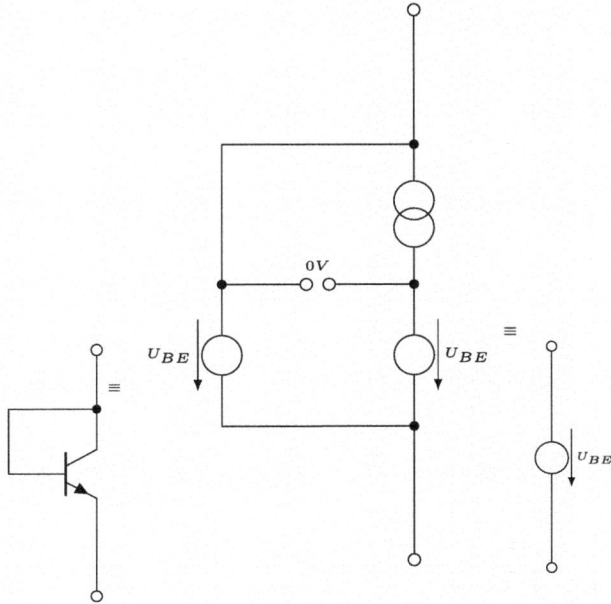

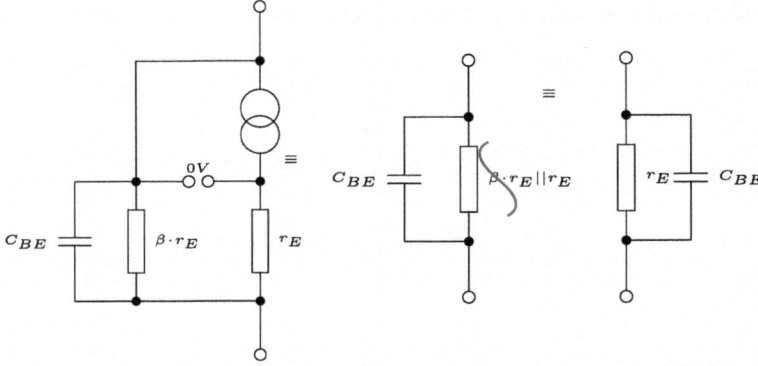

Abb. 9.11 Kleinsignal, Transistor als Diode geschaltet

Rauschen der Transistordiode (Abb. 9.12)

$$u_{NTr} = \sqrt{4kT\left(r_B + \frac{r_E}{2}\right)}$$

$$i_{NTr} \cdot r_E = \sqrt{\frac{4kT}{\beta 2 r_E}} \cdot r_E = \frac{1}{\sqrt{\beta}} \sqrt{4kT \cdot \frac{r_E}{2}}$$

$i_{NTr} \cdot r_E$ ist um ca. $1/\sqrt{\beta}$ kleiner als u_{NTr} und kann deshalb vernachlässigt werden.

Fazit: Vergleicht man dies mit dem Rauschen einer Diode:

$$u_{ND} = i_{Nsh} \cdot r_D = \sqrt{4kT\left(\frac{r_D}{2}\right)}$$

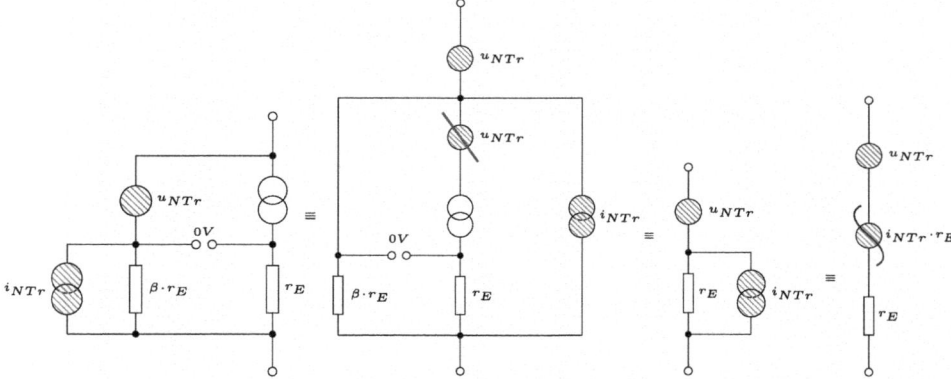

Abb. 9.12 Rauschen des Transistors als Diode geschaltet

hat sich das Rauschen eines Transistors als Diode um r_B zu dem Term $r_D/2$ vergrößert! Dies betrifft nur größere Ströme.

9.4 Stromquellen

9.4.1 Transistorstromquelle

Siehe Abb. 9.13

$$I_C = \frac{U - U_{BE}}{\frac{R_B}{\beta} + R_E} \qquad i_C = \frac{u_{Si}}{r_E + \frac{R_B}{\beta} + R_E}$$

Innenwiderstand Der Widerstand r_{CE} wird durch die Early-Spannung $(= U_{Ea})$ des Transistors gegeben $r_{CE} \approx (U_{Ea}/I_C)$. Durch eine Stern–Dreieck–Umwandlung kann man den Innenwiderstand leicht bestimmen (Abb. 9.14). Durch $R_{\pi 2}$ kann kein Strom fließen,

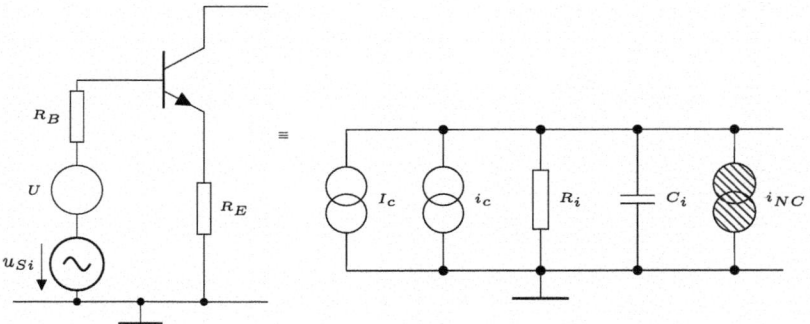

Abb. 9.13 Transistorstromquelle mit Ersatzschaltbild

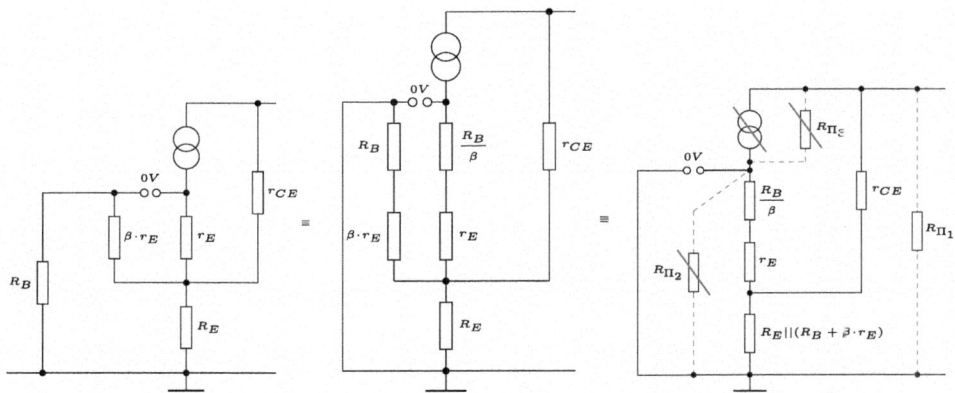

Abb. 9.14 Bestimmung des Innenwiderstandes einer Transistorstromquelle

Abb. 9.15 Innenwiderstand in
Abhängigkeit von R_E

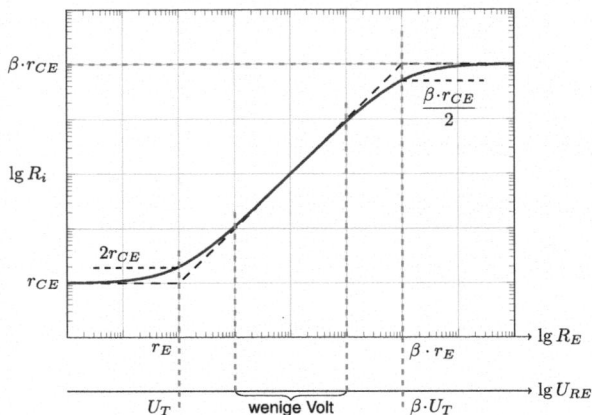

da keine Spannung vorhanden ist (virtueller Kurzschluss). Die gesteuerte Stromquelle zusammen mit $R_{\pi 3}$ kann ebenfalls entfallen, da in diese Parallelschaltung kein Strom ab-
und hineinfließen kann. Der Innenwiderstand der Stromquelle beträgt somit $R_i = R_{\pi 1}$

$$R_i = \underbrace{R_E \parallel (R_B + \beta \cdot r_E)} + r_{CE} + r_{CE} \cdot \frac{R_E \parallel (R_B + \beta \cdot r_E)}{\frac{R_B}{\beta} + r_E}$$

Sonderfall $R_B = 0$:

$$R_i = \underbrace{R_E \parallel \beta \cdot r_E} + r_{CE} + r_{CE} \cdot \frac{R_E \parallel \beta \cdot r_E}{r_E}$$

Der Widerstand r_{CE} beträgt bei $I_C = 1$ mA und $U_{Ea} \approx 100$ V ca. 100 kΩ. Der Widerstand R_E kann bei einem I_C von 1 mA nur wenige kΩ betragen, da sonst die Spannung
$U_{RE} = I_C \cdot R_E$ zu groß werden würde. $R_E \parallel \beta \cdot r_E$ kann deshalb vernachlässigt werden.
Abbildung 9.15 zeigt den Verlauf des Innenwiderstandes bei veränderlichem Widerstand
R_E. Multipliziert man R_E mit I_C, so erhält man die Spannung U_{RE} und bei r_E die Spannung U_T.
Im Arbeitsbereich kann man die Formel vereinfachen:

$$R_i \approx r_{CE} \cdot \frac{R_E}{r_E} = \frac{U_{Ea}}{I_C} \cdot \frac{R_E}{\frac{U_T}{I_C}} = \frac{U_{Ea}}{U_T} \cdot R_E$$

$$R_i \approx (3000 \ldots 4000) \cdot R_E$$

Normalerweise gibt es noch einen Basiswiderstand R_B zu berücksichtigen. Er verschiebt die Kurve zu höheren Widerständen R_E. Der Innenwiderstand wird dadurch etwas
geringer im Arbeitsbereich (Abb. 9.16).

Abb. 9.16 Innenwiderstand
der Transistorstromquelle mit
R_B

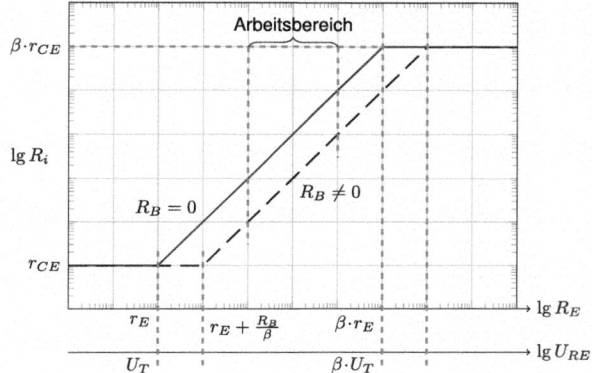

Kapazität der Transistorstromquelle (Innenimpedanz) Den Innenwiderstand bildet
hauptsächlich die Kapazität C_i (Abb. 9.17):

Die Kapazität C_{BE} spielt erst bei ganz hohen Frequenzen eine Rolle. Die Widerstände
auf der Basisseite kann man zusammenfassen

$$(r_E + R_E) \cdot \frac{R_B}{r_E + R_E} \parallel \beta \cdot (r_E + R_E) = (r_E + R_E) \cdot \underbrace{\left(\beta \parallel \frac{R_B}{r_E + R_E} \right)}_{\beta^*}$$

Mit der errechneten neuen Stromverstärkung β^* kann jetzt C_{CB} ebenfalls in den Kollektorkreis transformiert werden. Durch den virtuellen Kurzschluss entfällt die Stromquelle. Da erst bei ganz hohen Frequenzen der ohm'sche Term

$$(r_E + R_E) \parallel (r_E + R_E) \cdot \beta^*$$

eine Rolle spielt, kann er weggelassen werden. Damit erhält man für C_i:

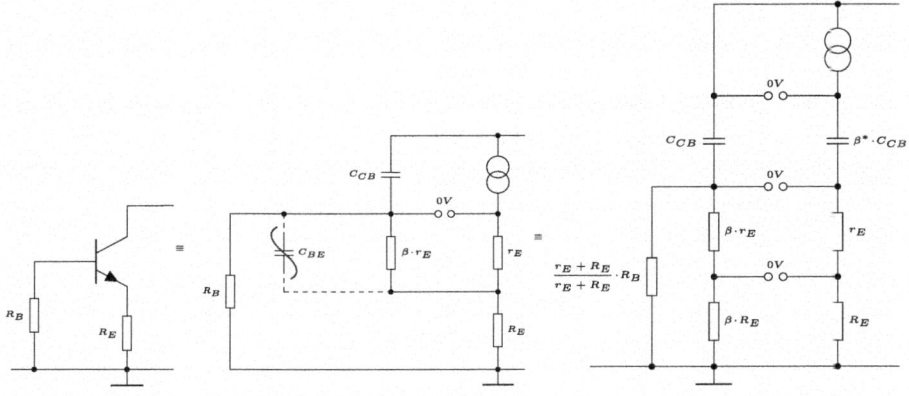

Abb. 9.17 Kapazität C_i der Transistorstromquelle

Abb. 9.18 Vergleich beider Stromquellen

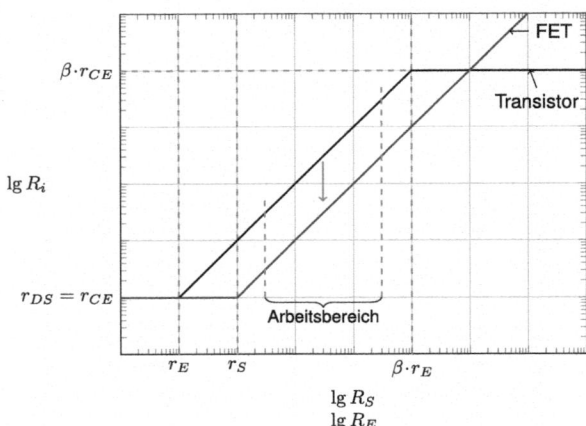

$$C_i = C_{CB}\left(1 + \beta^*\right)$$

$$= C_{CB}\left(1 + \frac{\beta \cdot \frac{R_B}{r_E + R_E}}{\beta + \frac{R_B}{r_E + R_E}}\right) = C_{CB}\left(1 + \frac{R_B}{r_E + R_E + \frac{R_B}{\beta}}\right)$$

$$C_i = C_{CB}\frac{r_E + R_E + \frac{R_B}{\beta} + R_B}{r_E + R_E + \frac{R_B}{\beta}} \qquad \text{oder} \qquad C_i = C_{CB}\left(1 + \frac{R_B}{r_E} \parallel \frac{R_B}{R_E} \parallel \beta\right)$$

Stromquelle mit Feldeffekttransistoren   Man erhält die dualen Beziehungen, indem man r_E mit r_S ersetzt und β als unendlich annimmt. Bei großen Widerständen R_S wird jedoch der Innenwiderstand nicht mehr begrenzt. Ein Widerstand auf der Gate-Seite (R_G) spielt beim Innenwiderstand keine Rolle (Abb. 9.18).

Den großen Innenwiderstand der FET-Stromquelle kann man meist nicht ausnutzen, da er einen zu großen Widerstand R_S hat, und damit eine zu große Spannung über R_S erfordern würde.

Rauschen der Transistorstromquelle (Abb. 9.19)   Zuerst teilt man i_{NTr} in zwei gleich große Rauschquellen auf. Danach kann man alle Bauteile so transformieren, damit i_C und i_B aufgetrennt sind. Bei der Transformation von R_E, u_{NR_E} und i_{NTr} entsteht bei $\beta \gg 1$ ein vernachlässigbarer Fehler. Das Ergebnis kann jetzt allein auf der Kollektorstromseite abgelesen werden (Abb. 9.20).

$$i_{NC}^2 = \frac{u_{NTr}^2 + u_{NR_B}^2 + u_{NR_E}^2 + i_{NTr}^2 \cdot (R_E + R_B)^2}{(R_E + r_E + \frac{R_B}{\beta})^2}$$

Die Formel für i_{NC} besteht aus vier Rauschanteilen, die quadratisch addiert werden. Grafische Darstellung:

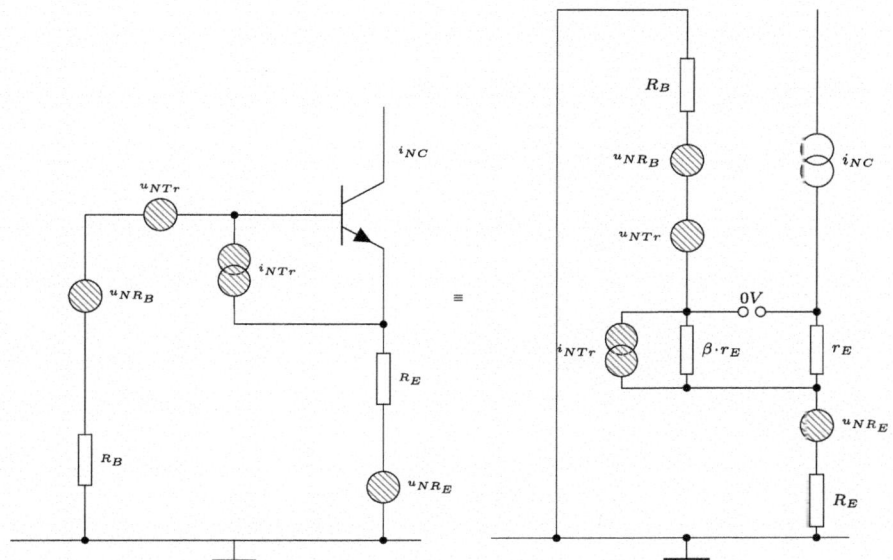

Abb. 9.19 Rauschen der Transistorstromquelle

Abb. 9.20 Transformation der
Bauteile

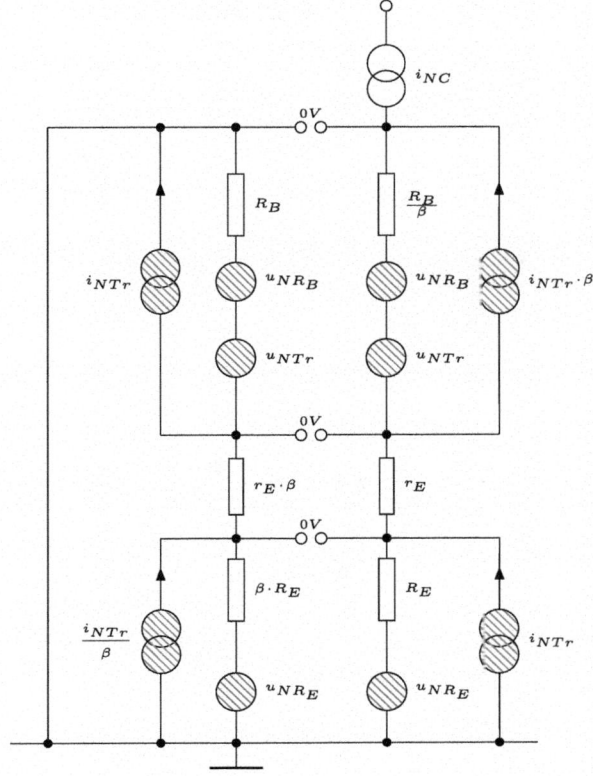

Man unterscheidet jeweils zwei Bereiche ($R_E = 0$ und $R_E \gg r_E + R_B/\beta$)

Rauschanteil ①

$$i_{NC} = \frac{u_{NTr}}{(r_E + \frac{R_B}{\beta}) + R_E}$$

$$R_E = 0: \quad \frac{u_{NTr}}{r_E + \frac{R_B}{\beta}} \quad \text{Annahme } \frac{R_B}{\beta} < r_E$$

$$i_{NC} = \sqrt{\frac{4kT}{2r_E}} = \sqrt{2 \cdot e \cdot I_C}$$

(Rauschen des Kollektorstromes)

$$R_E > \left(r_E + \frac{R_B}{\beta}\right): \quad i_{NC} = \frac{u_{NT}}{R_E} \sim \frac{1}{R_E}$$

$$(\text{Abfall mit}) -20 \, \frac{\text{dB}}{\text{Dekade}}$$

$$\text{Schnittpunkt:} \quad R_E = r_E + \frac{R_B}{\beta}$$

Die Rauschquelle u_{NR_B} wird ebenso verrechnet.

$$i_{NC} = \frac{u_{NR_B}}{(r_E + \frac{R_B}{\beta}) + R_E}$$

Beide Rauschanteil-Dichten können quadratisch addiert werden.

Rauschanteil ②

$$i_{NC} = \frac{u_{NR_E}}{(r_E + \frac{R_B}{\beta}) + R_E}$$

$$R_E < \left(r_E + \frac{R_B}{\beta}\right): \quad i_{NC} = \frac{\sqrt{4kT R_E}}{(r_E + \frac{R_B}{\beta})} \sim \sqrt{R_E}$$

$$\left(\text{Anstieg mit} +10 \, \frac{\text{dB}}{\text{Dekade}}\right)$$

$$R_E > \left(r_E + \frac{R_B}{\beta}\right): \quad i_{NC} = \frac{\sqrt{4kT R_E}}{R_E} \sim \frac{1}{\sqrt{R_E}}$$

$$\left(\text{Abfall mit} -10 \, \frac{\text{dB}}{\text{Dekade}}\right)$$

Rauschanteil ③

$$i_{NC} = \frac{i_{NTr}(R_B + R_E)}{(r_E + \frac{R_B}{\beta}) + R_E}$$

$$R_E < \left(r_E + \frac{R_B}{\beta}\right): \quad i_{NC} = \frac{i_{NTr}(R_B + R_E)}{r_E + \frac{R_B}{\beta}}$$

ist sehr niedrig

$$R_E > \left(r_E + \frac{R_B}{\beta}\right): \quad i_{NC} = \frac{i_{NTr}(R_B + R_E)}{R_E}$$

$$i_{NC} \approx i_{NTr} \quad \text{für } R_E > R_B$$

Ergebnis:

Bei kleineren R_E ist der Bereich ① dominierend I. Bei großen R_E ist der Bereich ③ dominierend III, dazwischen rauscht hauptsächlich der Rauschstrom des Widerstandes R_E II. Berechnung der Schnittpunkte der Bereiche I, II und III.

Bereich I und II:

$$\frac{4kT R_B}{R_E^2} + \frac{4kT \frac{r_E}{2}}{R_E^2} = \frac{4kT R_E}{R_E^2}$$

$$R_E = R_B + \frac{r_E}{2} \quad \left(\Rightarrow U_{R_E} = I_C \cdot R_B + \frac{U_T}{2}\right)$$

Bereich II und III:

$$\frac{4kT}{R_E} = \frac{4kT}{2\beta \cdot r_E} \quad \Rightarrow \quad R_E = 2R_B \cdot r_E \quad (\Rightarrow U_{R_E} = 2\beta \cdot U_T)$$

In Abb. 9.21 stellt ④ das Gesamtrauschen dar.

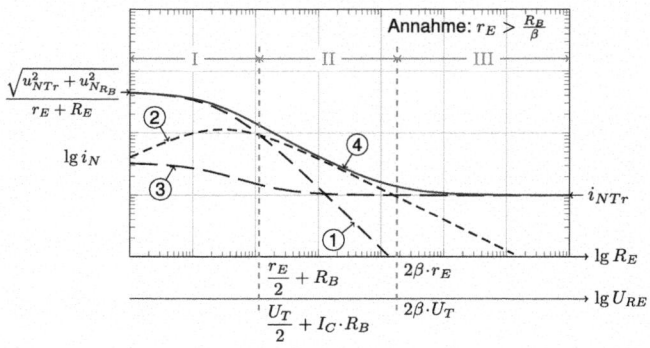

Abb. 9.21 Zusammensetzung der einzelnen Rauschanteile

Abb. 9.22 Vergleich
Transistor und FET

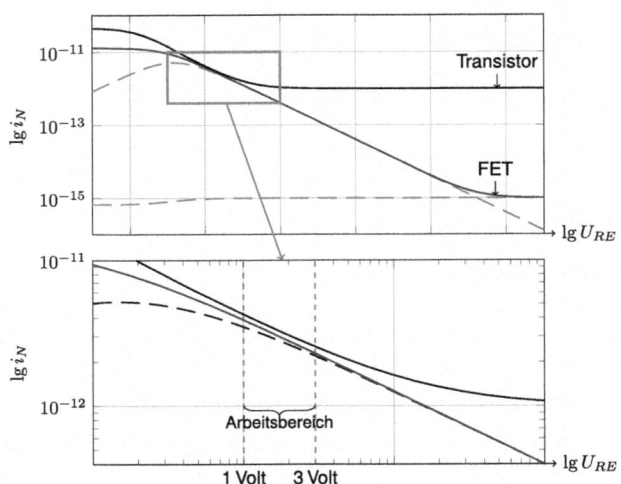

Multipliziert man R_E mit I_C, so erhält man die Gleichspannung am Widerstand R_E,
Abb. 9.21. An den beiden Schnittpunkten ist das gesamte Rauschen $\sqrt{2}$ mal so groß. Normalerweise liegt der Arbeitsbereich einer Stromquelle (Spannung U_{R_E}) bei ca. 1 V … 3 V,
d. h. wenige Volt. In diesem Bereich rauscht praktisch nur noch R_E. Verwendet man einen
Feldeffekttransistor, so wird der obere Schnittpunkt durch $r_S > r_E$ wenig und der untere
Schnittpunkt durch $i_{NF} \ll i_{NTr}$ stark zu höheren Werten R_E verschoben. Im Arbeitsbereich rauscht weiterhin praktisch nur R_E (siehe Abb. 9.22).

Fazit zu Abb. 9.21: Es gibt 3 typische Bereiche

(I) Sonderfall $R_E = R_B = 0$:

$$i_{NC} = \sqrt{\frac{u_{NTr}}{R_E}} = \sqrt{2e\,I_C}$$

(II) $\frac{U_T}{2} + I_C \cdot R_B < U_{R_E} < 2\beta U_T$:

$$i_{NC} \approx i_{NR_E}$$

(III) $U_{R_E} > 2\beta U_T$:

$$i_{NC} \approx i_{NTr} \quad \text{oder } i_{NFet}$$

Beispiel-Werte:

$$I_C = I_D = 1\,\text{mA}$$

Transistor　　　　　　　FET

$$u_{NTr} = 0,5\,\frac{\text{nV}}{\sqrt{\text{Hz}}}\qquad u_{NFet} = 1,5\,\frac{\text{nV}}{\sqrt{\text{Hz}}}$$

$$i_{NTr} = 0,5\,\frac{\text{pA}}{\sqrt{\text{Hz}}}\qquad i_{NFet} = 1\,\frac{\text{fA}}{\sqrt{\text{Hz}}}$$

$$r_E = 30\,\Omega\qquad\qquad r_S = 150\,\Omega$$

$$\beta = 300\qquad\qquad\quad \beta = \infty$$

$$R_E = 1\ldots 100\,\text{k}\Omega$$

9.4.2 Transistorstromquelle mit Operationsverstärker

Siehe Abb. 9.23

$$I_C = \frac{U_{DC}}{R_E}\qquad i_C = \frac{u_{Si}}{R_E}$$

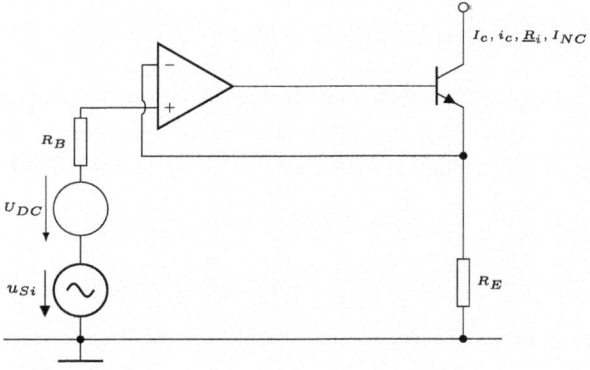

Abb. 9.23
Transistorstromquelle mit
Operationsverstärker

Innenwiderstand der Stromquelle Der Widerstand $\beta \cdot r_E$ wird mit dem Millereffekt auf beiden Seiten gegen Masse transformiert. Am Ausgang des OP bleibt er unberücksichtigt. Zur Bestimmung des Innenwiderstandes kann jetzt dual Abb. 9.14 nach der Stern–Dreieck–Umwandlung betrachtet werden (Abb. 9.24).

$$R_i = R_E \parallel \frac{\beta \cdot r_E}{\underline{A}_0} + r_{CE} + r_{CE} \cdot \frac{R_E \parallel \frac{\beta \cdot r_E}{\underline{A}_0}}{\frac{r_E}{\underline{A}_0}}$$

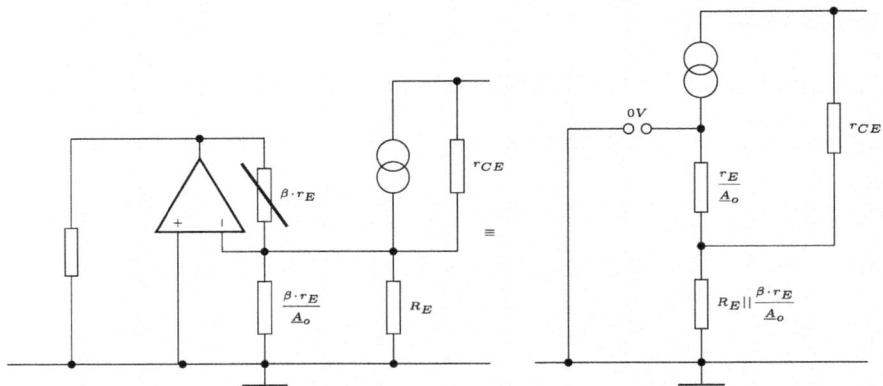

Abb. 9.24 Bestimmung des Innenwiderstandes

Abb. 9.25 Innenwiderstand
der Transistorstromquelle mit
OP

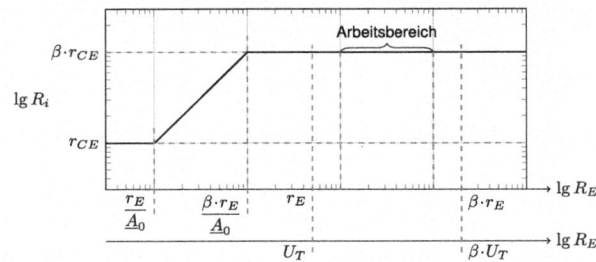

Man erhält die gleiche Struktur der Darstellung wie in Abb. 9.16, nur beginnt der Anstieg von R_i schon bei ganz kleinen Widerständen R_E. Im Arbeitsbereich beträgt der Innenwiderstand jetzt immer sofort $\beta \cdot r_{CE}$ (siehe Abb. 9.25).

$$R_E \geq \frac{\beta \cdot r_E}{A_0} \Rightarrow R_i = \beta \cdot r_{CE}$$

Hierzu wird vereinfacht der Ausgang des OP's gegen Masse betrachtet. Die Kapazität der Stromquelle beträgt hier C_{CB}.

Rauschen der Stromquelle (Abb. 9.26 und 9.27)

$$i_{NC}^2 = \underbrace{\left(\frac{u_{NR_B}}{R_E}\right)^2}_{2)} + \underbrace{\left(\frac{u_{NOP}}{R_E}\right)^2}_{1)} + \underbrace{\left(\frac{u_{NR_E}}{R_E}\right)^2}_{3)} + \underbrace{i_{NTr}^2 + i_{NOP}^2\left(1 + \frac{R_B}{R_E}\right)^2}_{4)}$$

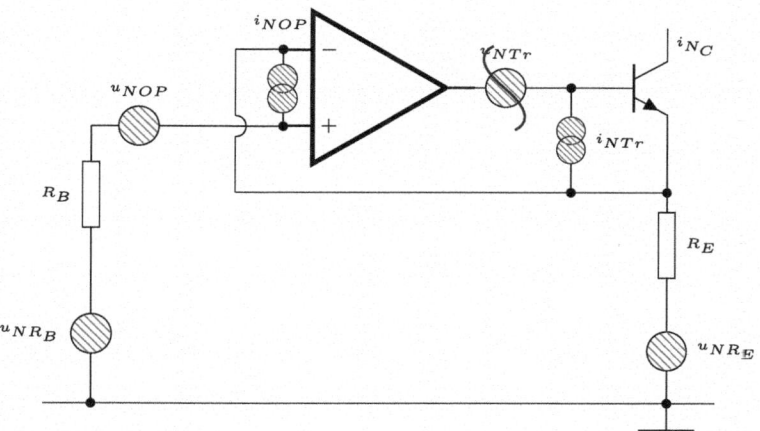

Abb. 9.26 Rauschen der Stromquelle

Abb. 9.27 Rauschen einer
Transistorstromquelle mit
Operationsverstärker

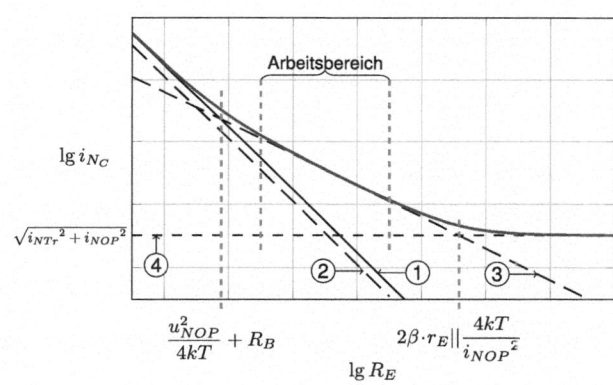

9.5 Stromspiegel–Schaltungen

Stromspiegel–Schaltungen werden vor allem bei integrierten analogen Schaltungen verwendet. Beim diskreten Aufbau benötigt man Doppel-Transistoren oder Mehrfach-Transistoren, die auf einem Chip aufgebaut sind.

9.5.1 Einfache Stromspiegel–Schaltung

Annahme: $R > r_E$

Sind beide Transistoren identisch und vernachlässigt man den Basisstrom, so wird $I_{C_1} = I_{C_2}$ da $U_{BE_1} = U_{BE_2}$ ist. Vernachlässigt man in Abb. 9.28 $\beta \cdot r_E$ gegenüber r_E,

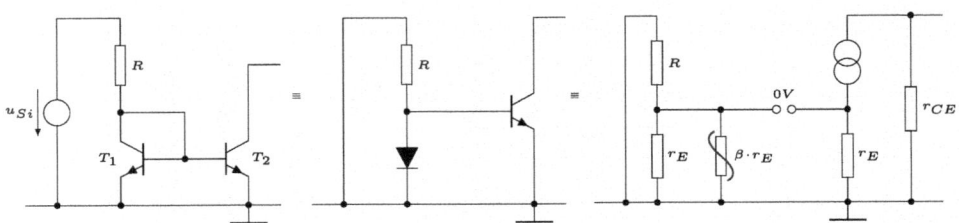

Abb. 9.28 Einfacher Stromspiegel mit Ersatzschaltung

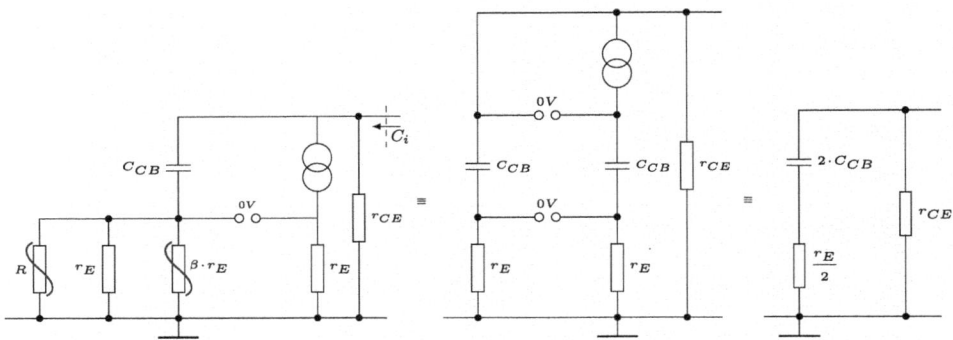

Abb. 9.29 Kapazität der einfachen Stromspiegel–Schaltung

so wird auch $i_{c_2} \approx i_{c_1}$. Der Innenwiderstand der einfachen Stromspiegel–Schaltung ist r_{CE}.

Bestimmung des komplexen Innenwiderstandes der Stromspiegel–Schaltung Der Realteil des komplexen Innenwiderstandes ist r_{CE}. Den Imaginärteil erklärt Abb. 9.29. Der Basisstrom wird gleich dem Kollektorstrom, d. h. die Stromverstärkung wird zu 1. Jetzt kann man die Kapazität in den Kollektorstromkreis unter die gesteuerte Stromquelle transformieren. Es entsteht ein weiterer virtueller Kurzschluss parallel zur gesteuerten Stromquelle.

Die Kapazität C_i der einfachen Stromspiegel-Schaltung beträgt somit $C_i = 2 \cdot C_{CB}$. $r_E/2$ kann vernachlässigt werden.

Rauschen der einfach Stromspiegel–Schaltung (Abb. 9.30)

$$i_{NC_2} = u_{NTr} \cdot \sqrt{2} \cdot \frac{1}{r_E + \frac{r_E}{\beta}} \approx \sqrt{2} \cdot \frac{u_{NTr}}{r_E} = \sqrt{2} \cdot \sqrt{2eI_C}$$

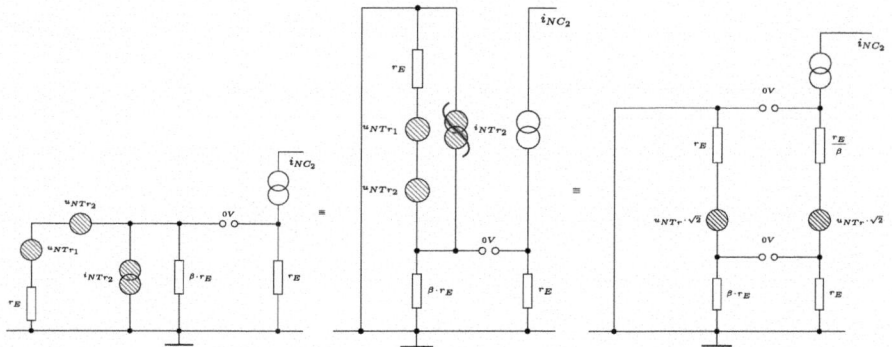

Abb. 9.30 Rauschen der einfachen Stromspiegel–Schaltung

9.5.2   Wilson-Stromspiegel

Komplexer Innenwiderstand der Stromquelle   Realteil: Betrachtet man ideale Transistoren ($\beta \to \infty$), so sind alle Ströme I_C gleich groß. Daraus ergibt sich (Abb. 9.31):

$$r_{E_1} = r_{E_2} = r_{E_3} = r_E$$

$$u_{NTr_1} = u_{NTr_2} = u_{NTr_3} = u_{NTr}$$

$$i_{NTr_1} = u_{NTr_2} = u_{NTr_3} = u_{NTr}$$

$(R + \beta \cdot r_E)$ kann mit dem Millereffekt transformiert werden (Abb. 9.32).

$$A' = -\frac{R}{r_E} \rightarrow R^* = \frac{R + \beta \cdot r_E}{1 - (-\frac{R}{r_E})} = \frac{R + \beta \cdot r_E}{1 + \frac{R}{r_E}}$$

Abb. 9.31
Wilson-Stromspiegel

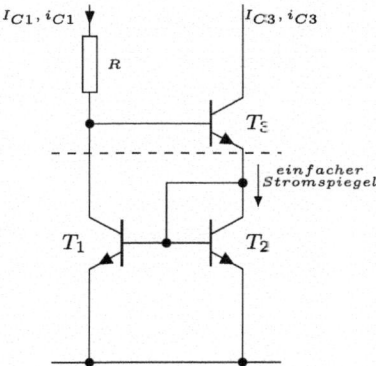

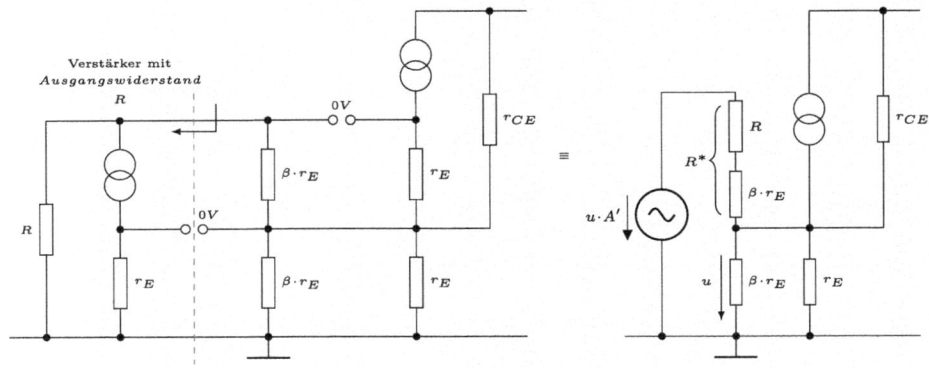

Abb. 9.32 Ersatzschaltung Wilson-Stromspiegel

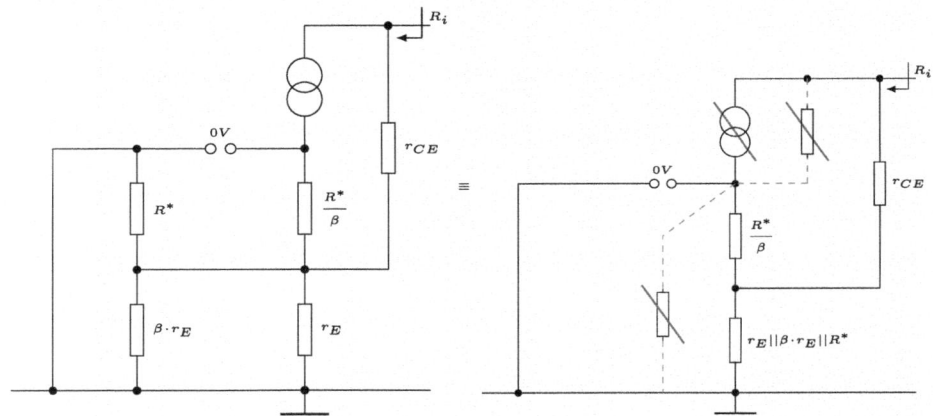

Abb. 9.33 Bestimmung des Innenwiderstandes

Durch eine Stern–Dreieck–Umwandlung (siehe Abb. 9.14) kann man den Innenwiderstand direkt ablesen (Abb. 9.33).

$$R_i = \underbrace{r_E \parallel \beta \cdot r_E \parallel R^*} + r_{CE} + r_{CE} \cdot \frac{r_E \parallel \beta \cdot r_E \parallel R^*}{\frac{R^*}{\beta}}$$

$$R_i = r_{CE} + r_{CE} \cdot \frac{r_E \parallel R^*}{R^*} \cdot \beta = r_{CE} + r_{CE} \cdot \frac{r_E}{r_E + R^*} \cdot \beta$$

$$R_i = r_{CE} + r_{CE} \cdot \frac{r_E \cdot \beta}{r_E + \frac{R}{1 + \frac{R}{r_E}} + \frac{\beta \cdot r_E}{1 + \frac{R}{r_E}}}$$

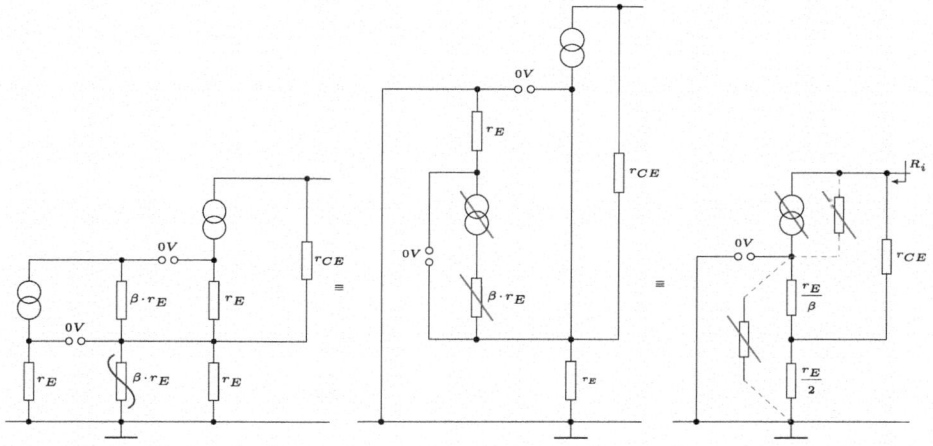

Abb. 9.34 Einfache Herleitung des Innenwiderstandes

$$= r_{CE} + r_{CE} \cdot \frac{r_E \cdot \beta}{r_E + \cancel{R} \parallel r_E + \frac{\beta \cdot r_E}{\cancel{r_E} + R} \cdot r_E}$$

$$R_i = r_{CE} + r_{CE} \cdot \frac{\beta}{1 + 1 + \frac{\beta \cdot r_E}{R}} = r_{CE} + r_{CE} \cdot \frac{\beta}{2 + \frac{\beta \cdot r_E}{R}}$$

Näherung: $R > \beta \cdot r_E$

$$R_i \approx r_{CE} \cdot \frac{\beta}{2}$$

Einfache Herleitung:

Annahme $R \to \infty$ (Abb. 9.34). Durch den virtuellen Kurzschluss entfällt die Stromquelle und der Widerstand $\beta \cdot r_E$. Danach transformiert man den übrig gebliebenen Widerstand r_E auf die Kollektorstromseite. Mit einer Stern–Dreieck–Umwandlung ergibt sich der Innenwiderstand R_i.

$$R_i = \frac{\cancel{r_E}}{\cancel{2}} + r_{CE} + r_{CE} \cdot \frac{\cancel{r_E}}{2} \cdot \frac{\beta}{\cancel{r_E}}$$

$$\approx r_{CE} \cdot \frac{\beta}{2}$$

Bestimmung des Imaginär-Teils des Wilson-Stromspiegels (Abb. 9.35).

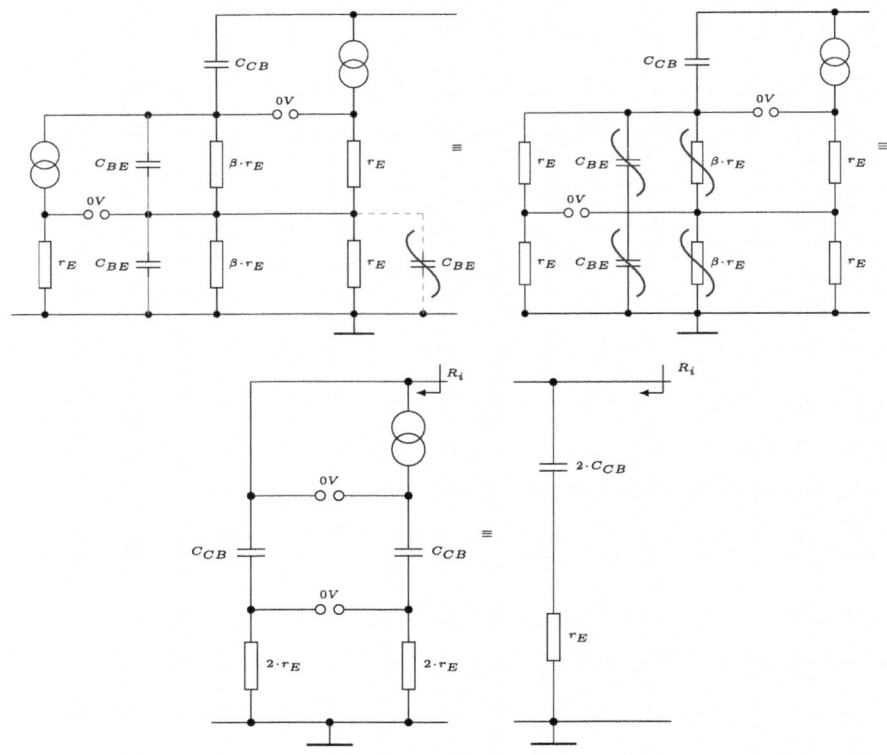

Abb. 9.35 Bestimmung der Kapazität

C_{BE} spielt erst bei der Frequenz $f_T = \frac{1}{2\pi r_E C_{BE}}$ (Transitfrequenz) eine Rolle. Die gesteuerte Stromquelle des ersten Transistors wirkt wie ein Widerstand r_E (Brückenschaltung abgeglichen). Den komplexen Innenwiderstand bildet hauptsächlich die Kapazität $C_i = 2 \cdot C_{CB}$.

Rauschen des Wilson-Stromspiegels (Abb. 9.36)   (Annahme R sehr groß.)

Die Rauschspannungsquelle des ersten Transistors wird zur Rauschspannungsquelle des zweiten und dritten Transistors geschoben. Beide Rauschspannungsquellen an der Basis des dritten Transistors spielen keine Rolle, da sie in Serie zur gesteuerten Stromquelle des ersten Transistors liegen. Beide Rauschspannungsquellen bei der Diode (r_E) des zweiten Transistors können zusammengefasst werden zu $\sqrt{2} \cdot u_{NTr}$. Die Rauschstromquelle des ersten Transistors wird mit r_E des zweiten Transistors multipliziert und kann dann gegenüber u_{NTr} vernachlässigt werden. Die Rauschstromquelle des dritten Transistors entfällt durch den virtuellen Kurzschluss des ersten Transistors. r_E des ersten Transistors kann jetzt zu r_E/β in Serie zur gesteuerten Stromquelle des dritten Transistors transformiert werden.

Mit einer kleinen Vernachlässigung erhält man jetzt:

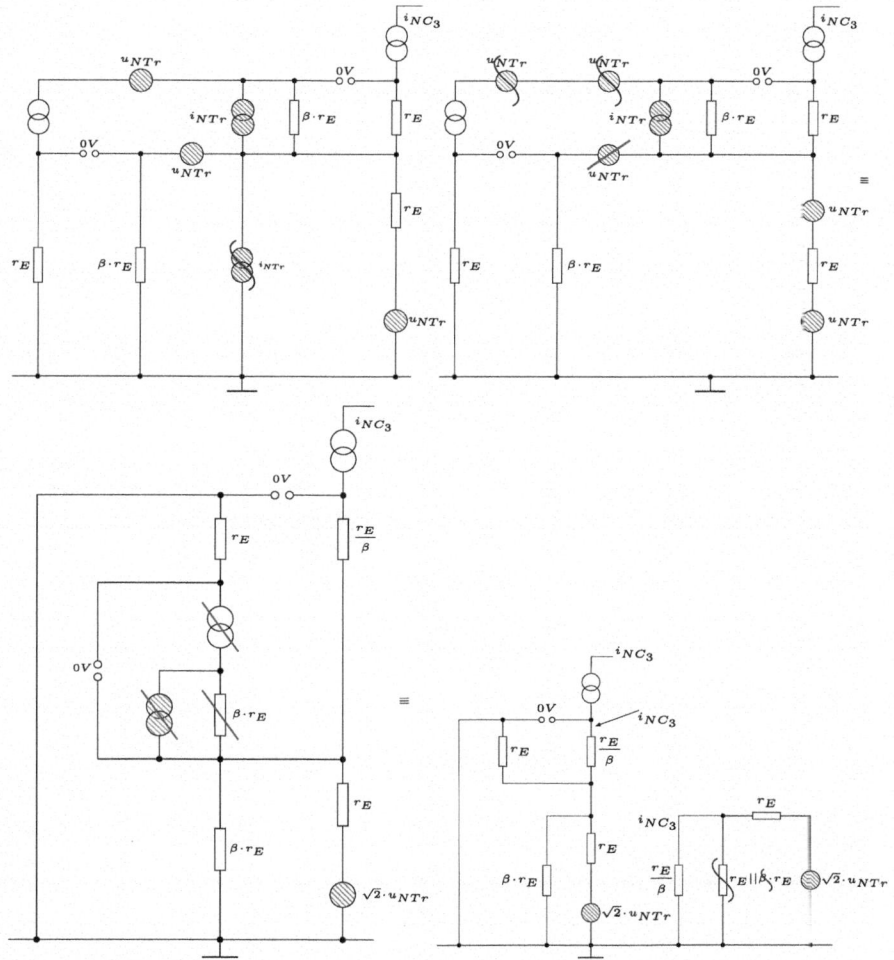

Abb. 9.36 Bestimmung des Ausgangs-Rauschstromes

$$i_{NC_3} \approx \sqrt{2} \cdot \frac{u_{NTr}}{r_E} = \sqrt{2} \cdot \sqrt{2eI_C}$$

Es ist das gleiche Ergebnis wie bei der einfachen Stromspiegel–Schaltung.

9.5.3 Widlar-Stromspiegel

Komplexer Innenwiderstand der Widlar-Stromspiegelung   Real-Teil (Abb. 9.37).

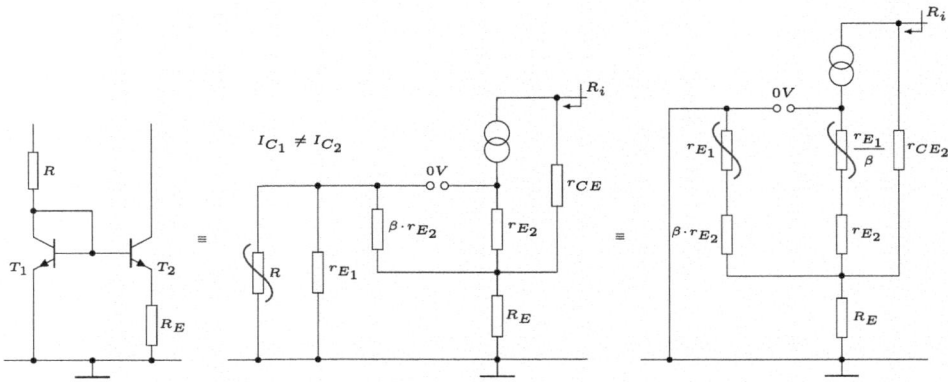

Abb. 9.37 Widlar-Stromspiegel und Innenwiderstandsbestimmung

Der Widerstand r_{E_1} kann gegenüber $\beta \cdot r_{E_2}$ vernachlässigt werden. Außerdem ist $r_{E_2} >$ r_{E_1}, da die Ströme verschieden sind ($I_{C_2} < I_{C_1}$). Man erhält jetzt ein Ersatzschaltbild wie in Abb. 9.37:

$$R_i = r_{CE_2} + r_{CE_2} \cdot \frac{R_E \parallel \beta \cdot r_{E_2}}{r_{E_2}}$$

$$\approx r_{CE_2} \cdot \frac{R_E}{r_{E_2}}$$

$$\approx (3000\ldots4000) \cdot R_E$$

Imaginär-Teil:

Unter Berücksichtigung der Kapazität C_i:

Man erhält eine neue Stromverstärkung $\beta^* = r_{E_1}/(r_{E_2} + R_E)$, mit der man die Kapazität unter die gesteuerte Stromquelle transformieren kann (Abb. 9.38):

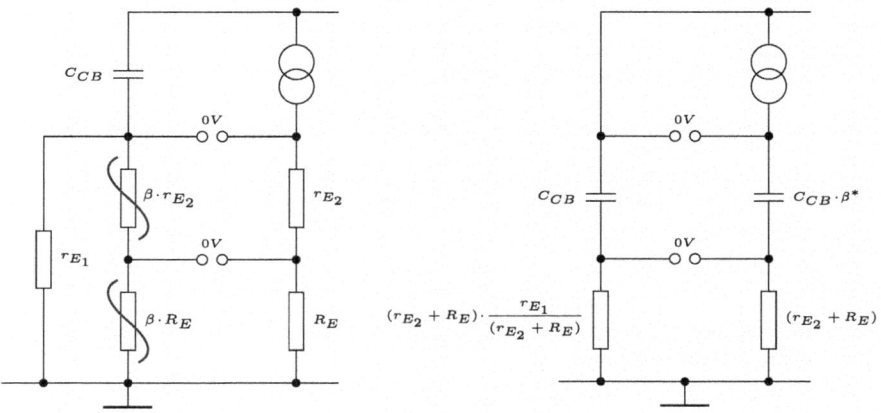

Abb. 9.38 Bestimmung der Kapazität

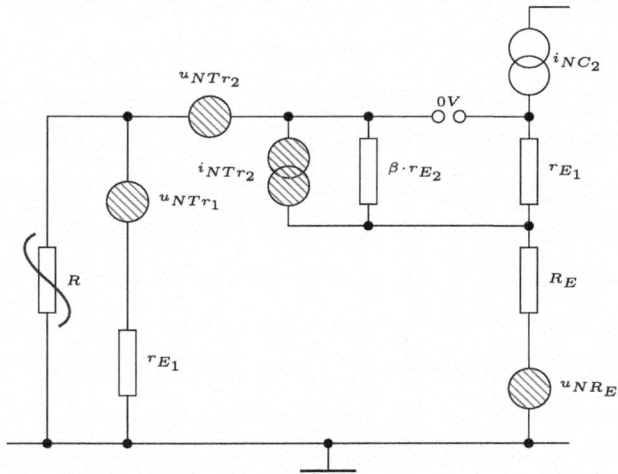

Abb. 9.39 Rauschen des Widlar-Stromspiegels

$$C_i = C_{CB} + C_{CB} \cdot \frac{r_{E_1}}{r_{E_2} + R_E} = C_{CB} \cdot \frac{r_{E_1} + r_{E_2} + R_E}{r_{E_2} + R_E}$$

Näherung: $r_{E_1} < (r_{E_2} + R_E)$

$$C_i \approx C_{CB}$$

Rauschen des Widlar-Stromspiegels Vergleicht man Abb. 9.39 mit Abb. 9.19 und Abb. 9.20, so erhält man folgende Beziehung:

$$i_{NC_2} = \frac{u_{NTr_2}^2 + u_{NTr_1}^2 + u_{NR_E}^2 + i_{NTr_2}^2 \cdot (R_E + r_{E_1})^2}{(R_E + r_{E_2} + \frac{R_E}{\beta})^2}$$

Wie bei der Transistorstromquelle im Abschn. 9.4 rauscht bei der Spannung U_{R_E} (wenige Volt) nur U_{NR_E}/R_E. Die anderen Anteile können vernachlässigt werden.

9.5.4 Erweiterte Stromspiegelschaltungen

Innenwiderstand der Stromquelle (siehe Abb. 9.40) Real-Teil:
  Siehe Herleitung von R_i wie Abb. 9.14.

$$R_i = R_E \| (\beta \cdot r_E + r_E + R_E) + r_{CE} + r_{CE} \cdot \frac{R_E \| (\beta \cdot r_E + r_E + R_E)}{r_E + \frac{r_E}{\beta} + \frac{R_E}{\beta}}$$

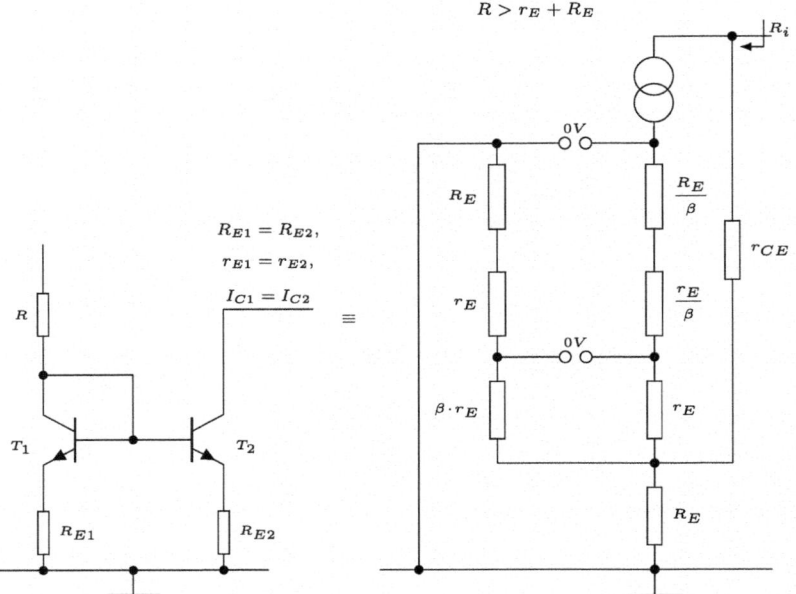

Abb. 9.40 Erweiterter einfacher Stromspiegel

Annahme: $R_E < \beta \cdot r_E$

$$R_i \approx r_{CE} + r_{CE} \cdot \frac{R_E}{r_E}$$

Durch R_E wird der Innenwiderstand erhöht.
Zahlenbeispiel:

$$r_{CE} = 100 \,\text{k}\Omega \qquad r_E = 30 \,\Omega \qquad R_E = 180 \,\Omega \qquad \beta = 100$$

$$R_i \approx 100 \,\text{k}\Omega + 100 \,\text{k}\Omega \cdot \frac{180}{30 + 1{,}8} \approx 660 \,\text{k}\Omega$$

Dual zu Abb. 9.29 (r_E wird ersetzt durch $r_E + R_E$) erkennt man, dass die Kapazität C_i unabhängig von R_E ist. Eine kleine Änderung ergibt sich durch die eventuelle Änderung von U_{CE} des Transistors T_2.

Rauschen der Stromquelle (Abb. 9.41)

$$i_{NC}^2 = \frac{u_{NTr_1}^2 + u_{NTr_2}^2 + u_{NR_{E_1}}^2 + u_{NR_{E_2}}^2 + i_{NTr_2}^2 \cdot (R_{E_2} + R_{E_1} + r_{E_1})^2}{(R_{E_2} + r_{E_2} + \frac{r_E}{\beta} + \frac{R_E}{\beta})^2}$$

$$i_{NC}^2 = \frac{2 \cdot (u_{NTr}^2 + u_{NR_E}^2) + i_{NTr}^2 \cdot (2R_E + r_E)^2}{(R_E + r_E)^2}$$

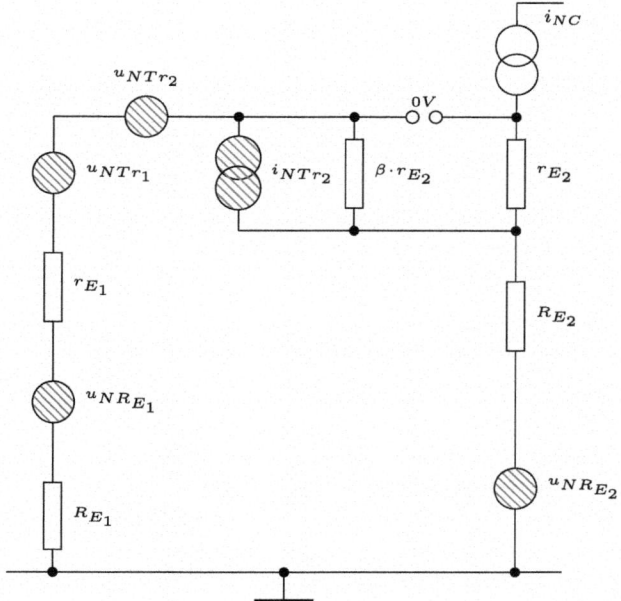

Abb. 9.41 Rauschersatzbild

i_{NTr} spielt erst bei $R_E \gg r_E$ eine Rolle

$$i_{NC}^2 = 2 \cdot \frac{u_{NTr}^2 + u_{NR_E}^2 \cdot i_{NTr}^2 R_E^2}{(R_E + r_E)^2}$$

Dual zu Abb. 9.21 erhält man in Abb. 9.42 das gleiche Ergebnis. Es fehlt allerdings der Einfluss von u_{NR_B}. Alle anderen Werte sind um $\sqrt{2}$ erhöht. i_{NTr} spielt bei kleinen Widerständen R_E noch keine Rolle.

Abb. 9.42 Rauschen des erweiterten Stromspiegels

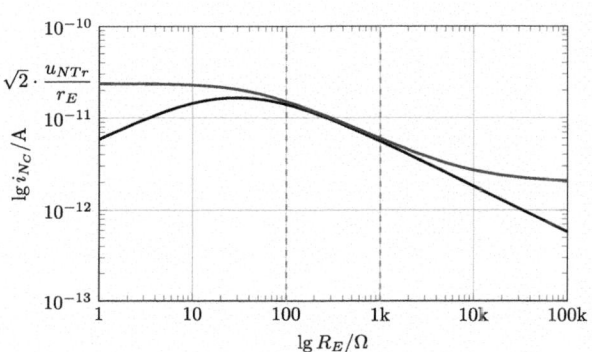

Beispiel: R_E von 1 Ω bis 1 kΩ

$$I_C = 1\,\text{mA} \qquad\qquad r_E = 30\,\Omega$$
$$u_{NR_E} = \sqrt{4kT\,R_E} \qquad \beta = 300$$
$$u_{NTr} = \sqrt{4kT\frac{r_E}{2}} \qquad i_{NTr} = \sqrt{\frac{4kT}{2\beta \cdot R_E}}$$

Durch R_E wird das Rauschen des Stromspiegels kleiner.
Zahlenbeispiel:

$$I_C = 1\,\text{mA} \qquad r_E = 30\,\Omega \qquad u_{NTr} = 0{,}5\,\frac{\text{nV}}{\sqrt{\text{Hz}}}$$

$$R_E = 0\,\Omega \qquad i_{NC} = 23{,}6\,\frac{\text{pA}}{\sqrt{\text{Hz}}}$$

$$R_E = 180\,\Omega \qquad i_{NC} = 11{,}63\,\frac{\text{pA}}{\sqrt{\text{Hz}}}$$

$$R_E = 1\,\text{k}\Omega \qquad i_{NC} = 5{,}6\,\frac{\text{pA}}{\sqrt{\text{Hz}}}$$

Zwischen $U_{R_E} = 0{,}1\,\text{V} \dots 1\,\text{V}$ rauschen nur die Widerstände R_E. Je größer diese Widerstände R_E, umso geringer wird das Rauschen.

9.6 Zusammenfassung der Ergebnisse der Stromquellen und Stromspiegelschaltungen

Tabelle 9.1, 9.2 und 9.3 fassen die wichtigsten Ergebnisse übersichtlich zusammen.

Tab. 9.1 Zusammenfassung der Ergebnisse der Stromquellen und Stromspiegelschaltungen

	Schaltung	Widerstand R_i	Kapazität C_i	Rauschen i_{NC}
Stromquelle mit Transistor		$R_i \approx r_{CE} + r_{CE} \cdot \dfrac{R_E \| \beta \cdot r_E}{r_E}$ Im Arbeitsbereich: $R_i \approx r_{CE} \cdot \dfrac{R_E}{r_E}$ Näherung: $R_i \approx (3000 \ldots 4000) \cdot R_E$	$C_i = C_{CB}$	$i_{NC}^2 = \dfrac{u_{NTr}^2 + u_{NRE}^2}{(r_E + R_E)^2} + \dfrac{i_{NTr}^2 \cdot R_E^2}{(r_E + R_E)^2}$ Sonderfall: $R_E = 0$ $i_{NC} = \dfrac{u_{NTr}}{r_E} = \sqrt{2eI_C}$ Im Arbeitsbereich: $i_{NC} \approx \dfrac{u_{NRE}}{R_E} = i_{NRE}$
Stromquelle mit Transistor und OP		$R_i \approx r_{CE} + r_{CE} \cdot \dfrac{R_E \| \frac{\beta \cdot r_E}{A_0}}{\frac{r_E}{A_0}}$ Im Arbeitsbereich: $R_i \approx \beta \cdot r_{CE}$	$C_i = C_{CB}$	$i_{NC}^2 = \dfrac{u_{NOP}^2 + u_{NRE}^2}{R_E^2} + \dfrac{(i_{NTr}^2 + i_{NOP}^2) \cdot R_E^2}{R_E^2}$ Im Arbeitsbereich: $i_{NC} \approx \dfrac{u_{NRE}}{R_E} = i_{NRE}$

Tab. 9.2 Zusammenfassung der Ergebnisse der Stromquellen und Stromspiegelschaltungen

	Schaltung	Widerstand R_i	Kapazität C_i	Rauschen i_{NC}
Einfache Stromspiegelschaltung		$R_i = r_{CE}$	$C_i = 2 \cdot C_{CB}$	$i_{NC} = \sqrt{2} \cdot \dfrac{u_{NTr}}{r_E} = \sqrt{2} \cdot \sqrt{2e I_C}$
Erweiterter einfacher Stromspiegel		$R_i = r_{CE} + r_{CE} \cdot \dfrac{R_E}{r_E}$ R_i wird größer	$C_i = 2 \cdot C_{CB}$ C_i bleibt erhalten	$i_{NC}^2 = 2 \cdot \left(\dfrac{u_{NTr}^2 + u_{NRE}^2}{(r_E + R_E)^2} + \dfrac{i_{NTr}^2 \cdot R_E^2}{(r_E + R_E)^2} \right)$ Rauschen wird kleiner

Tab. 9.3 Zusammenfassung der Ergebnisse der Stromquellen und Stromspiegelschaltungen

Schaltung	Widerstand R_i	Kapazität C_i	Rauschen i_{NC}
Widlar-Stromspiegel	$R_i = r_{CE2} + r_{CE2} \cdot \dfrac{R_E \| \beta r_{E2}}{r_{E2}}$ im Arbeitsbereich $R_i \approx r_{CE2} \cdot \dfrac{R_E}{r_{E2}}$ $R_i \approx (3000 \ldots 4000) \cdot R_E$	$C_i \approx C_{CB}$	$i_{NC}^2 = \dfrac{u_{NTr1}^2 + u_{NTr2}^2 + u_{NRE}^2}{(r_E+R_E)^2} + \dfrac{i_{NTr2}^2 \cdot R_E^2}{(r_E+R_E)^2}$ im Arbeitsbereich $i_{NC} \approx \dfrac{u_{NRE}}{R_E} = i_{NRE}$
Wilson-Stromspiegel	$R_i = r_{CE} \cdot \dfrac{\beta}{2}$	$C_i = 2 \cdot C_{CB}$	$i_{NC} = \sqrt{2} \cdot \dfrac{u_{NTr}}{r_E} = \sqrt{2} \cdot \sqrt{2eI_C}$

Beispiele

10

10.1   Kapazitiver Sensor-Verstärker

Der tatsächliche Sensor in Abb. 10.1 besteht aus der Spannung u_{Si} und der Kapazität C_i. Der Rest der gezeigten Schaltung ist eine erste Variante zur Signalaufbereitung.

10.1.1 Schaltung 1

Die Schaltung ist vereinfacht dargestellt. Der Widerstand R_G ersetzt die Impedanz einer aufwendigeren Arbeitspunkteinstellung für die Kleinsignalbetrachtung.

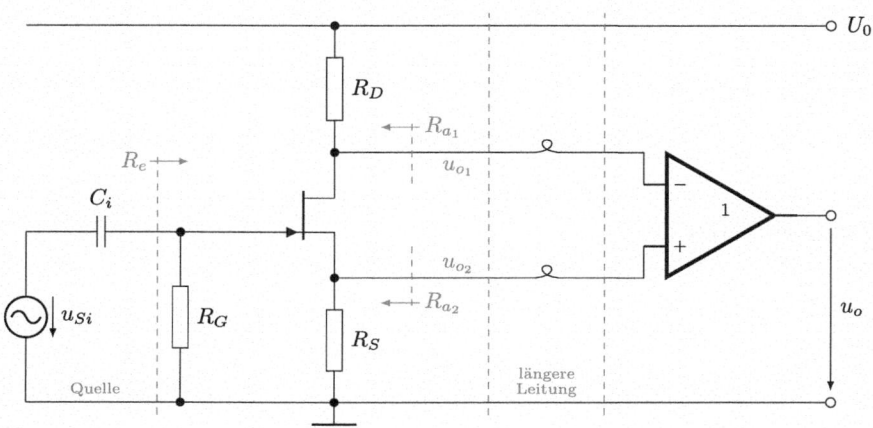

Abb. 10.1 Kapazitiver Sensor-Verstärker, Schaltung 1

© Springer-Verlag Berlin Heidelberg 2015
A. Zwick et al., *Signal- und Rauschanalyse mit Quellenverschiebung*,
DOI 10.1007/978-3-642-54037-0_10

Angenommene Zahlenwerte

Der hier angenommene Wert für r_S ergibt sich aus aufwendigeren Arbeitspunkteinstellung.

$$U_0 = 6 \text{ V} \qquad u_{NFet} = 2 \frac{\text{nV}}{\sqrt{\text{Hz}}} \quad (f_{exc} = 1 \text{ kHz})$$

$$I_D = 1 \text{ mA} \qquad i_{NFet} = 1 \frac{\text{fA}}{\sqrt{\text{Hz}}}$$

$$r_S = 300 \text{ } \Omega \qquad R_G = 3 \text{ G}\Omega$$

$$R_D = R_S = 2 \text{ k}\Omega \qquad C_i = 50 \text{ pF}$$

Wir betrachten einen maximalen Frequenzbereich von 10 Hz bis 100 kHz, der sich aus einem nicht dargestelltem Bandpass am Ausgang ergibt.

Signalbetrachtung

$$u_{o1} = -u_{Si} \cdot \frac{R_G}{R_G + \frac{1}{j\omega C_i}} \cdot \frac{R_D}{r_S + R_S} \approx -u_{Si} \cdot \frac{R_D}{r_S + R_S}$$

$$\text{Annahme} \quad \frac{1}{\omega C_i} < R_G$$

$$u_{o2} = u_{Si} \cdot \frac{R_G}{R_G + \frac{1}{j\omega C_i}} \cdot \frac{R_S}{r_S + R_S} \approx u_{Si} \cdot \frac{R_S}{r_S + R_S}$$

Mit $R_D = R_S$ erhält man die Ausgangsspannung und die Verstärkung

$$u_o = u_{o2} - u_{o1} = u_{Si} \cdot \frac{R_S}{r_S + R_S} \cdot 2$$

$$A = \frac{2R_S}{r_S + R_S} = 1{,}74$$

Eingangswiderstand

$$R_e = R_G = 3 \text{ G}\Omega$$

Ausgangswiderstände

$$R_{a1} = R_D = 2 \text{ k}\Omega \qquad R_{a2} = R_S \| r_S = 261 \text{ } \Omega$$

Die unterschiedlichen Ausgangswiderstände sind ungünstig für eine längere Doppelleitung bis zum Differenzverstärker. Auftretende Störungen ergeben bei unterschiedlichen Ausgangswiderständen verschiedene Spannungen, die durch Differenzverstärker nicht mehr beseitigt werden können.

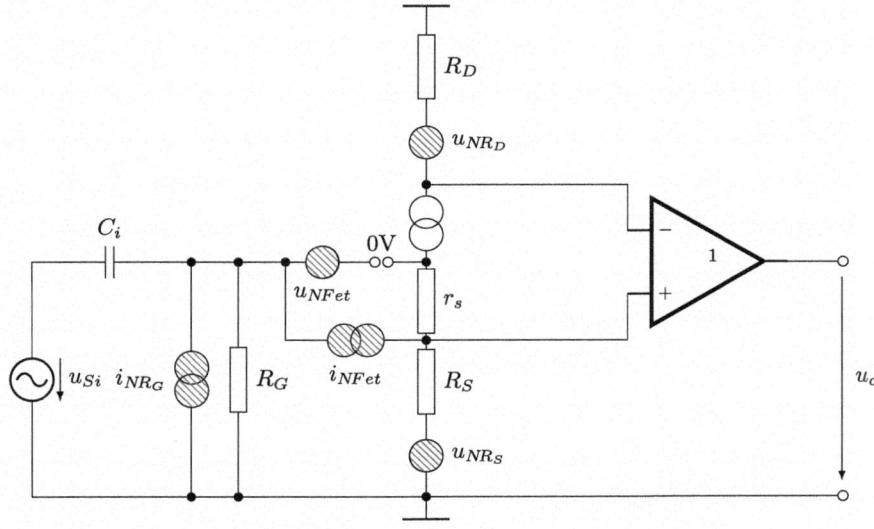

Abb. 10.2 Rauschersatzschaltbild der Schaltung 1 aus Abb. 10.1

Rauschberechnung

Berechnung der äquivalenten Eingangsspannungsquelle u_{Ni} an der Stelle u_{Si} (Abb. 10.2).

Alle Quellen werden an den Eingang (u_{Si}) verschoben oder an den Ausgang (u_o) und dann mit $1/A$ an den Eingang zurückgerechnet.

Berechnung der einzelnen Rauschanteile:

i_{NR_G}:

$$u_{Ni}|_{i_{NR_G}} = i_{NR_G} \cdot \frac{1}{\omega C_i}$$

u_{NFet}:

$$u_{Ni}|_{u_{NFet}} = u_{NFet} \cdot \left| 1 + \frac{\frac{1}{j\omega C_i}}{R_G} \right|$$

$$= u_{NFet} \sqrt{1 + \left(\frac{1}{\omega R_G C_i} \right)^2}$$

$$\approx u_{NFet} \quad \text{für} \quad \frac{1}{\omega C_i} < R_G \quad \text{bei } f > 10\,\text{Hz}$$

u_{NR_D} (siehe Abb. 10.3):

$$u_{Ni}|_{u_{NR_D}} = u_{NR_D} \cdot \frac{1}{A} = u_{NR_D} \cdot \frac{r_S + R_S}{2R_S}$$

Abb. 10.3 Verrechnung der Rauschspannung u_{NR_D}

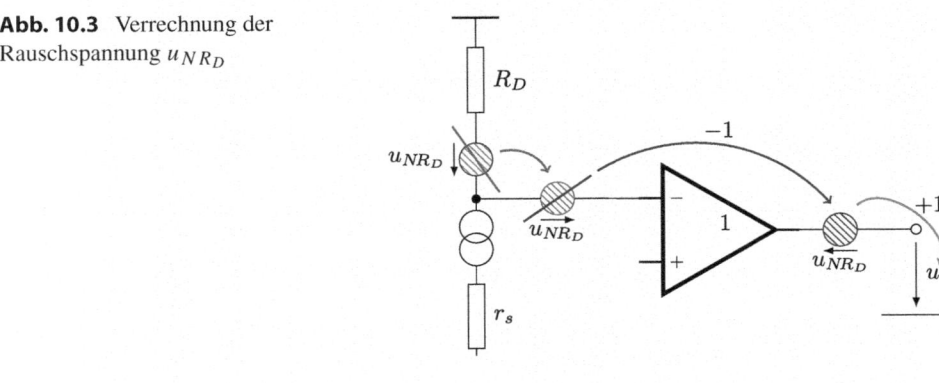

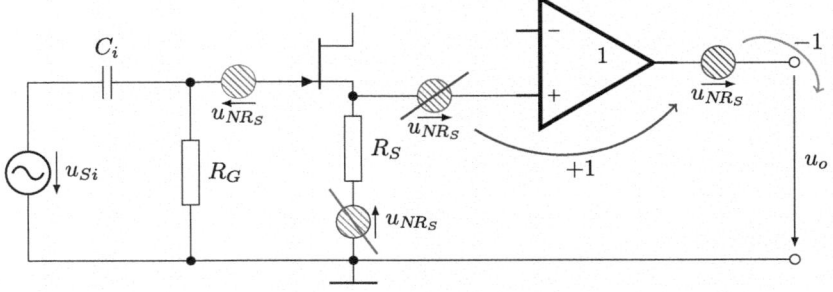

Abb. 10.4 Verrechnung der Rauschspannung u_{NR_S}

u_{NR_S} (siehe Abb. 10.4):

$$u_{Ni}|_{u_{NR_S}} = u_{NR_S}\left|1 + \frac{\frac{1}{j\omega C_i}}{R_G}\right| - 1 \cdot u_{NR_S}\frac{r_S + R_S}{2R_S}$$

$$= u_{NR_S}\frac{R_S - r_S}{2R_S}$$

i_{NFet}:

Der Rauschstrom (Abb. 10.2) wird in zwei Rauschquellen aufgeteilt und deren Mitte auf Masse gelegt. Eine Rauschquelle liegt direkt parallel zu C_i. Die andere Rauschquelle liegt parallel zu R_S, sie wird in eine Rauschspannungsquelle umgewandelt und dann wie u_{NR_S} zum Eingang verrechnet.

$$u_{Ni}|_{i_{NFet}} = i_{NFet}\left|\frac{1}{j\omega C_i} + R_S\frac{R_S - r_S}{2R_S}\right|$$

$$\approx i_{NFet} \cdot \frac{1}{\omega C_i} \quad \text{für} \quad \frac{1}{\omega C_i} > R_S \text{ bei } f < 100\,\text{kHz}$$

Die gesamte äquivalente Eingangsrauschspannungsquelle ergibt sich zu:

$$u_{Ni}^2 = \left(i_{NR_G}^2 + i_{NFet}^2\right)\left(\frac{1}{\omega C_i}\right)^2 + u_{NFet}^2 + u_{NR_S}^2\left(\frac{R_S - r_S}{2R_S}\right)^2 + u_{NR_D}^2\left(\frac{R_S - r_S}{2R_S}\right)^2$$

Zahlenwerte:
Frequenzabhängiger Anteil:

$$i_{NR_G} = 2{,}3\,\frac{\text{fA}}{\sqrt{\text{Hz}}}$$

$$i_{NFet} = 1\,\frac{\text{fA}}{\sqrt{\text{Hz}}}$$

Zusammen ergibt sich:

$$\sqrt{i_{NR_G}^2 + i_{NFet}^2} = 2{,}5\,\frac{\text{fA}}{\sqrt{\text{Hz}}}$$

Konstanter Anteil:

$$u_{Ni_{\text{konst.}}} = \sqrt{u_{NFet}^2 + u_{NR_S}^2\left(\frac{R_S - r_S}{2R_S}\right)^2 + u_{NR_D}^2\,\frac{R_S + r_S}{2R_S}} = 4{,}6\,\frac{\text{nV}}{\sqrt{\text{Hz}}}$$

Berechnung der Eckfrequenz:

$$2{,}5\,\frac{\text{fA}}{\sqrt{\text{Hz}}} \cdot \frac{1}{2\pi f_{eck} \cdot 50\,\text{pF}} = 4{,}6\,\frac{\text{nV}}{\sqrt{\text{Hz}}} \quad \Rightarrow \quad f_{eck} = 1{,}73\,\text{kHz}$$

In Abb. 10.5 erkennt man auch, dass das bislang nicht berücksichtigte Excessrauschen der Rauschquelle u_{NFet} keinen nennenswerten Einfluss hat. Bei den beiden Widerständen R_S und R_D ergibt sich auch ein Excessrauschen. Die Gleichspannung über den beiden Widerständen beträgt $I_D \cdot R_S = 2\,\text{V}$.

Forderung: Das Excessrauschen der Widerstände R_S und R_D soll unterhalb der vorher berechneten äquivalenten Eingangsrauschspannung liegen (siehe Abb. 10.6).

Excessrauschen der Widerstände bei der Frequenz $f_{eck} = 1{,}73$ kHz soll maximal $4{,}6\,\text{nV}/\sqrt{\text{Hz}}$ betragen.

$$\left(4{,}6\,\frac{\text{nV}}{\sqrt{\text{Hz}}}\right)^2 = u_{NexcR_S}^2\left(\frac{R_S - r_S}{2R_S}\right)^2 + u_{NexcR_D}^2\left(\frac{R_S + r_S}{2R_S}\right)^2$$

$$\left(4{,}6\,\frac{\text{nV}}{\sqrt{\text{Hz}}}\right)^2 = \frac{0{,}66^2 \cdot NI^2 \cdot U_{DC}^2}{f_{eck}} \cdot \left[\left(\frac{R_S - r_S}{2R_S}\right)^2 + \left(\frac{R_S + r_S}{2R_S}\right)^2\right]$$

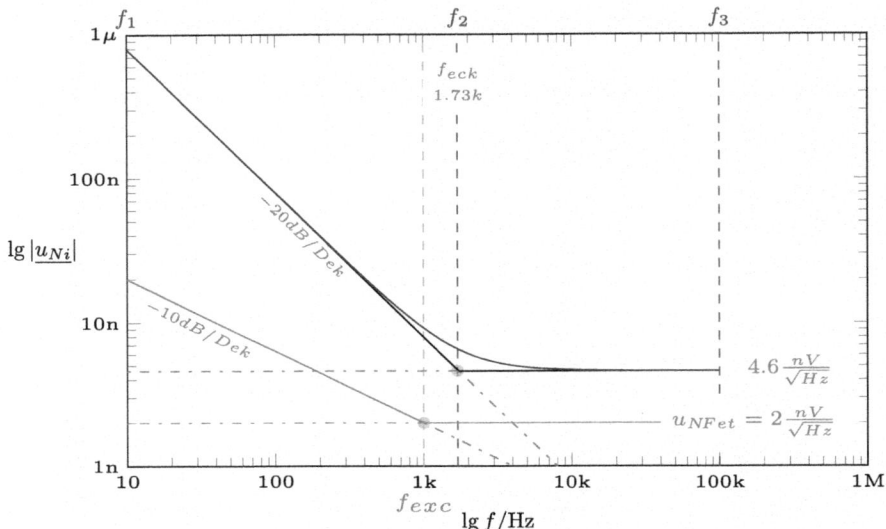

Abb. 10.5 Frequenzabhängigkeit des Sensors

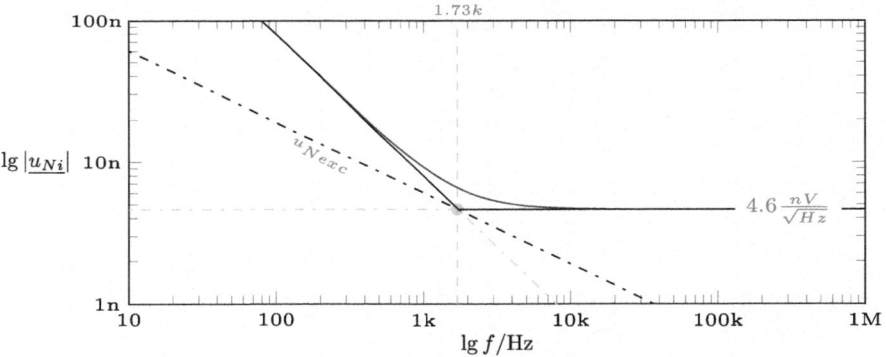

Abb. 10.6 Excessrauschen der Widerstände R_S und R_D

Hieraus erhält man NI:

$$NI \approx 0{,}2\,\frac{\mu V}{V} \quad (\overset{\triangle}{=} -14\,\text{dB})$$

Beide Widerstände sollten einen Rauschindex von höchstens $0{,}2\,\mu V/\sqrt{Hz}$ $(\overset{\triangle}{=} -14\,\text{dB})$ haben, um das Rauschen im Bereich der Eckfrequenz f_{eck} nicht noch nennenswert zu vergrößern. Mit den Kenntnissen aus Abschnitt 9.4 lässt sich jetzt auch die gesamte äquivalente Eingangsrauschspannung $u_{Ni,Ges}$ berechnen. Die Ausgangsrauschspannung ergibt sich durch die Multiplikation mit der Verstärkung $A \approx 1{,}74$.

Wir vergleichen zwei Frequenzbereiche:

(a) Frequenzbereich von $f_1 = 10$ Hz bis $f_3 = 100$ kHz:

$$f_1 = 10 \text{ Hz}$$

$$f_2 = 1,73 \text{ kHz}$$

$$f_3 = 100 \text{ kHz}$$

Nach Formeln aus Abschnitt 4.4 erhält man:

$$u_{Ni,Ges}^2 = u_{Ni}^2(f_1) \cdot \left(f_1 \cdot \sqrt{\frac{1}{f_1} + \frac{1}{f_3}} \right)^2 + u_{Ni}^2(f_3)\sqrt{f_3 - f_1}$$

$$\text{mit} \quad u_{Ni}(f_1) = u_{Ni}(f_3)\frac{f_2}{f_1}$$

ergibt sich:

$$u_{Ni,Ges} = 4,6 \, \frac{\text{nV}}{\sqrt{\text{Hz}}} \cdot \sqrt{\frac{f_2^2}{f_1} + f_3} \approx 2,9 \, \mu\text{V}$$

$$u_{No,Ges} = u_{Ni,Ges} \cdot A \approx 5 \, \mu\text{V}$$

(b) Berechnet wie in (a), nur von $f_1 = 1$ kHz:

$$f_1 = 1 \text{ kHz}$$

$$f_2 = 1,73 \text{ kHz}$$

$$f_3 = 100 \text{ kHz}$$

$$u_{Ni,Ges} \approx 1,5 \, \mu\text{V}$$

$$u_{No,Ges} \approx 2,6 \, \mu\text{V}$$

10.1.2 Schaltung 2

Sonderfall, Quelle ist nicht auf Masse (0 V) (siehe Abb. 10.7)!

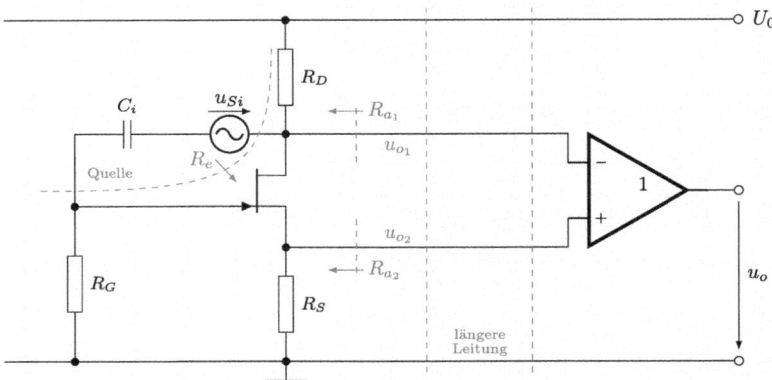

Abb. 10.7 Kapazitiver Sensor-Verstärker, Schaltung 2

Angenommene Zahlenwerte
Zahlenwerte siehe Schaltung 1.

Signalbetrachtung
Annahme:

$$\frac{1}{\omega C_i} < R_G$$

Die Kapazität C_i kann näherungsweise wie ein Kurzschluss betrachtet werden. In Abb. 10.8 sind u_o und u_{Si} zusätzlich durch Spannungspfeile über den Widerständen dar-

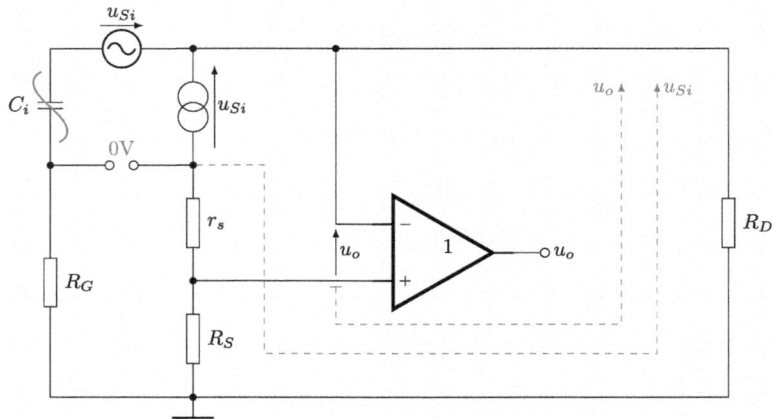

Abb. 10.8 Kleinsignal-Ersatzschaltung

Abb. 10.9
Eingangswiderstand

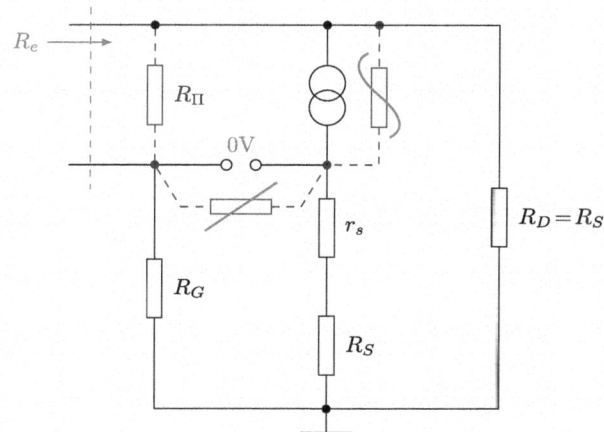

gestellt. Daraus ergibt sich für $R_S = R_D$:

$$A = \frac{u_o}{u_{Si}} = \frac{R_S + R_D}{r_S + R_S + R_D} = \frac{2R_S}{r_S + 2R_S} \approx 0{,}93$$

Schaltung 2 hat eine geringere Verstärkung ($A = 0{,}93$) als Schaltung 1 ($A = 1{,}74$). Der Vorteil der Verstärkerschaltung liegt jedoch weniger in der Spannungsverstärkung, sondern in der Impedanzwandlung und entscheidend für die Qualität ist die äquivalente Eingangsrauschspannung u_{Ni}.

Eingangswiderstand
Der Eingangswiderstand lässt sich durch eine Stern–Dreieck–Umwandlung leicht herleiten, R_e ist gleich R_π (Abb. 10.9). Durch den virtuellen Kurzschluss liegt über dem unteren Widerstand die Spannung 0 V, d. h. es fließt kein Strom durch diesen Widerstand. Damit entfällt ebenso der rechte Widerstand und die parallele Stromquelle. Für $R_S = R_D$ gilt:

$$R_e = \cancel{R_D} + R_G + R_G \frac{R_D}{R_S + r_S} \approx R_G\left(1 + \frac{R_S}{r_S + R_S}\right) = R_G \cdot 1{,}87$$

Der Eingangswiderstand R_e ist größer als bei Schaltung 1.

Ausgangswiderstände
Die Kapazität C_i wird wieder als Kurzschluss betrachtet ($1/(\omega C_i) < R_G$). Dadurch stellt die Stromquelle einen Kurzschluss dar.

$$R_{a_1} = R_S \| (r_S + R_S) = 1{,}07\ \text{k}\Omega$$

$$R_{a_2} = R_S \| (r_S + R_S) = 1{,}07\ \text{k}\Omega$$

Im Gegensatz zur Schaltung 1 sind die Ausgangswiderstände gleich groß (Abb. 10.10). Das ist vorteilhaft gegenüber Störspannungen. Lange Leitungen sind möglich.

Abb. 10.10
Ausgangwiderstände

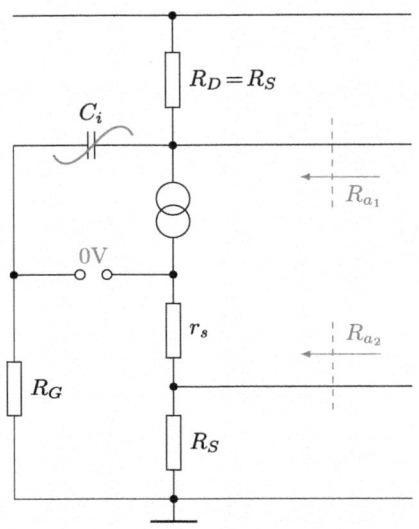

Rauschberechnung (Abb. 10.11)

Alle Rauschquellen werden an den Eingang verschoben oder an den Ausgang u_o und dann mit $1/A$ an den Eingang zurückgerechnet. Berechnung der einzelnen Rauschanteile:

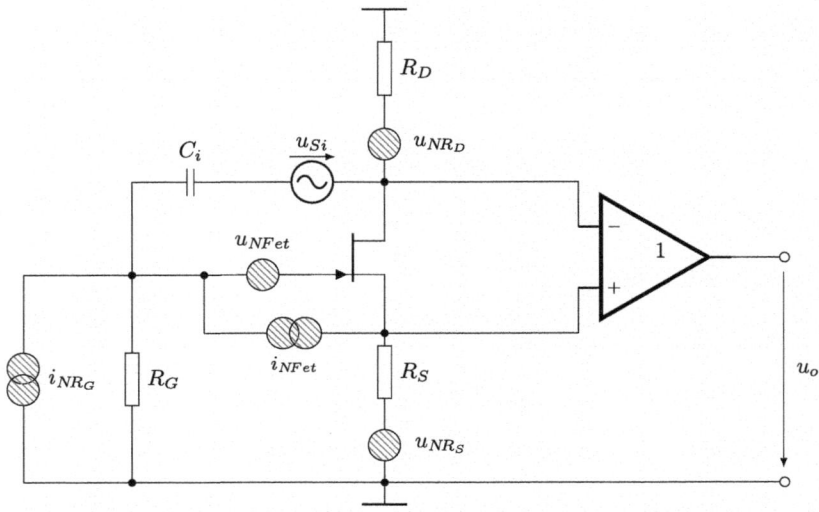

Abb. 10.11   Kleinsignalersatzschaltbild mit Rauschenquellen der Schaltung 2

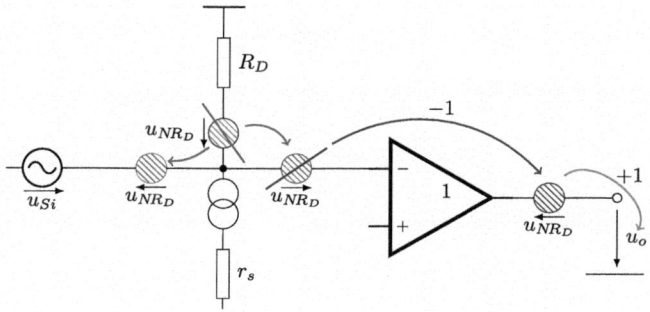

Abb. 10.12 Verrechnung der Rauschspannung u_{NR_D}

u_{NR_D} (siehe Abb. 10.12):

$$u_{Ni}|_{u_{NR_D}} = -u_{NR_D} + u_{NR_D} \cdot \frac{1}{A}$$

$$= -u_{NR_D} + u_{NR_D} \frac{r_S + 2R_S}{2RS}$$

$$= \cancel{-u_{NR_D} + u_{NR_D}} + u_{NR_D} \cdot \frac{r_S}{2R_S}$$

$$= u_{NR_D} \cdot \frac{r_S}{2R_S}$$

i_{NR_G} (siehe Abb. 10.13):

Abb. 10.13 Verrechnung des Rauschstromes i_{NR_G}

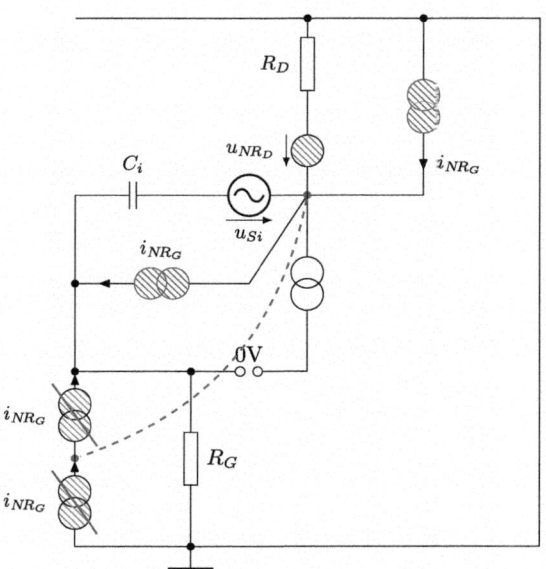

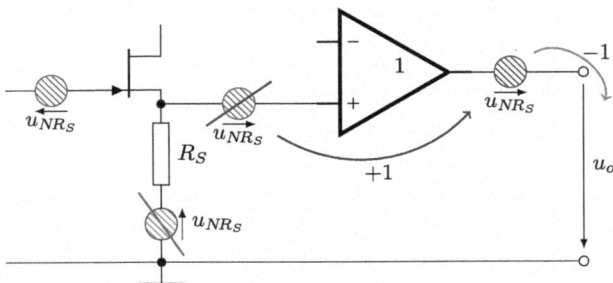

Abb. 10.14 Verrechnung der Rauschspannung u_{NR_S}

Der Rauschstrom i_{NR_G} wird in zwei gleichgroße Rauschquellen umgewandelt. Eine Rauschquelle liegt parallel zur Kapazität, die andere parallel zum Widerstand R_D (wird behandelt wie u_{NR_D}). Beachtet man die Vorzeichen (Pfeilrichtungen), so erhält man:

$$u_{Ni}|_{i_{NR_G}} = i_{NR_G} \cdot \frac{1}{j\omega C_i} - i_{NR_G} \cdot R_D \cdot \frac{r_S}{2R_S}$$

$$\approx i_{NR_G} \cdot \frac{1}{j\omega C_i}$$

u_{NFet}:

Die Rauschspannung u_{NFet} wird zum Widerstand R_G und zur Quelle u_{Si} verschoben:

$$u_{Ni}|_{u_{NFet}} = u_{NFet} + \frac{u_{NFet}}{R_G}\,\frac{1}{\omega C_i}$$

$$\approx u_{NFet}$$

u_{NR_S} (siehe Abb. 10.14):

$$u_{Ni}|_{u_{NR_S}} = u_{NR_S} - u_{NR_S}\frac{r_S + 2R_S}{2R_S}$$

$$= u_{NR_S} - u_{NR_S} - u_{NR_S}\frac{r_S}{2R_S}$$

$$= -u_{NR_S} \cdot \frac{r_S}{2 \cdot R_S}$$

Die beiden Widerstände R_S und R_D rauschen gleich stark an der Stelle u_{Si}.

i_{NFet} (siehe Abb. 10.15):

$$u_{Ni}|_{i_{NFet}} = i_{NFet} \cdot \frac{1}{j\omega C_i} - i_{NFet}R_S\frac{r_S}{2R_S}$$

$$\approx i_{NFet} \cdot \frac{1}{j\omega C_i}$$

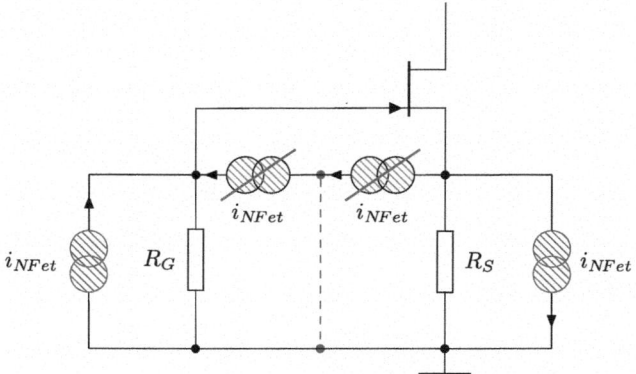

Abb. 10.15 Verrechnung des Rauschstromes i_{NFet}

Die gesamte äquivalente Eingangsrauschspannung ergibt sich somit zu:

$$u_{Ni,Ges}^2 = \underbrace{(i_{NR_G}^2 + i_{NFet}^2)\left(\frac{1}{\omega C_i}\right)^2 + u_{NFet}^2 + (u_{NR_S}^2 + u_{NR_D}^2)\left(\frac{r_S}{2R_S}\right)^2}_{\text{wie bei Schaltung 1}}$$

Zahlenwerte:

$$i_{NR_G} = 2{,}3\,\frac{\text{fA}}{\sqrt{\text{Hz}}}, \qquad i_{NFet} = 1\,\frac{\text{fA}}{\sqrt{\text{Hz}}}$$

Zusammen erhält man den frequenzabhängigen Anteil:

$$\sqrt{i_{NR_G}^2 + i_{NFet}^2} \approx 2{,}5\,\frac{\text{fA}}{\sqrt{\text{Hz}}}$$

Konstanter Anteil:

$$u_{Ni_{\text{konst.}}} = \sqrt{u_{NFet}^2 + (u_{NR_S}^2 + u_{NR_D}^2)\left(\frac{r_S}{2R_S}\right)^2} \approx 2{,}1\,\frac{\text{nV}}{\sqrt{\text{Hz}}}$$

Der Einfluss der Widerstände R_S und R_D ist sehr gering!
Berechnung der Eckfrequenz:

$$2{,}5\,\frac{\text{fA}}{\sqrt{\text{Hz}}} \cdot \frac{1}{2\pi \cdot f_{eck} \cdot 50\,\text{pF}} = 2{,}1\,\frac{\text{nV}}{\sqrt{\text{Hz}}} \quad \Rightarrow \quad f_{eck} = 3{,}8\,\text{kHz}$$

Das Excessrauschen der Rauschquelle u_{NFet} spielt auch hier noch keine nennenswerte Rolle. Bei den beiden Widerständen R_S und R_D ergibt sich ebenso wie bei Schaltung 1 ein Excessrauschen. Die Gleichspannung über den beiden Widerständen beträgt $I_D \cdot R_S = 2\,\text{V}$.

Forderung: Das Excessrauschen der Widerstände R_S und R_D soll unterhalb der vorher berechneten Eingangsrauschspannung bei der Frequenz 3,8 kHz liegen.

$$\left(2,1\,\frac{\mathrm{nV}}{\sqrt{\mathrm{Hz}}}\right)^2 = \left(u_{NexcR_S}^2 + u_{NexcR_D}^2\right) \cdot \left(\frac{r_S}{2R_S}\right)^2$$

$$\left(2,1\,\frac{\mathrm{nV}}{\sqrt{\mathrm{Hz}}}\right)^2 = \left(\frac{0,66^2 \cdot NI^2 \cdot U_{DC}^2}{f_{eck}}\right) \cdot \left(\frac{r_S}{2R_S}\right)^2 \cdot 2$$

Hieraus erhält man NI:

$$NI = 0,925\,\frac{\mu\mathrm{V}}{\mathrm{V}} \quad (\hat{=} -0,68\,\mathrm{dB})$$

Beide Widerstände sollten einen Rauschindex von höchstens $0,925\,\mu\mathrm{V/V}$ ($\hat{=} -0,68\,\mathrm{dB}$) haben, um das Rauschen im Bereich der Eckfrequenz nicht noch nennenswert zu vergrößern. Berechnung der gesamten äquivalenten Eingangsrauschspannung $u_{Ni,Ges}$ und der gesamten Rauschspannung am Ausgang ($u_{No,Ges}$):

(a) Frequenzbereich von $f_1 = 10\,\mathrm{Hz}$ bis $f_3 = 100\,\mathrm{kHz}$

$$f_1 = 10\,\mathrm{Hz}$$

$$f_2 = 3,8\,\mathrm{kHz}$$

$$f_3 = 100\,\mathrm{kHz}$$

$$u_{Ni,Ges} = 2,1\,\frac{\mathrm{nV}}{\sqrt{\mathrm{Hz}}} \cdot \sqrt{\frac{f_2^2}{f_1} + f_3} \approx 2,6\,\mu\mathrm{V}$$

$$u_{No,Ges} = u_{Ni,Ges} \cdot A \approx 2,43\,\mu\mathrm{V}$$

(b) wie in (a), nur von $f_1 = 1\,\mathrm{kHz}$

$$f_1 = 1\,\mathrm{kHz}$$

$$f_2 = 3,8\,\mathrm{kHz}$$

$$f_3 = 100\,\mathrm{kHz}$$

$$u_{Ni,Ges} \approx 0,71\,\mu\mathrm{V}$$

$$u_{No,Ges} \approx 0,66\,\mu\mathrm{V}$$

Schaltung 2 ist gegenüber Schaltung 1 bei höheren Frequenzen (Fall (b)) besser. Die Widerstände R_S und R_D sind im Rauschen näherungsweise vernachlässigbar.

10.2 Impedanzwandler

Gegeben:

$$u_{NOP} = 3 \,\frac{\text{nV}}{\sqrt{\text{Hz}}} \qquad R_i = 1 \,\text{k}\Omega$$

$$i_{NOP} = 1 \,\frac{\text{pA}}{\sqrt{\text{Hz}}} \qquad R_1 = 10 \,\Omega$$

$$f_T = 1 \,\text{MHz} \qquad C = 1{,}6 \,\mu\text{F}$$

Frequenzbereich $1 \,\text{Hz} < f < 10 \,\text{MHz}$. Berechnen Sie u_{Ni} und u_{No}, ebenso U_{Ni} und U_{No}!

Ersatzschaltbild gemäß Abb. 10.17 für Schaltung aus Abb. 10.16:

$$u_{Ni,Ges}^2 = u_{N R_i}^2 + u_{N R_1}^2 \left(\frac{R_i}{R_1}\right)^2 + i_{NOP}^2 \cdot R_i^2 + u_{NOP}^2 \left(1 + \frac{R_i}{R_1}\right) + u_{NOP}^2 (\omega R_i C)^2$$

Gleichanteil, ohne frequenzabhängigem Anteil:

$$u_{Ni,Ges}^2 = \left(4 \,\frac{\text{nV}}{\sqrt{\text{Hz}}}\right)^2 + \left(0{,}4 \,\frac{\text{nV}}{\sqrt{\text{Hz}}} \cdot 100\right)^2 + \left(1 \,\frac{\text{nV}}{\sqrt{\text{Hz}}}\right)^2 + \left(3 \,\frac{\text{nV}}{\sqrt{\text{Hz}}} \cdot 101\right)^2$$

$$\approx 306 \,\frac{\text{nV}}{\sqrt{\text{Hz}}}$$

Abb. 10.16 Impedanzwandler

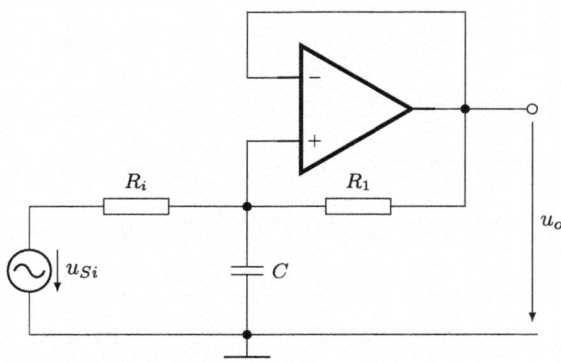

Abb. 10.17 Ersatzschaltung
Rauschen

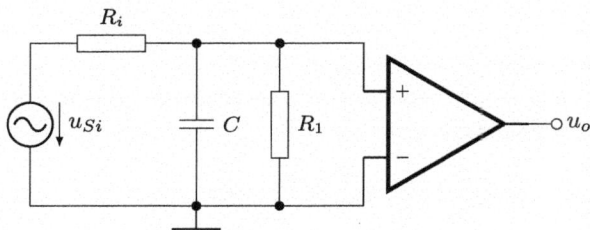

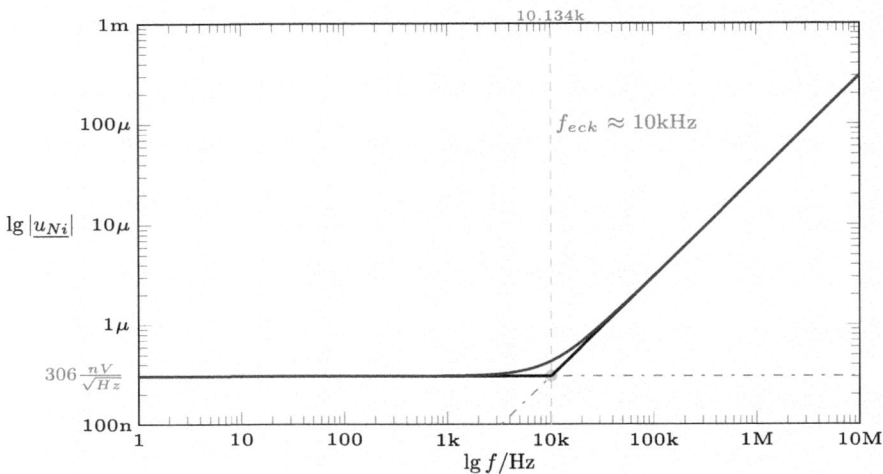

Abb. 10.18 Äquivalente Eingangsrauschspannung

Eckfrequenz-Berechnung: Der Gleichanteil wird dem frequenzabhängigem Anteil gleichgesetzt (Abb. 10.18):

$$306\,\frac{\text{nV}}{\sqrt{\text{Hz}}} = 3\,\frac{\text{nV}}{\sqrt{\text{Hz}}} \cdot 2\pi \cdot f_{eck} \cdot 1\,\text{k}\Omega \cdot 1{,}6\,\mu\text{F}$$

$$\Rightarrow \quad f_{eck} \approx 10\,\text{kHz}$$

$$u_{Ni,Ges} = 306\,\frac{\text{nV}}{\sqrt{\text{Hz}}}\sqrt{10\,\text{MHz} + \frac{1}{3}\frac{(10\,\text{MHz})^3}{(10\,\text{kHz})^2}}$$

$$= 560\,\text{mV}$$

Berechnung der Ausgangsrauschspannung u_{No}

$$u_{No} = u_{Ni} \cdot \underline{A}$$

$$f_{3\,\text{dB}} = \frac{1}{2\pi\,R_i\,C} \approx 100\,\text{Hz}$$

$$f_T = 1\,\text{MHz}$$

Spannungsverstärkung Abb. 10.19:

Berechnung der gesamten Ausgangsrauschspannung:

Rauschbandbreite

$$\left(20\,\frac{\text{dB}}{\text{Dekade}}\right) = f_{3\,\text{dB}} \cdot 1{,}57$$

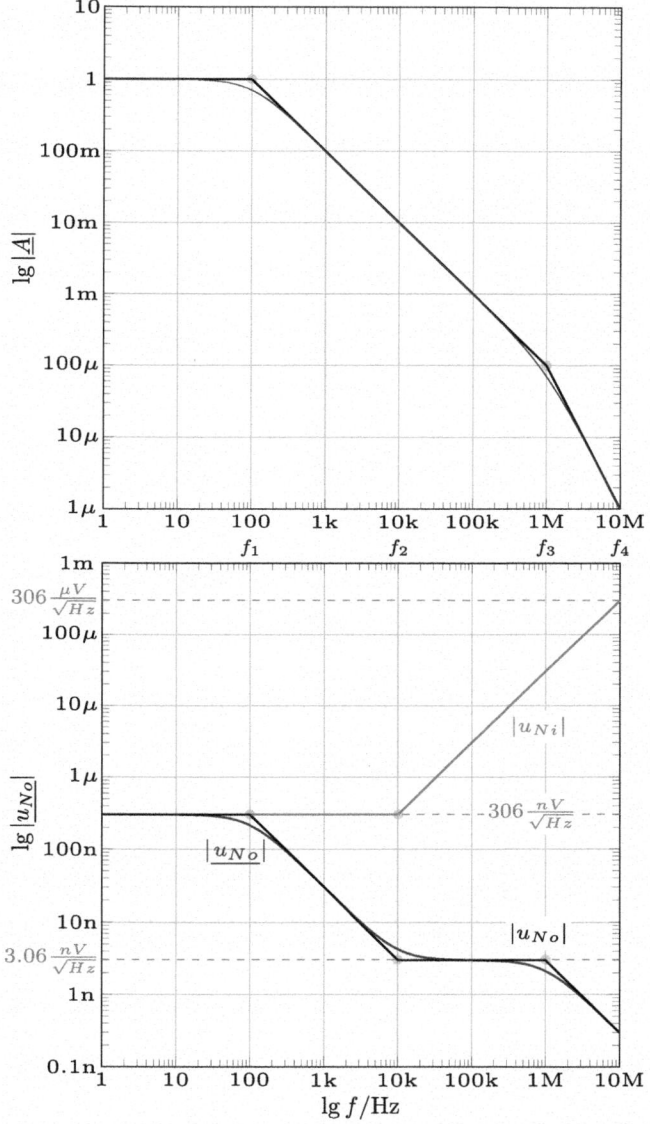

Abb. 10.19 Konstruktion von u_{No} aus u_{Ni} und $|\underline{A}|$

$$U^2_{No,Ges} = \left(306 \, \frac{\mathrm{nV}}{\sqrt{\mathrm{Hz}}} \cdot \sqrt{f_1 \cdot 1{,}57} \right)^2 + \left(3{,}06 \, \frac{\mathrm{nV}}{\sqrt{\mathrm{Hz}}} \cdot \sqrt{f_3 \cdot 1{,}57} \right)^2$$

$$- \left(0{,}306 \, \frac{\mathrm{nV}}{\sqrt{\mathrm{Hz}}} \cdot f_4 \sqrt{\frac{1}{f_4}} \right)^2$$

$$U_{No,Ges}^2 = (3,83\ \mu V)^2 + (3,83\ \mu V)^2 - (1\ \mu V)^2$$

$$U_{No,Ges} = 5,32\ \mu V$$

10.3 Brückenschaltung

Annahme:

$$R_1 = R_2 = R_3 = R \qquad \text{OP} \stackrel{\triangle}{=} \text{OP}'$$

10.3.1 Berechnung der Spannungsverstärkung

Verschiebung der Quelle u_{Si} nach R_4, Abb. 10.20.

Bis zur Grenzfrequenz der Schaltung entfällt die linke Quelle u_{Si}.

$$f_{3\ \text{dB}}^* = f_T \cdot \frac{R_1}{R_1 + R_2} = \frac{1}{2} f_T$$

$$k_r^* = \frac{R_1}{R_1 + R_2} = \frac{1}{2}$$

Nach der Grenzfrequenz kann der OP am Ausgang mit 0 V ersetzt werden, und die beiden Quellen u_{Si} heben sich gegenseitig auf. Es gibt natürlich einen Übergang (Abb. 10.21). Für die Spannungsverstärkung u_o/u_{Si} ergibt sich deshalb (Abb. 10.22):

Abb. 10.20 Brückenschaltung

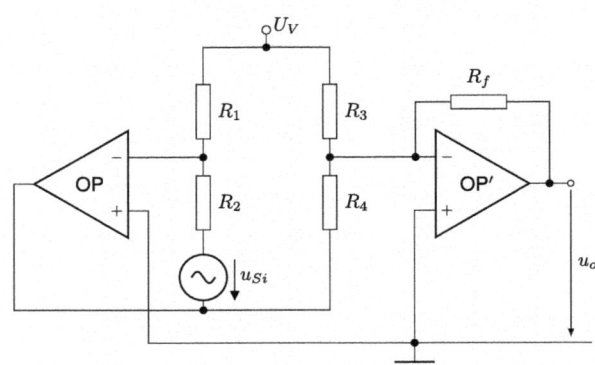

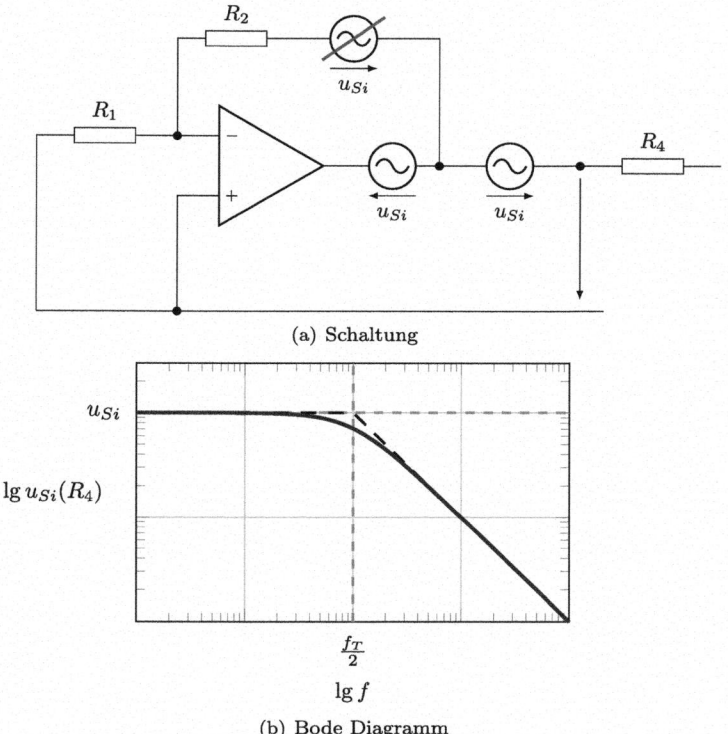

(a) Schaltung

(b) Bode Diagramm

Abb. 10.21 Verschiebung der Quelle u_{Si}

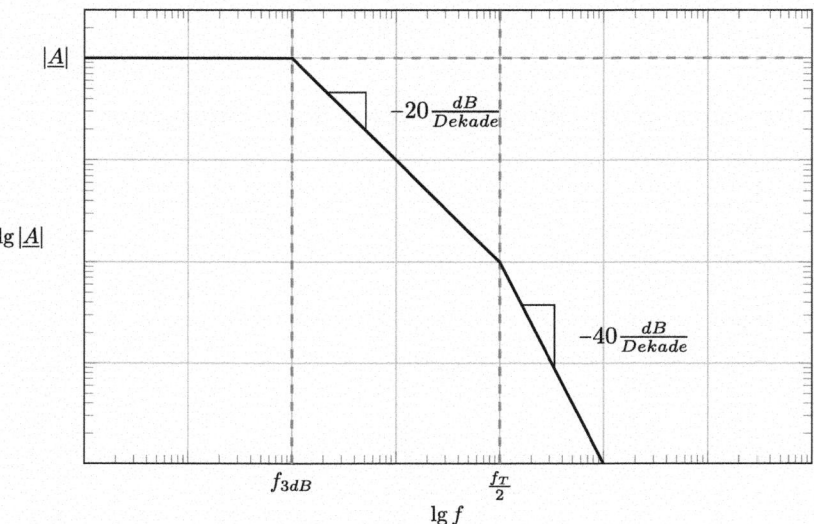

Abb. 10.22 Spannungsverstärkung der gesamten Schaltung

$$\underline{A} = \frac{R_f}{R_4} \cdot \frac{1}{1 + j\frac{f}{f_{3\,\text{dB}}}} \cdot \frac{1}{1 + j\frac{f}{f_{3\,\text{dB}}^*}}$$

$$f_{3\,\text{dB}} = f_T \cdot \frac{R_3 \| R_4}{R_3 \| R_4 + R_f} = k_r$$

Liegt die Quelle u_i beim Widerstand R_4 oder R_3, so entfällt $-40\,\text{dB/Dekade}$ der Bereich.

Betrachtet man die Operationsverstärker real, so erhält man für Gleichstrom am Ausgang nicht Null.

$$U_o = -U_v \frac{R_f}{R} \cdot \frac{1}{1 + \frac{1}{A_{0DC}\cdot k_r}} - \left(-U_V \frac{R}{R} \cdot \frac{1}{1 + \frac{1}{A_{0DC}\cdot k_r^*}}\right) \frac{R_f}{R} \cdot \frac{1}{1 + \frac{1}{A_{0DC}\cdot k_r}}$$

$$U_o \approx \left[-U_v + U_v\left(1 - \frac{1}{A_{0DC}\cdot k_r^*}\right)\right] \frac{R_f}{R} \cdot \frac{1}{1 + \frac{1}{A_{0DC}\cdot k_r}}$$

$$U_o \approx \left[\cancel{-U_v} + \cancel{U_v} - U_v \cdot \frac{1}{A_{0DC}\cdot k_r^*}\right] \frac{R_f}{R}\left(1 - \frac{1}{A_{0DC}\cdot k_r}\right)$$

$$U_o \approx -U_v \cdot \frac{2}{A_{0DC}} \cdot \frac{R_f}{R} + U_v \cdot \frac{R_f}{R}\frac{1}{A_{0DC}^2 \cdot k_r^* \cdot k_r}$$

Näherung:

$$U_o \approx -U_v \cdot \frac{2}{A_{0DC}}\frac{R_f}{R}$$

10.3.2 Berechnung der Offset-Fehlerspannung am Ausgang

Abb. 10.23 Brückenschaltung
mit Offset-Fehlern

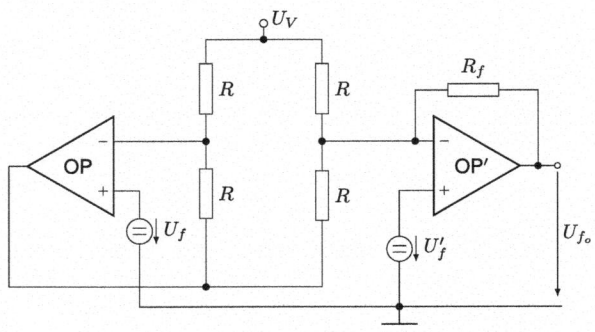

Abb. 10.24 Verschiebung der
Spannungsquelle U_f

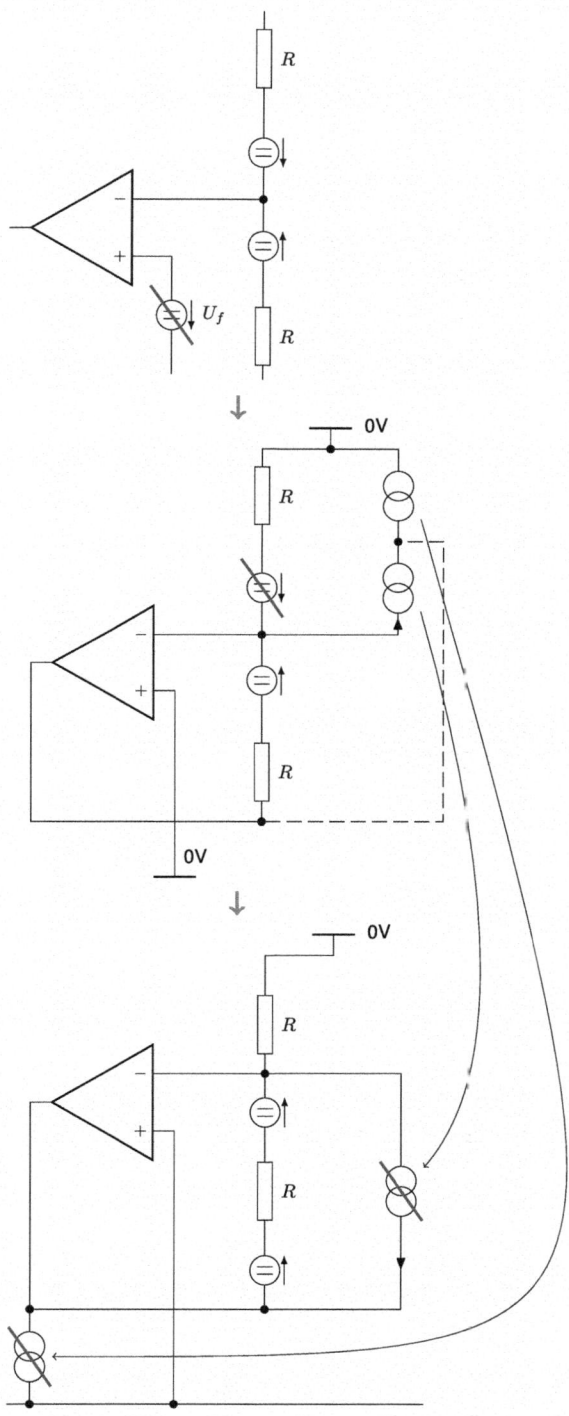

Siehe Abb. 10.23

$$U_f = \pm U_{off} + I_b\left(0 - \frac{R}{2}\right) \pm I_{off}\left(0 + \frac{R}{2}\right)$$

$$U_f' = \pm U_{off}' + I_b'\left(0 - \frac{R}{2} \parallel \cancel{R_f}\right) \pm I_{off}'\left(0 + \frac{R}{2} \parallel \cancel{R_f}\right)$$

Verschiebung der Spannungsquelle U_f – Abb. 10.24.

Man erhält für die Schaltung aus Abb. 10.25 an der Stelle R_2 die Spannung $2 \cdot U_f$. Damit ergibt sich die maximale Ausgangsfehlerspannung $U_{fo,\max}$.

$$U_{fo,\max} = \pm 2 \cdot U_f \cdot \frac{R_f}{R} \pm U_f' \cdot \frac{R_f}{\frac{R}{2}}$$

$$= \pm 2 \cdot \frac{R_f}{R}\left(U_f + U_f'\right)$$

Hierbei wurden die Operationsverstärker ideal betrachtet. Die Einflüsse der beiden Bias–Ströme sind entgegengesetzt und heben sich näherungsweise auf.

$$U_{fo,\max} = \pm 2 \cdot \frac{R_f}{R}\left[U_{off} + I_{off} \cdot \frac{R}{2}\right]$$

Kleine Widerstandsänderungen:

Abb. 10.25 Brückenschaltung mit Widerstandsänderung

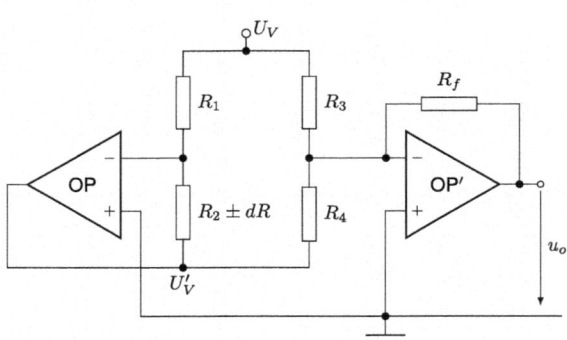

$$U_v' = -U_v \frac{R + dR}{R} \cdot \frac{1}{1 + \frac{1}{A_{0DC} \cdot k_r^*}}$$

$$\approx -U_v \frac{R + dR}{R} \cdot \left(1 - \frac{1}{A_{0DC} \cdot k_r^*}\right)$$

$$U_o = -\cancel{U_v \cdot \frac{R_f}{R}} + \cancel{U_v \cdot \frac{R_f}{R}} + U_v \cdot \frac{R_f}{R}\frac{dR}{R}$$

$$- U_v \cdot \frac{R_f}{R}\frac{1}{A_{0DC} \cdot k_r^*} - \cancel{U_v \frac{R_f}{R}\frac{dR}{R}\frac{1}{A_{0DC} \cdot k_r^*}}$$

$$U_o \approx U_v \frac{R_f}{R} \frac{dR}{R} - U_v \frac{R_f}{R} \frac{2}{A_{0DC}}$$

Die Änderung von $R_2(\pm dR)$ wird bei hochfrequenter Änderung zum Ausgang übertragen mit der Grenzfrequenz $f_{3\text{ dB}}$:

$$f_{3\text{ dB}} = f_T \cdot \frac{\frac{R}{2}}{\frac{R}{2} + R_f}$$

Eine weitere Knickfrequenz erscheint bei $f_T \cdot 1/2$.

10.3.3 Rauschen der Brückenschaltung

Berechnung der äquivalenten Eingangsrauschspannung u_{Ni}. In Abb. 10.21 wurde die Verrechnung der Spannungsquelle u_{Si} an die Stelle des Widerstands R_4 gezeigt. Bei der Rückrechnung von der Stelle R_4 nach u_{Si} ergibt sich somit ein $+20$ dB/Dekade-Anstieg oberhalb der Frequenz $f_T/2$.

Berechnung der einzelnen Rauschanteile:

u_{NOP} (siehe Abb. 10.26):

$$u_{Ni}|_{u_{NOP}} = u_{NOP} + \frac{u_{NOP}}{R_1} \cdot R_2 = 2 \cdot u_{NOP}$$

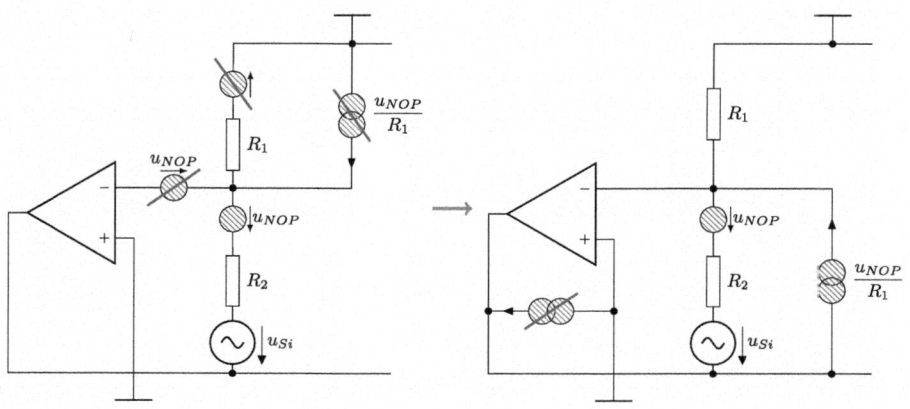

Abb. 10.26 Verrechnung der Rauschspannung u_{NOP}

u_{NR_1}:

$$u_{Ni}|_{u_{NR_1}} = \frac{u_{NR_1}}{R_1} \cdot R_2 = u_{NR_1}$$

Abb. 10.27 Verrechnung des
Rauschstroms i_{NOP}

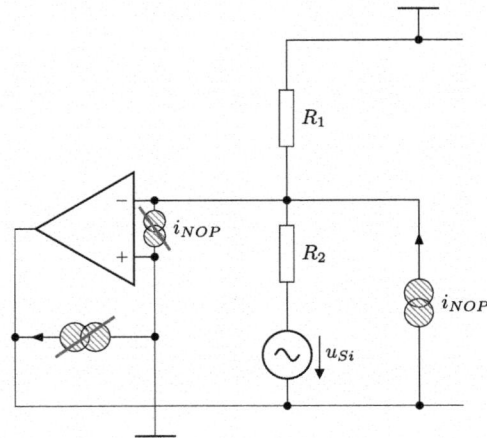

i_{NOP} (siehe Abb. 10.27):

$$u_{Ni}|_{i_{NOP}} = i_{NOP} \cdot R_2$$

u_{NR_2}:

$$u_{Ni}|_{u_{NR_2}} = u_{NR_2}$$

u_{NR_4}:

Die anderen Rauschgrößen werden an die Stelle R_4 geschoben und dann nach u_{Si} zurückgerechnet mit:

$$\left(1 + j\frac{f}{\frac{f_T}{2}}\right)$$

$$u_{Ni}|_{u_{NR_4}} = u_{NR_4} \cdot \left(1 + j\frac{f}{\frac{f_T}{2}}\right)$$

u_{NR_3} (siehe Abb. 10.28):

Mit $R_3 = R_4$:

$$u_{Ni}|_{u_{NR_3}} = u_{NR_3} \cdot \frac{1}{\cancel{R_3}} \cdot \cancel{R_4} \cdot \left(1 + j\frac{f}{\frac{f_T}{2}}\right)$$

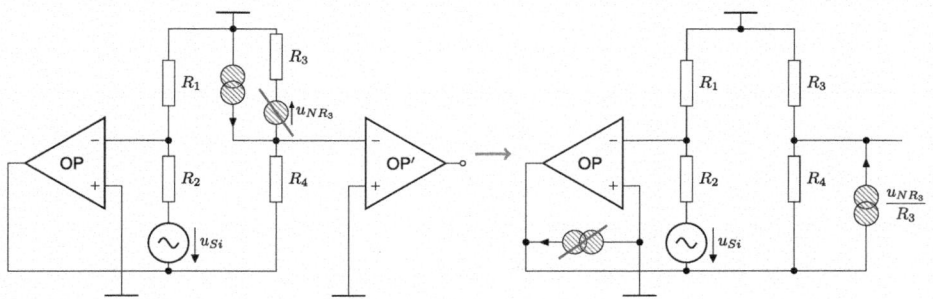

Abb. 10.28 Verrechnung der Rauschspannung u_{NR_3}

u'_{NOP}:

Die Rauschspannung u'_{NOP} wird zu den Widerständen R_3 und R_4 geschoben. Die Rauschspannung bei R_3 wird dann wie u_{NR_3} verrechnet.

$$u_{Ni}|_{u'_{NOP}} = u'_{NOP} \cdot 2 \cdot \left(1 + j\frac{f}{\frac{f_T}{2}}\right)$$

i'_{NOP} (siehe Abb. 10.29):

$$u_{Ni}|_{i'_{NOP}} = i'_{NOP} \cdot \cancel{R_3} \cdot \frac{R_4}{\cancel{R_3}} \cdot \left(1 + j\frac{f}{\frac{f_T}{2}}\right)$$

u_{NR_f}:

$$u_{Ni}|_{u_{NR_f}} = u_{NR_f} \cdot \frac{\cancel{R_3}}{R_f} \cdot \frac{R_4}{\cancel{R_3}} \cdot \left(1 + j\frac{f}{\frac{f_T}{2}}\right)$$

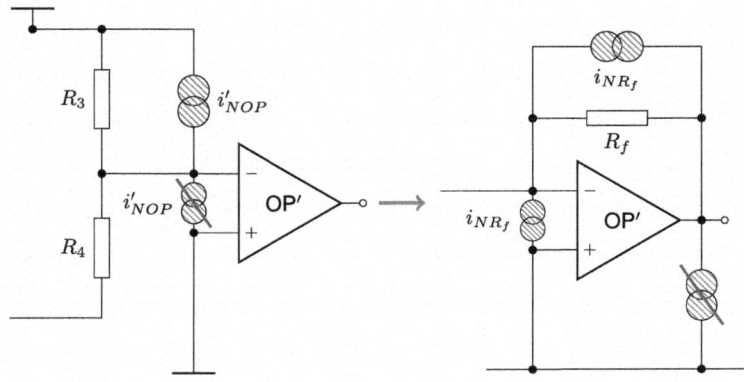

Abb. 10.29 Verrechnung des Rauschstroms i'_{NOP} und i_{NR_f}

Insgesamt ergibt sich die äquivalente Eingangsrauschspannung

$$u_{Ni}^2 = u_{NR_1}^2 + u_{NR_2}^2 + (2 \cdot u_{NOP})^2 + (i_{NOP} \cdot R_2)^2$$

$$+ \left[u_{NR_4}^2 + u_{NR_3}^2 + (2 \cdot u'_{NOP})^2 + (i'_{NOP} \cdot R_4)^2 \right.$$

$$\left. + \left(u_{NR_f} \cdot \frac{R_4}{R_f} \right)^2 \right] \cdot \left(1 + j \frac{f}{\frac{f_T}{2}} \right)$$

Die Rauschspannung am Ausgang erhält man durch Multiplikation im Bode-Diagramm mit der Verstärkung (Abb. 10.30):

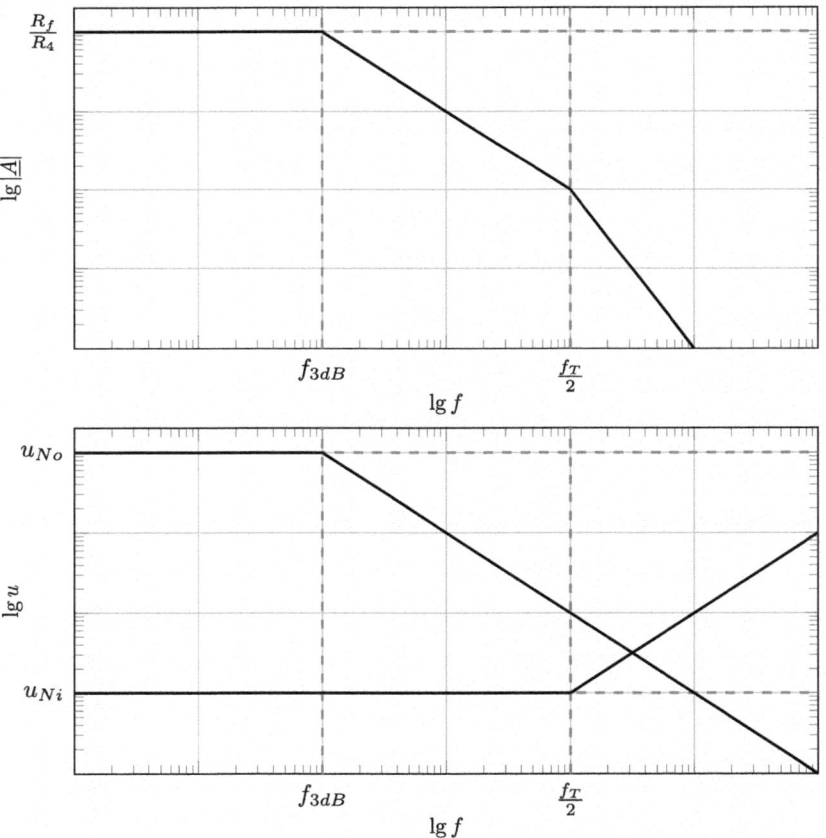

Abb. 10.30 Spannungsverstärkung, äquivalente Eingangsrauschspannung und Ausgangsrauschspannung

In den meisten Anwendungen spielt die Grenzfrequenz $f_T/2$ keine Rolle, sie liegt oberhalb des bearbeiteten Frequenzbereichs. Bei tiefen Frequenzen muss das Excessrauschen
noch berücksichtigt werden:

$$i_{NOP,Ges} = i_{NOP}\left(1 + \sqrt{\frac{f_{exci}}{f}}\right) \quad \text{(z. B. Bipolar-Transistor Operationsverstärker)}$$

Excessrauschen der Widerstände R_1, R_2, R_3, R_4

$$u_{Nexc,Ges} = \frac{0{,}66 \cdot NI}{\sqrt{f}} \cdot U_{DC} \cdot \sqrt{4}$$

Zahlenwerte:

$$U_v = 10\ \text{V} \qquad R = 1\ \text{k}\Omega \qquad U_{DC} = 10\ \text{V}$$

$$R_f = 100\ \text{k}\Omega \qquad u_{NOP} = 3\ \frac{\text{nV}}{\sqrt{\text{Hz}}} \qquad i_{NOP} = 1\ \frac{\text{pA}}{\sqrt{\text{Hz}}}$$

$$f_{exci} = 1\ \text{kHz}$$

Arbeitsbereich: $f_1 = 1$ Hz, $f_2 = 1$ kHz.
(a)

$$NI = 0\ \text{dB} \quad \left(\triangleq 1\ \frac{\mu\text{V}}{\text{V}}\right)$$

$$u_{Nexc}(1\ \text{Hz}) = \frac{0{,}66 \cdot 1\ \frac{\mu\text{V}}{\text{V}} \cdot 10\ \text{V}}{\sqrt{1\ \text{Hz}}} \cdot \sqrt{4}$$

$$= 13{,}2\ \frac{\mu\text{V}}{\sqrt{\text{Hz}}}$$

$$\sqrt{2} \cdot R \cdot i_{NOPexc} = 1\ \frac{\text{pA}}{\sqrt{\text{Hz}}}\sqrt{\frac{1\ \text{kHz}}{1\ \text{Hz}}} \cdot \sqrt{2} \cdot 1\ \text{k}$$

$$= 44{,}7\ \frac{\text{nV}}{\sqrt{\text{Hz}}}$$

Das Excessrauschen der Rauschströme i_{NOP} und i'_{NOP} kann gegenüber dem Excessrauschen der vier Widerstände vernachlässigt werden.

$$u_{Nexc}(1\ \text{kHz}) = \frac{0{,}66 \cdot 1\ \frac{\mu\text{V}}{\text{V}} \cdot 10\ \text{V}}{\sqrt{1\ \text{kHz}}} \cdot \sqrt{4}$$

$$= 417{,}4\ \frac{\text{nV}}{\sqrt{\text{Hz}}}$$

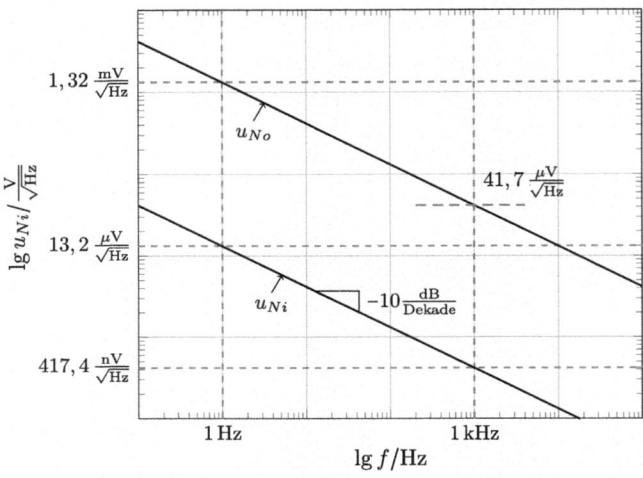

Abb. 10.31 Rauschen im Frequenzbereich

Der konstante Rauschanteil der Bauteile beträgt:

$$u_{Ni}^2(konst) = 4u_{NR}^2 + 2(2 \cdot u_{NOP})^2 + 2(i_{NOP} \cdot R)^2 + \left(u_{NR_f} \frac{R}{R_f}\right)^2$$

$$u_{Ni}(konst) = 11{,}9 \frac{\text{nV}}{\sqrt{\text{Hz}}}$$

Im Frequenzbereich 1 Hz ... 1 kHz spielt der konstante Anteil keine Rolle. Das Excessrauschen der vier Widerstände ist weitaus größer als alle anderen Rauschanteile (Abb. 10.31).

Das gesamte Rauschen im Frequenzbereich:

$$u_{Ni,Ges} = NI \cdot U_{DC} \cdot \sqrt{4} \cdot \sqrt{\lg \frac{1\,\text{kHz}}{1\,\text{Hz}}} = 34{,}6\,\mu\text{V}$$

oder

$$u_{Ni,Ges} = 417{,}4 \frac{\text{nV}}{\sqrt{\text{Hz}}} \cdot \sqrt{1\,\text{kHz}} \cdot \sqrt{2{,}3} \cdot \sqrt{\lg \frac{10\,\text{kHz}}{1\,\text{Hz}}} = 34{,}6\,\mu\text{V}$$

$$u_{No,Ges} = u_{Ni,Ges} \cdot A = 3{,}46\,\text{mV}$$

(b)

$$NI = -40\,\text{dB} \quad \left(\stackrel{\wedge}{=} 0{,}01 \frac{\mu\text{V}}{\text{V}}\right)$$

Abb. 10.32 Rauschen im
Frequenzbereich

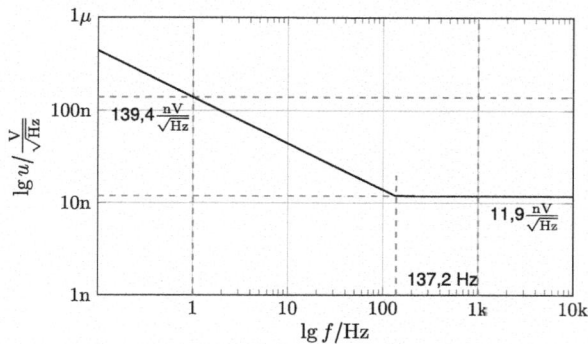

$$u_{Nexc}(1\ \text{Hz}) = \frac{0{,}66 \cdot 0{,}01\ \frac{\mu\text{V}}{\text{V}} \cdot 10\ \text{V}}{\sqrt{1\ \text{Hz}}} \cdot \sqrt{4}$$

$$= 132\ \frac{\text{nV}}{\sqrt{\text{Hz}}}$$

$$\sqrt{2} \cdot R \cdot i_{NOPexc} = 1\ \frac{\text{pA}}{\sqrt{\text{Hz}}} \sqrt{\frac{1\ \text{kHz}}{1\ \text{Hz}}} \cdot \sqrt{2} \cdot 1\ \text{k}$$

$$= 44{,}7\ \frac{\text{nV}}{\sqrt{\text{Hz}}}$$

Beide Excessrauschspannungen ergeben $u_{Ni,excGes} = 139{,}4\ \text{nV}/\sqrt{\text{Hz}}$. Der konstante Rauschanteil beträgt weiterhin $u_{Ni}(konst) = 11{,}9\ \text{nV}\sqrt{\text{Hz}}$. Abbildung 10.32 zeigt das gesamte Rauschen im Frequenzbereich.

Eckfrequenz:

$$\frac{139{,}4\ \frac{\text{nV}}{\sqrt{\text{Hz}}}}{11{,}9\ \frac{\text{nV}}{\sqrt{\text{Hz}}}} = \sqrt{\frac{x}{1\ \text{Hz}}} \quad \Rightarrow \quad x = \left(\frac{139{,}4}{11{,}9}\right)^2 \text{Hz} = 137{,}2\ \text{Hz}$$

$$U_{Ni,Ges} = \left[\left(139{,}4\ \frac{\text{nV}}{\sqrt{\text{Hz}}} \sqrt{1\ \text{Hz} \cdot 2{,}3 \cdot \lg \frac{1\ \text{k}}{1}} \right)^2 + \left(11{,}9\ \frac{\text{nV}}{\sqrt{\text{Hz}}} \sqrt{1\ \text{kHz}} \right)^2 \right]^{\frac{1}{2}}$$

$$= 525\ \text{nV}$$

$$U_{No,Ges} = U_{Ni,Ges} \cdot A = 52{,}5\ \mu\text{V}$$

Algemeines

A.1   Griechisches Alphabet

Tab. A.1 Das griechische Alphabet

A	α	Alpha	I	ι	Iota	P	ρ	Rho
B	β	Beta	K	κ	Kappa	Σ	σ	Sigma
Γ	γ	Gamma	Λ	λ	Lambda	T	τ	Tau
Δ	δ	Delta	M	μ	My	Υ	υ	Ypsilon
E	ϵ	Epsilon	N	ν	Ny	Φ	ϕ	Phi
Z	ζ	Zeta	Ξ	ξ	Xi	X	χ	Chi
H	η	Eta	O	o	Omikron	Ψ	ψ	Psi
Θ	θ	Theta	Π	π	Pi	Ω	ω	Omega

A.2   SI-Präfixe

Tab. A.2 SI-Präfixe

Exa-	E	10^{18}	Dezi-	d	10^{-1}
Peta-	P	10^{15}	Zenti-	c	10^{-2}
Tetra-	T	10^{12}	Milli-	m	10^{-3}
Giga-	G	10^{9}	Mikro-	μ	10^{-6}
Mega-	M	10^{6}	Nano-	n	10^{-9}
Kilo-	k	10^{3}	Pico-	p	10^{-12}
Hekto-	h	10^{2}	Femto-	f	10^{-15}
Deka-	da	10	Atto-	a	10^{-18}

© Springer-Verlag Berlin Heidelberg 2015
A. Zwick et al., *Signal- und Rauschanalyse mit Quellenverschiebung*,
DOI 10.1007/978-3-642-54037-0

A.3   Formelzeichen

Tab. A.3 Formelzeichen

Formelzeichen	Bedeutung [SI-Einheit] (Naturkonstante/Anmerkung)
A	Verstärkung [1]
$\underline{A}$	Komplexe Verstärkung der Schaltung [1]
A_0	Verstärkung [1]
A_{0DC}	Gleichspannungsverstärkung [1]
B	Gleichstromverstärkung [1] $(B = \frac{I_C}{I_B})$
β	Kleinsignal-Stromverstärkung [1]
c_0	Lichtgeschwindigkeit im Vakuum [$\frac{m}{s}$] ($= 2{,}99792458 \cdot 10^8 \, \frac{m}{s}$)
C	Kapazität [F] ($1 \, F = 1 \, \frac{As}{V}$)
e	Elementarladung [C] ($1 \, C = 1 \, As$) ($= 1{,}602176565 \cdot 10^{-19} \, C$)
f	Frequenz in [Hz] ($1 \, Hz = \frac{1}{s}$)
f_1	Erste Knickfrequenz des Operationsverstärkers [Hz] ($1 \, Hz = \frac{1}{s}$)
$f_{3 \, dB}$	Grenzfrequenz [Hz] ($1 \, Hz = \frac{1}{s}$)
f_T	Transitfrequenz [Hz] ($1 \, Hz = \frac{1}{s}$)
F	Rauschfaktor [1]
h	Planck'sches Wirkungsquantum [J s] ($1 \, Js = 1 \, VAs^2$) ($= 6{,}62606957 \cdot 10^{-34} \, Js$)
I	DC-Stromstärke [A]
i	AC-Stromstärke [A]
i_{Si}	AC-Signalstrom [A]
i_o	Ausgangsstrom [A]
I_{Nexc}	Excess-Stromrauschen [A]
i_{Nexc}	Excess-Stromrauschdichte [$\frac{A}{\sqrt{Hz}}$]
I_{NFet}	Feldeffekttransistor-Verstärker Stromrauschen [A]
i_{NFet}	Feldeffekttransistor-Verstärker Stromrauschdichte [$\frac{A}{\sqrt{Hz}}$]

Tab. A.3 (*Fortsetzung*)

Formelzeichen	Bedeutung [SI-Einheit] (Naturkonstante/Anmerkung)
I_{NOP}	OP-Verstärker Stromrauschen [A]
i_{NOP}	OP-Verstärker Stromrauschdichte [$\frac{A}{\sqrt{Hz}}$]
I_{NR}	Widerstands-Stromrauschen [A]
i_{NR}	Widerstands-Stromrauschdichte [$\frac{A}{\sqrt{Hz}}$]
I_{Nsh}	Schrot-Stromrauschen [A]
i_{Nsh}	Schrot-Stromrauschdichte [$\frac{A}{\sqrt{Hz}}$]
I_{NTr}	Bipolar-Transistor-Verstärker Stromrauschen [A]
i_{NTr}	Bipolar-Transistor-Verstärker Stromrauschdichte [$\frac{A}{\sqrt{Hz}}$]
j	$\sqrt{-1}$
k	Boltzmann-Konstante [$\frac{J}{K}$] ($1\,\frac{J}{K} = 1\,\frac{W\,s}{K} = 1\,\frac{V\,A\,s}{K}$) ($= 1,3806504 \cdot 10^{-23}\,\frac{W\,s}{K}$)
$k_{f_{Quelle}}$	forward Koppelfaktor U_{Quelle} bzw. I_{Quelle} zu u_e
k_r	Rückkoppelungsfaktor U_a zu u_e
L	Induktivität [H] ($1\,H = 1\,\frac{Wb}{A} = 1\,\frac{V\,s}{A}$)
NF	Rauschmaß (eng. Noise Figure) [1]
p	$s = j\omega = j2\pi f$
Q	Güte [1]
Q	Ladung [C] ($1\,C = 1\,A\,s$)
R	Widerstand [Ω] ($1\,\Omega = 1\,\frac{V}{A}$)
R_e	Eingangswiderstand [Ω] ($1\,\Omega = 1\,\frac{V}{A}$)
R_a	Ausgangswiderstand [Ω] ($1\,\Omega = 1\,\frac{V}{A}$)
R_{1opt}	Optimaler Quellenwiderstand [Ω] ($1\,\Omega = 1\,\frac{V}{A}$)
s	$p = j\omega = j2\pi f$
$\frac{S}{N}$	Signal zu Rauschverhältnis [1]

Tab. A.3 *(Fortsetzung)*

Formelzeichen	Bedeutung [SI-Einheit] (Naturkonstante/Anmerkung)
SR	Slewrate $[\frac{V}{\mu s}]$
t	Zeit [s]
t_r	Anstiegszeit, $\underline{R}$ise-$\underline{T}$ime [s]
T	Temperatur in [K] (1 K = 1 °C) (meist Raumtemperatur $T \approx 300$ K)
T_0	Absoluter Nullpunkt [K] (1 K = 1 °C) (0 K = $-273,15$ °C)
U	DC-Spannung [V]
u	AC-Spannung [V]
u_{Si}	AC-Signal-Spannung [V]
u_o	AC-Ausgangsspannung [V]
U_{Nexc}	Excess-Rauschspannung [V]
u_{Nexc}	Excess-Rauschspannungsdichte $[\frac{V}{\sqrt{Hz}}]$
U_{NFet}	Feldeffekttransistor-Verstärker Rauschspannung [V]
u_{NFet}	Feldeffekttransistor-Verstärker Rauschspannungsdichte $[\frac{V}{\sqrt{Hz}}]$
U_{NOP}	OP-Verstärker Rauschspannung [V]
u_{NOP}	OP-Verstärker Rauschspannungsdichte $[\frac{V}{\sqrt{Hz}}]$
U_{NR}	Widerstands-Rauschspannung [V]
u_{NR}	Widerstands-Rauschspannungsdichte $[\frac{V}{\sqrt{Hz}}]$
U_{Nsh}	Schrot-Rauschspannung [V]
u_{Nsh}	Schrot-Rauschspannungsdichte $[\frac{V}{\sqrt{Hz}}]$
U_{NTr}	Bipolar-Transistor-Verstärker Rauschspannung [V]
u_{NTr}	Bipolar-Transistor-Verstärker Rauschspannungsdichte $[\frac{V}{\sqrt{Hz}}]$
x, X	Koordinate
y, Y	Koordinate
Z	Impedanz $[\Omega]$ (1 $\Omega = 1 \frac{V}{A}$)

Tab. A.3 (*Fortsetzung*)

Formelzeichen	Bedeutung [SI-Einheit] (Naturkonstante/Anmerkung)
ϵ_0	Elektrische Feldkonstante [$\frac{F}{m}$] ($1\,\frac{F}{m} = 1\,\frac{C}{Vm} = 1\,\frac{As}{Vm}$) ($= \frac{1}{\mu_0 c_0^2} \approx 8{,}854187817 \cdot 10^{-12}\,\frac{As}{Vm}$)
ϵ_r	Permittivitätszahl [$\frac{F}{m}$] ($1\,\frac{F}{m} = 1\,\frac{C}{Vm} = 1\,\frac{As}{Vm}$)
η	Wirkungsgrad [1]
λ	Wellenlänge [m]
μ_0	Magnetische Feldkonstante [$\frac{H}{m}$] ($1\,\frac{H}{m} = 1\,\frac{Vs}{Am}$) ($= 4\pi \cdot 10^{-7}\,\frac{Vs}{Am} \approx 1{,}2566 \cdot 10^{-6}\,\frac{Vs}{Am}$)
μ_r	Permeabilitätszahl [$\frac{H}{m}$] ($1\,\frac{H}{m} = 1\,\frac{Vs}{Am}$)
ϱ	Spezifischer Widerstand [$\Omega\,m$]
φ	Phasenwinkel [$1°$]
ω	Kreisfrequenz [$\frac{1}{s}$]

Die Naturkonstanten sind von der Website http://physics.nist.gov/cuu/Constants/ entnommen, auf die die Physikalisch-Technische Bundesanstalt (PTB) www.ptb.de aus Braunschweig verweist.

A.4 Schaltsymbole

Tab. A.4 Schaltzeichen

Schaltzeichen	Bedeutung
——————————	Leitung
✛	Knotenpunkt
┼	nicht leitende Leitungskreuzung

Tab. A.4 *(Fortsetzung)*

Schaltzeichen	Bedeutung
⊸	Anschlussklemme
0V	Virtuell 0 V
▭	Idealer Widerstand
▬	Ideale Induktivität
⊣⊢	Idealer Kondensator
▷	Diode
▷	LED
▷	Photodiode
◯	Spannungsquelle
⊜	DC Spannungsquelle
⊘	AC Spannungsquelle
⊗	Rauschspannungsquelle
↓	Spannungspfeil
◯◯	Stromquelle
⊘⊘	Rauschstromquelle
→	Stromrichtung
	NPN-Transistor
	PNP-Transistor
	N-Kanal FET

Tab. A.4 (*Fortsetzung*)

Schaltzeichen	Bedeutung
	P-Kanal FET
A_0	Idealer Operationsverstärker mit Verstärkung A_0
r_e	Idealer Operationsverstärker mit Innenwiderstand r_e
	Veränderbar-Zeichen bzw. gesteuerte Quelle
	Zwick'sches Integral (=Schaltungskomponente oder Formelbestandteil kann vernachlässigt werden)

Literaturverzeichnis

[Amb83] Andras Ambrozy. *Electronic Noise*. McGraw Hill Higher Education, New York, 1983.

[Fis93] Peter J. Fish. *Electronic Noise and Low Noise Design*. McGraw-Hill Companies, New York, 1993.

[Kay12] Art Kay. *Operational Amplifier Noise: Techniques and Tips for Analyzing and Reducing Noise*. Newnes, London, 2012.

[MF73] C.D. Motchenbacher, F.C. Fitchen. *Low-Noise Electronic Design*. Wiley, New York, 1973.

[MJ93] C.D. Motchenbacher, J.A. Connelly. *Low-Noise Electronic System Design*. Crystal Dreams Pub, Berlin, 1993. Eine optionale Notiz.

[Ott88] Henry W. Ott. *Noise Reduction Techniques in Electronic Systems*. Wiley, New York, 1988.

[Str80] Karl Strubecker. *Einführung in die Höhere Mathematik Band 3*. R. Oldenbourg Verlag München, 1980.

[Vog11] Burkhard Vogel. *RIAA Phono-Amps: Designer's Guide*. Springer, Berlin, 2011.

© Springer-Verlag Berlin Heidelberg 2015
A. Zwick et al., *Signal- und Rauschanalyse mit Quellenverschiebung*,
DOI 10.1007/978-3-642-54037-0

Sachverzeichnis

© Springer-Verlag Berlin Heidelberg 2015
A. Zwick et al., *Signal- und Rauschanalyse mit Quellenverschiebung*,
DOI 10.1007/978-3-642-54037-0

The manufacturer's authorised representative in the EU is Springer
Nature Customer Service Centre GmbH, Europaplatz 3, 69115 Heidelberg,
Germany. If you have any concerns regarding our products, please
contact ProductSafety@springernature.com

Printed and bound by CPI Group (UK) Ltd, Croydon, CR0 4YY
20/04/2026
02093311-0004